建筑安装工程工程量清单计价消耗量确定实操手册

赵 明 福 昭 编著

中国建材工业出版社

图书在版编目（CIP）数据

建筑安装工程工程量清单计价消耗量确定实操手册 / 赵明等编著．—北京：中国建材工业出版社，2012.6

ISBN 978-7-80227-817-2

Ⅰ.①建… Ⅱ.①赵… Ⅲ.①建筑安装工程—工程造价—技术手册 Ⅳ.①TU723.3-62

中国版本图书馆 CIP 数据核字（2010）第 137672 号

内 容 提 要

本书依据 GB 50500—2008《建设工程工程量清单计价规范》中的工程量计算规则、统一计量单位原则，《全国统一安装工程预算定额》和《北京市建设工程预算定额》的消耗量编写并加以提炼，结合实际工作中积累的经验数据，总结出包括给排水、电气专业的材料消耗量、各类管道设备安装需要的标准配件等安装工程的消耗量，是工程造价人员编制招投标文件、结算审核的参考工具书，也可作为造价员培训的参考书。

建筑安装工程工程量清单计价消耗量确定实操手册

赵 明 福 昭 编著

出版发行：中国建材工业出版社

地　　址：北京市西城区车公庄大街 6 号

邮　　编：100044

经　　销：全国各地新华书店

印　　刷：北京雁林吉兆印刷有限公司

开　　本：787mm×1092mm　1/16

印　　张：15.5

字　　数：322 千字

版　　次：2012 年 6 月第 1 版

印　　次：2012 年 6 月第 1 次

书　　号：ISBN 978-7-80227-817-2

定　　价：48.00 元

本社网址：www.jccbs.com.cn

本书如出现印装质量问题，由我社发行部负责调换。联系电话：（010）88386906

参编人员

赵　明　朱文杰　沈鹏华　福　昭

杨　洋　郭　婷　刘家明　张桂兰

朱美英　莫　维　赵　婧　王晓燕

陈　嘉　王友才

前　言

随着我国建设工程招标投标工作逐步与国际通用做法接轨，越来越多的建设项目核算开始采用工程量清单报价的方式。为方便建筑工程招投标报价书的编制，本书结合《全国统一安装工程预算定额》和《北京市建设工程预算定额》中编制的人工、材料、机械台班消耗量，对目前主要安装工程分部分项工程的消耗量进行分析，为企业按照工程量清单报价而确定企业自有消耗量定额提供依据。

随着建设工程项目管理的规范化，市场竞争的激烈，招标投标中工程量清单计价模式的深入实施、完善，给建设工程计价人员提出一个课题，就是如何提高量、价计算的准确性。目前，价格的确定完全面向市场，由市场竞争确定；而工程量计算则是由造价员依据图纸、规范、标准、规程、图集等进行计算，再依据消耗量定额来确定，其准确性很难把握，且需要时间和耗费精力。为此，我们编写了这本书，把这些繁杂又易失准的大量数据，依据 GB 50500—2008《建设工程工程量清单计价规范》中的工程量计算规则、统一计量单位原则等和《全国统一安装工程预算定额》的消耗量加以提炼、整合，可以直接使用，准确、实用，是造价员计价算量必备手册。

本书也可作为造价员培训或工程预算员、设计与施工人员以及工程审计人员的参考书。

编者

2012 年 4 月

目　录

1 常用钢材理论重量

钢材重量计算，是计价人员日常的基础性工作，由于安装工程计价计量单位与材料的计价计量单位不同，在进行材料计价时，换算工作量较大。为了方便广大计价人员工作，减少不必要的繁冗计算，提高工作效率，我们参考我国工程材料现行国家标准，编写了常用钢材的重量计算数据。下面为常用各类钢材的理论重量。

1.1 无缝钢管理论重量

钢管的理论重量按公式（1）计算：

$$W = \pi\rho(D-S)S/1000 \tag{1}$$

式中 W——钢管的理论重量，kg/m；

π=3.1416；

ρ——钢的密度，kg/dm^3；

D——钢管的公称外径，mm；

S——钢管的公称壁厚，mm。

1.1.1 普通无缝钢管理论重量

普通无缝钢管（GB/T 17395—2008）理论重量见表 1-1。

表 1-1

外径/mm			壁厚/mm															
系列 1	系列 2	系列 3	0.25	0.30	0.40	0.50	0.60	0.80	1.0	1.2	1.4	1.5	1.6	1.8	2.0	2.2(2.3)	2.5(2.6)	2.8
			单位长度理论重量[a]/(kg/m)															
	6		0.035	0.042	0.055	0.068	0.080	0.103	0.123	0.142	0.159	0.166	0.174	0.186	0.197			
	7		0.042	0.050	0.065	0.080	0.095	0.122	0.148	0.172	0.193	0.203	0.213	0.231	0.247	0.260	0.277	
	8		0.048	0.057	0.075	0.092	0.109	0.142	0.173	0.201	0.228	0.240	0.253	0.275	0.296	0.315	0.339	
	9		0.054	0.064	0.085	0.105	0.124	0.162	0.197	0.231	0.262	0.277	0.292	0.320	0.345	0.369	0.401	0.428
10(10.2)			0.060	0.072	0.095	0.117	0.139	0.182	0.222	0.260	0.297	0.314	0.331	0.364	0.395	0.423	0.462	0.497
	11		0.066	0.079	0.105	0.129	0.154	0.201	0.247	0.290	0.331	0.351	0.371	0.408	0.444	0.477	0.524	0.566
	12		0.072	0.087	0.114	0.142	0.169	0.221	0.271	0.320	0.366	0.388	0.410	0.453	0.493	0.532	0.586	0.635
	13(12.7)		0.079	0.094	0.124	0.154	0.183	0.241	0.296	0.349	0.401	0.425	0.450	0.497	0.543	0.586	0.647	0.704
13.5			0.082	0.098	0.129	0.160	0.191	0.251	0.308	0.364	0.418	0.444	0.470	0.519	0.567	0.613	0.678	0.739
		14	0.085	0.101	0.134	0.166	0.198	0.260	0.321	0.379	0.435	0.462	0.489	0.542	0.592	0.640	0.709	0.773
	16		0.097	0.116	0.154	0.191	0.228	0.300	0.370	0.438	0.504	0.536	0.568	0.630	0.691	0.749	0.832	0.911
17(17.2)			0.103	0.124	0.164	0.203	0.243	0.320	0.395	0.468	0.539	0.573	0.605	0.675	0.740	0.803	0.894	0.981
		18	0.109	0.131	0.174	0.216	0.257	0.339	0.419	0.497	0.573	0.610	0.647	0.719	0.789	0.857	0.956	1.05
	19		0.116	0.138	0.183	0.228	0.272	0.359	0.444	0.527	0.608	0.647	0.687	0.764	0.838	0.911	1.02	1.12
	20		0.122	0.146	0.193	0.240	0.287	0.379	0.469	0.556	0.642	0.684	0.726	0.808	0.888	0.966	1.08	1.19
21(21.3)					0.203	0.253	0.302	0.399	0.493	0.586	0.677	0.721	0.765	0.852	0.937	1.02	1.14	1.26
		22			0.213	0.265	0.317	0.418	0.518	0.616	0.711	0.758	0.805	0.897	0.986	1.07	1.20	1.33
	25				0.243	0.302	0.361	0.477	0.592	0.704	0.815	0.869	0.923	1.03	1.13	1.24	1.39	1.53
		25.4			0.247	0.307	0.367	0.485	0.602	0.716	0.829	0.884	0.939	1.05	1.15	1.26	1.41	1.56
27(26.9)					0.262	0.327	0.391	0.517	0.641	0.764	0.884	0.943	1.00	1.12	1.23	1.35	1.51	1.67
	28				0.272	0.339	0.405	0.537	0.666	0.793	0.918	0.980	1.04	1.16	1.28	1.40	1.57	1.74

续表

外径/mm			壁厚/mm														
系列 1	系列 2	系列 3	(2.9)3.0	3.2	3.5(3.6)	4.0	4.5	5.0	(5.4)5.5	6.0	(6.3)6.5	7.0(7.1)	7.5	8.0	8.5	(8.8)9.0	9.5	10
			单位长度理论重量[a]/(kg/m)															
	6																	
	7																	
	8																	
	9																	
10(10.2)			0.518	0.537	0.561													
	11		0.592	0.616	0.647													
	12		0.666	0.694	0.734	0.789												
	13(12.7)		0.740	0.773	0.820	0.888												
13.5			0.777	0.813	0.863	0.937												
		14	0.814	0.852	0.906	0.986												
	16		0.962	1.01	1.08	1.18	1.28	1.36										
17(17.2)			1.04	1.09	1.17	1.28	1.39	1.48										
		18	1.11	1.17	1.25	1.38	1.50	1.60										
	19		1.18	1.25	1.34	1.48	1.61	1.73	1.83	1.92								
	20		1.26	1.33	1.42	1.58	1.72	1.85	1.97	2.07								
21(21.3)			1.33	1.40	1.51	1.68	1.83	1.97	2.10	2.22								
		22	1.41	1.48	1.60	1.78	1.94	2.10	2.24	2.37								
	25		1.63	1.72	1.86	2.07	2.28	2.47	2.64	2.81	2.97	3.11						
		25.4	1.66	1.75	1.89	2.11	2.32	2.52	2.70	2.87	3.03	3.18						
27(26.9)			1.78	1.88	2.03	2.27	2.50	2.71	2.92	3.11	3.29	3.45						
	28		1.85	1.96	2.11	2.37	2.61	2.84	3.05	3.26	3.45	3.63						

续表

外径/mm			壁厚/mm															
系列 1	系列 2	系列 3	0.25	0.30	0.40	0.50	0.60	0.80	1.0	1.2	1.4	1.5	1.6	1.8	2.0	2.2(2.3)	2.5(2.6)	2.8
			单位长度理论重量[a]/(kg/m)															
		30			0.292	0.364	0.435	0.576	0.715	0.852	0.987	1.05	1.12	1.25	1.38	1.51	1.70	1.88
	32(31.8)				0.312	0.388	0.465	0.616	0.765	0.911	1.06	1.13	1.20	1.34	1.48	1.62	1.82	2.02
34(33.7)					0.331	0.413	0.494	0.655	0.814	0.971	1.13	1.20	1.28	1.43	1.58	1.73	1.94	2.15
		35			0.341	0.425	0.509	0.675	0.838	1.00	1.16	1.24	1.32	1.47	1.63	1.78	2.00	2.22
	38				0.371	0.462	0.553	0.734	0.912	1.09	1.26	1.35	1.44	1.61	1.78	1.94	2.19	2.43
	40				0.391	0.487	0.583	0.773	0.962	1.15	1.33	1.42	1.52	1.70	1.87	2.05	2.31	2.57
42(42.4)									1.01	1.21	1.40	1.50	1.59	1.78	1.97	2.16	2.44	2.71
		45(44.5)							1.09	1.30	1.51	1.61	1.71	1.92	2.12	2.32	2.62	2.91
48(48.3)									1.16	1.38	1.61	1.72	1.83	2.05	2.27	2.48	2.81	3.12
	51								1.23	1.47	1.71	1.83	1.95	2.18	2.42	2.65	2.99	3.33
		54							1.31	1.56	1.82	1.94	2.07	2.32	2.56	2.81	3.18	3.54
	57								1.38	1.65	1.92	2.05	2.19	2.45	2.71	2.97	3.36	3.74
60(60.3)									1.46	1.74	2.02	2.16	2.30	2.58	2.86	3.14	3.55	3.95
	63(63.5)								1.53	1.83	2.13	2.28	2.42	2.72	3.01	3.30	3.73	4.16
	65								1.58	1.89	2.20	2.35	2.50	2.81	3.11	3.41	3.85	4.30
	68								1.65	1.98	2.30	2.46	2.62	2.94	3.26	3.57	4.04	4.50
	70								1.70	2.04	2.37	2.53	2.70	3.03	3.35	3.68	4.16	4.64
		73							1.78	2.12	2.47	2.64	2.82	3.16	3.50	3.84	4.35	4.85
76(76.1)									1.85	2.21	2.58	2.76	2.94	3.29	3.65	4.00	4.53	5.05
	77										2.61	2.79	2.98	3.34	3.70	4.06	4.59	5.12
	80										2.71	2.90	3.09	3.47	3.85	4.22	4.78	5.33

续表

外径/mm			壁厚/mm														
系列 1	系列 2	系列 3	(2.9)3.0	3.2	3.5(3.6)	4.0	4.5	5.0	(5.4)5.5	6.0	(6.3)6.5	7.0(7.1)	7.5	8.0	8.5	(8.8)9.0	9.5	10
			单位长度理论重量[a]/(kg/m)															
		30	2.00	2.11	2.29	2.56	2.83	3.08	3.32	3.55	3.77	3.97	4.16	4.34				
	32(31.8)		2.15	2.27	2.46	2.76	3.05	3.33	3.59	3.85	4.09	4.32	4.53	4.74				
34(33.7)			2.29	2.43	2.63	2.96	3.27	3.58	3.87	4.14	4.41	4.66	4.90	5.13				
		35	2.37	2.51	2.72	3.06	3.38	3.70	4.00	4.29	4.57	4.83	5.09	5.33	5.56	5.77		
	38		2.59	2.75	2.98	3.35	3.72	4.07	4.41	4.74	5.05	5.35	5.64	5.92	6.18	6.44	6.68	6.91
	40		2.74	2.90	3.15	3.55	3.94	4.32	4.68	5.03	5.37	5.70	6.01	6.31	6.60	6.88	7.15	7.40
42(42.4)			2.89	3.06	3.32	3.75	4.16	4.56	4.95	5.33	5.69	6.04	6.38	6.71	7.02	7.32	7.61	7.89
		45(44.5)	3.11	3.30	3.58	4.04	4.49	4.93	5.36	5.77	6.17	6.56	6.94	7.30	7.65	7.99	8.32	8.63
48(48.3)			3.33	3.54	3.84	4.34	4.83	5.30	5.76	6.21	6.65	7.08	7.49	7.89	8.28	8.66	9.02	9.37
	51		3.55	3.77	4.10	4.64	5.16	5.67	6.17	6.66	7.13	7.60	8.05	8.48	8.91	9.32	9.72	10.11
		54	3.77	4.01	4.36	4.93	5.49	6.04	6.58	7.10	7.61	8.11	8.60	9.08	9.54	9.99	10.43	10.85
	57		4.00	4.25	4.62	5.23	5.83	6.41	6.99	7.55	8.10	8.63	9.16	9.67	10.17	10.65	11.13	11.59
60(60.3)			4.22	4.48	4.88	5.52	6.16	6.78	7.39	7.99	8.58	9.15	9.71	10.26	10.80	11.32	11.83	12.33
	63(63.5)		4.44	4.72	5.14	5.82	6.49	7.15	7.80	8.43	9.06	9.67	10.27	10.85	11.42	11.99	12.53	13.07
	65		4.59	4.88	5.31	6.02	6.71	7.40	8.07	8.73	9.38	10.01	10.64	11.25	11.84	12.43	13.00	13.56
	68		4.81	5.11	5.57	6.31	7.05	7.77	8.48	9.17	9.86	10.53	11.19	11.84	12.47	13.10	13.71	14.30
	70		4.96	5.27	5.74	6.51	7.27	8.02	8.75	9.47	10.18	10.88	11.56	12.23	12.89	13.54	14.17	14.80
		73	5.18	5.51	6.00	6.81	7.60	8.38	9.16	9.91	10.66	11.39	12.11	12.82	13.52	14.21	14.88	15.54
76(76.1)			5.40	5.75	6.26	7.10	7.93	8.75	9.56	10.36	11.14	11.91	12.67	13.42	14.15	14.87	15.58	16.28
	77		5.47	5.82	6.34	7.20	8.05	8.88	9.70	10.51	11.30	12.08	12.85	13.61	14.36	15.09	15.81	16.52
	80		5.70	6.06	6.60	7.50	8.38	9.25	10.11	10.95	11.78	12.60	13.41	14.21	14.99	15.76	16.52	17.26

续表

外径/mm			壁厚/mm															
系列 1	系列 2	系列 3	11	12(12.5)	13	14(14.2)	15	16	17(17.5)	18	19	20	22(22.2)	24	25	26	28	30
			单位长度理论重量[a]/(kg/m)															
		30																
	32(31.8)																	
34(33.7)																		
		35																
	38																	
	40																	
42(42.4)																		
		45(44.5)	9.22	9.77														
48(48.3)			10.04	10.65														
	51		10.85	11.54														
		54	11.66	12.43	13.14	13.81												
	57		12.48	13.32	14.11	14.85												
60(60.3)			13.29	14.21	15.07	15.88	16.65	17.36										
	63(63.5)		14.11	15.09	16.03	16.92	17.76	18.55										
	65		14.65	15.68	16.67	17.61	18.50	19.33										
	68		15.46	16.57	17.63	18.64	19.61	20.52										
	70		16.01	17.16	18.27	19.33	20.35	21.31	22.22									
		73	16.82	18.05	19.24	20.37	21.46	22.49	23.48	24.41	25.30							
76(76.1)			17.63	18.94	20.20	21.41	22.57	23.68	24.74	25.75	26.71	27.62						
	77		17.90	19.24	20.52	21.75	22.94	24.07	25.15	26.19	27.18	28.11						
	80		18.72	20.12	21.48	22.79	24.05	25.25	26.41	27.52	28.58	29.59						

续表

外径/mm			壁厚/mm															
系列 1	系列 2	系列 3	0.25	0.30	0.40	0.50	0.60	0.80	1.0	1.2	1.4	1.5	1.6	1.8	2.0	2.2(2.3)	2.5(2.6)	2.8
			单位长度理论重量[a]/(kg/m)															
		83(82.5)									2.82	3.01	3.21	3.60	4.00	4.38	4.96	5.54
	85										2.89	3.09	3.29	3.69	4.09	4.49	5.09	5.68
89(88.9)											3.02	3.24	3.45	3.87	4.29	4.71	5.33	5.95
	95										3.23	3.46	3.69	4.14	4.59	5.03	5.70	6.37
	102(101.6)										3.47	3.72	3.96	4.45	4.93	5.41	6.13	6.85
		108									3.68	3.94	4.20	4.71	5.23	5.74	6.50	7.26
114(114.3)												4.16	4.44	4.98	5.52	6.07	6.87	7.68
	121											4.42	4.71	5.29	5.87	6.45	7.31	8.16
	127													5.56	6.17	6.77	7.68	8.58
	133																8.05	8.99
140(139.7)																		
		142(141.3)																
	146																	
		152(152.4)																
		159																
168(168.3)																		
		180(177.8)																
		194(193.7)																
	203																	
219(219.1)																		
		232																
		245(244.5)																
		267(267.4)																

续表

外径/mm			壁厚/mm															
系列1	系列2	系列3	(2.9)3.0	3.2	3.5(3.6)	4.0	4.5	5.0	(5.4)5.5	6.0	(6.3)6.5	7.0(7.1)	7.5	8.0	8.5	(8.8)9.0	9.5	10
			单位长度理论重量[a]/(kg/m)															
		83(82.5)	5.92	6.30	6.86	7.79	8.71	9.62	10.51	11.39	12.26	13.12	13.96	14.80	15.62	16.42	17.22	18.00
	85		6.07	6.46	7.03	7.99	8.93	9.86	10.78	11.69	12.58	13.47	14.33	15.19	16.04	16.87	17.69	18.50
89(88.9)			6.36	6.77	7.38	8.38	9.38	10.36	11.33	12.28	13.22	14.16	15.07	15.98	16.87	17.76	18.63	19.48
	95		6.81	7.24	7.90	8.98	10.04	11.10	12.14	13.17	14.19	15.19	16.18	17.16	18.13	19.09	20.03	20.96
	102(101.6)		7.32	7.80	8.50	9.67	10.82	11.96	13.09	14.21	15.31	16.40	17.48	18.55	19.60	20.64	21.67	22.69
		108	7.77	8.27	9.02	10.26	11.49	12.70	13.90	15.09	16.27	17.44	18.59	19.73	20.86	21.97	23.08	24.17
114(114.3)			8.21	8.74	9.54	10.85	12.15	13.44	14.72	15.98	17.23	18.47	19.70	20.91	22.12	23.31	24.48	25.65
	121		8.73	9.30	10.14	11.54	12.93	14.30	15.67	17.02	18.35	19.68	20.99	22.29	23.58	24.86	26.12	27.37
	127		9.17	9.77	10.66	12.13	13.59	15.04	16.48	17.90	19.32	20.72	22.10	23.48	24.84	26.19	27.53	28.85
	133		9.62	10.24	11.18	12.73	14.26	15.78	17.29	18.79	20.28	21.75	23.21	24.66	26.10	27.52	28.93	30.33
140(139.7)			10.14	10.80	11.78	13.42	15.04	16.65	18.24	19.83	21.40	22.96	24.51	26.04	27.57	29.08	30.57	32.06
		142(141.3)	10.28	10.95	11.95	13.61	15.26	16.89	18.51	20.12	21.72	23.31	24.88	26.44	27.98	29.52	31.04	32.55
	146		10.58	11.27	12.30	14.01	15.70	17.39	19.06	20.72	22.36	24.00	25.62	27.23	28.82	30.41	31.98	33.54
		152(152.4)	11.02	11.74	12.82	14.60	16.37	18.13	19.87	21.60	23.32	25.03	26.73	28.41	30.08	31.74	33.39	35.02
		159			13.42	15.29	17.15	18.99	20.82	22.64	24.45	26.24	28.02	29.79	31.55	33.29	35.03	36.75
168(168.3)					14.20	16.18	18.14	20.10	22.04	23.97	25.89	27.79	29.69	31.57	33.43	35.29	37.13	38.97
		180(177.8)			15.23	17.36	19.48	21.58	23.67	25.75	27.81	29.87	31.91	33.93	35.95	37.95	39.95	41.92
		194(193.7)			16.44	18.74	21.03	23.31	25.57	27.82	30.06	32.28	34.50	36.70	38.89	41.06	43.23	45.38
	203				17.22	19.63	22.03	24.41	26.79	29.15	31.50	33.84	36.16	38.47	40.77	43.06	45.33	47.60
219(219.1)										31.52	34.06	36.60	39.12	41.63	44.13	46.61	49.08	51.54
		232								33.44	36.15	38.84	41.52	44.19	46.85	49.50	52.13	54.75
		245(244.5)								35.36	38.23	41.09	43.93	46.76	49.58	52.38	55.17	57.95
		267(267.4)								38.62	41.76	44.88	48.00	51.10	54.19	57.26	60.33	63.38

续表

外径/mm			壁厚/mm															
系列 1	系列 2	系列 3	11	12(12.5)	13	14(14.2)	15	16	17(17.5)	18	19	20	22(22.2)	24	25	26	28	30
			单位长度理论重量[a]/(kg/m)															
		83(82.5)	19.53	21.01	22.44	23.82	25.15	26.44	27.67	28.85	29.99	31.07	33.10					
	85		20.07	21.60	23.08	24.51	25.89	27.23	28.51	29.74	30.93	32.06	34.18					
89(88.9)			21.16	22.79	24.37	25.89	27.37	28.80	30.19	31.52	32.80	34.03	36.35	38.47				
	95		22.79	24.56	26.25	27.97	29.59	31.17	32.70	34.18	35.61	36.99	39.61	42.02				
	102(101.6)		24.69	25.63	28.53	30.38	32.18	33.93	35.64	37.29	38.89	40.44	43.40	46.17	47.47	48.73	51.10	
		108	26.31	28.41	30.46	32.45	34.40	36.30	38.15	39.95	41.70	43.40	46.66	49.71	51.17	52.58	55.24	57.71
114(114.3)			27.94	30.19	32.38	34.53	36.62	38.67	40.67	42.62	44.51	46.36	49.91	53.27	54.87	56.43	59.39	62.15
	121		29.84	32.26	34.62	36.94	39.21	41.43	43.60	45.72	47.79	49.82	53.71	57.41	59.19	60.91	64.22	67.33
	127		31.47	34.03	36.55	39.01	41.43	43.80	46.12	48.39	50.61	52.78	56.97	60.96	62.89	64.76	68.36	71.77
	133		33.10	35.81	38.47	41.09	43.65	46.17	48.63	51.05	53.42	55.74	60.22	64.51	66.59	68.61	72.50	76.20
140(139.7)			34.99	37.88	40.72	43.50	46.24	48.93	51.57	54.16	56.70	59.19	64.02	68.66	70.90	73.10	77.34	81.38
		142(141.3)	35.54	38.47	41.36	44.19	46.98	49.72	52.41	55.04	57.63	60.17	65.11	69.84	72.14	74.38	78.72	82.86
	146		36.62	39.66	42.64	45.57	48.46	51.30	54.08	56.82	59.51	62.15	67.28	72.21	74.60	76.94	81.48	85.82
		152(152.4)	38.25	41.43	44.56	47.65	50.68	53.66	56.60	59.48	62.32	65.11	70.53	75.76	78.30	80.79	85.62	90.26
		159	40.15	43.50	46.81	50.06	53.27	56.43	59.53	62.59	65.60	68.56	74.33	79.90	82.62	85.28	90.46	95.44
168(168.3)			42.59	46.17	49.69	53.17	56.60	59.98	63.31	66.59	69.82	73.00	79.21	85.23	88.17	91.05	96.67	102.10
		180(177.8)	45.85	49.72	53.54	57.31	61.04	64.71	68.34	71.91	75.44	78.92	85.72	92.33	95.56	98.74	104.96	110.98
		194(193.7)	49.64	53.86	58.03	62.15	66.22	70.24	74.21	78.13	82.00	85.82	93.32	100.62	104.20	107.72	114.63	121.33
	203		52.09	56.52	60.91	65.25	69.55	73.79	77.98	82.13	86.22	90.26	98.20	105.95	109.74	113.49	120.84	127.99
219(219.1)			56.43	61.26	66.04	70.78	75.46	80.10	84.69	89.23	93.71	98.15	106.88	115.42	119.61	123.75	131.89	139.83
		232	59.95	65.11	70.21	75.27	80.27	85.23	90.14	95.00	99.81	104.57	113.94	123.11	127.62	132.09	140.87	149.45
		245(244.5)	63.48	68.95	74.38	79.76	85.08	90.36	95.59	100.77	105.90	110.98	120.99	130.80	135.64	140.42	149.84	159.07
		267(267.4)	69.45	75.46	81.43	87.35	93.22	99.04	104.81	110.53	116.21	121.83	132.93	143.83	149.20	154.53	165.04	175.34

续表

外径/mm			壁厚/mm											
系列 1	系列 2	系列 3	32	34	36	38	40	42	45	48	50	55	60	65
			单位长度理论重量[a]/(kg/m)											
		83(82.5)												
	85													
89(88.9)														
	95													
	102(101.6)													
		108												
114(114.3)														
	121		70.24											
	127		74.97											
	133		79.71	83.01	86.12									
140(139.7)			85.23	88.88	92.33									
		142(141.3)	86.81	90.56	94.11									
	146		89.97	93.91	97.66	101.21	104.57							
		152(152.4)	94.70	98.94	102.99	106.83	110.48							
		159	100.22	104.81	109.20	113.39	117.39	121.19	126.51					
168(168.3)			107.33	112.36	117.19	121.83	126.27	130.51	136.50					
		180(177.8)	116.80	122.42	127.85	133.07	138.10	142.94	149.82	156.26	160.30			
		194(193.7)	127.85	134.16	140.27	146.19	151.92	157.44	165.36	172.83	177.56			
	203		134.95	141.71	148.27	154.63	160.79	166.76	175.34	183.48	188.66	200.75		
219(219.1)			147.57	155.12	162.47	169.62	176.58	183.33	193.10	202.42	208.39	222.45		
		232	157.83	166.02	174.01	181.81	189.40	196.80	207.53	217.81	224.42	240.08	254.51	267.70
		245(244.5)	168.09	176.92	185.55	193.99	202.22	210.26	221.95	233.20	240.45	257.71	273.74	288.54
		267(267.4)	185.45	195.37	205.09	214.60	223.93	233.05	246.37	259.24	267.58	287.55	306.30	323.81

续表

外径/mm			壁厚/mm														
系列 1	系列 2	系列 3	3.5(3.6)	4.0	4.5	5.0	(5.4)5.5	6.0	(6.3)6.5	7.0(7.1)	7.5	8.0	8.5	(8.8)9.0	9.5	10	11
			单位长度理论重量[a]/(kg/m)														
273									42.72	45.92	49.11	52.28	55.45	58.60	61.73	64.86	71.07
	299(298.5)										53.92	57.41	60.90	64.37	67.83	71.27	78.13
		302									54.47	58.00	61.52	65.03	68.53	72.01	78.94
		318.5									57.52	61.26	64.98	68.69	72.39	76.08	83.42
325(323.9)											58.73	62.54	66.35	70.14	73.92	77.68	85.18
	340(339.7)											65.50	69.49	73.47	77.43	81.38	89.25
	351											67.67	71.80	73.91	80.01	84.10	92.23
356(355.6)														77.02	81.18	85.33	93.59
		368												79.68	83.99	88.29	96.85
	377													81.68	86.10	90.51	99.29
	402													87.23	91.96	96.67	106.07
406(406.4)														88.12	92.89	97.66	107.15
		419												91.00	95.94	100.87	110.68
	426													92.55	97.58	102.59	112.58
	450													97.88	103.20	108.51	119.09
457														99.44	104.84	110.24	120.99
	473													102.99	108.59	114.18	125.33
	480													104.54	110.23	115.91	127.23
	500													108.98	114.92	120.84	132.65
508														110.76	116.79	122.81	134.82
	530													115.64	121.95	128.24	140.79
		560(559)												122.30	128.97	135.64	148.93
610														133.39	140.69	147.97	162.50

续表

外径/mm			壁厚/mm														
系列 1	系列 2	系列 3	12(12.5)	13	14(14.2)	15	16	17(17.5)	18	19	20	22(22.2)	24	25	26	28	30
			单位长度理论重量[a]/(kg/m)														
273			77.24	83.36	89.42	95.44	101.41	107.33	113.20	119.02	124.79	136.18	147.38	152.90	158.38	169.18	179.78
	299(298.5)		84.93	91.69	98.40	105.06	111.67	118.23	124.74	131.20	137.61	150.29	162.77	168.93	175.05	187.13	199.02
		302	85.82	92.65	99.44	106.17	112.85	119.49	126.07	132.61	139.09	151.92	164.54	170.78	176.97	189.20	201.24
		318.5	90.71	97.94	105.13	112.27	119.36	126.40	133.39	140.34	147.23	160.87	174.31	180.95	187.55	200.60	213.45
325(323.9)			92.63	100.03	107.38	114.68	121.93	129.13	136.28	143.38	150.44	164.39	178.16	184.96	191.72	205.09	218.25
	340(339.7)		97.07	104.84	112.56	120.23	127.85	135.42	142.94	150.41	157.83	172.53	187.03	194.21	201.34	215.44	229.35
	351		100.32	108.36	116.35	124.29	132.19	140.03	147.82	155.57	163.26	178.50	193.54	200.99	208.39	223.04	237.49
356(355.6)			101.80	109.97	118.08	126.14	134.16	142.12	150.04	157.91	165.73	181.21	196.50	204.07	211.60	226.49	241.19
		368	105.35	113.81	122.22	130.58	138.89	147.16	155.37	163.53	171.64	187.72	203.61	211.47	219.29	234.78	250.07
	377		108.02	116.70	125.33	133.91	142.45	150.93	159.36	167.75	176.08	192.61	208.93	217.02	225.06	240.99	256.73
	402		115.42	124.71	133.96	143.16	152.31	161.41	170.46	179.46	188.41	206.17	223.73	232.44	241.09	258.26	275.22
406(406.4)			116.60	126.00	135.34	144.64	153.89	163.09	172.24	181.34	190.39	208.34	226.10	234.90	243.66	261.02	278.18
		419	120.45	130.16	139.53	149.45	159.02	168.54	178.01	187.43	196.80	215.39	233.79	242.92	251.99	269.99	287.80
	426		122.52	132.41	142.25	152.04	161.78	171.47	181.11	190.71	200.25	219.19	237.93	247.23	256.48	274.83	292.98
	450		129.62	140.10	150.53	160.92	171.25	181.53	191.77	201.95	212.09	232.21	252.14	262.03	271.87	291.40	310.74
457			131.69	142.35	152.95	163.51	174.01	184.47	194.88	205.23	215.54	236.01	256.28	266.34	276.36	296.23	315.91
	473		136.43	147.48	158.48	169.42	180.33	191.18	201.98	212.73	223.43	244.69	265.75	276.21	286.62	307.28	327.75
	480		138.50	149.72	160.89	172.01	183.09	194.11	205.09	216.01	226.89	248.49	269.90	280.53	291.11	312.12	332.93
	500		144.42	156.13	167.80	179.41	190.98	202.50	213.96	225.38	236.75	259.34	281.73	292.86	303.93	325.93	347.93
508			146.79	158.70	170.56	182.37	194.14	205.85	217.51	229.13	240.70	263.68	286.47	297.79	309.06	331.45	353.65
	530		153.30	165.75	178.16	190.51	202.82	215.07	227.28	239.44	251.55	275.62	299.49	311.35	323.17	346.64	369.92
		560(559)	162.17	175.37	188.51	201.61	214.65	227.65	240.60	253.50	266.34	291.89	317.25	329.85	342.40	367.36	392.12
610			176.97	191.40	205.78	220.10	234.38	248.61	262.79	276.92	291.01	319.02	346.84	360.68	374.46	401.88	429.11

续表

外径/mm			壁厚/mm														
系列 1	系列 2	系列 3	32	34	36	38	40	42	45	48	50	55	60	65	70	75	80
			单位长度理论重量[a]/(kg/m)														
273			190.19	200.40	210.41	220.23	229.85	239.27	253.03	266.34	274.98	295.69	315.17	333.42	350.44	366.22	380.77
	299(298.5)		210.71	222.20	233.50	244.59	255.49	266.20	281.88	297.12	307.04	330.96	353.65	375.10	395.32	414.31	432.07
		302	213.08	224.72	236.16	247.40	258.45	269.30	285.21	300.67	310.74	335.03	358.09	379.91	400.50	419.86	437.99
		318.5	226.10	238.55	250.81	262.87	274.73	286.39	303.52	320.21	331.08	357.41	382.50	406.36	428.99	450.38	470.54
325(323.9)			231.23	244.00	256.58	268.96	281.14	293.13	310.74	327.90	339.10	366.22	392.12	416.78	440.21	462.40	483.37
	340(339.7)		243.06	256.58	269.90	283.02	295.94	308.66	327.38	345.66	357.59	386.57	414.31	440.83	466.10	490.15	512.96
	351		251.75	265.80	279.66	293.32	306.79	320.06	339.59	358.68	371.16	401.49	430.59	458.46	485.09	510.49	534.66
356(355.6)			255.69	269.99	284.10	298.01	311.72	325.24	345.14	364.60	377.32	408.27	437.99	466.47	493.72	519.74	544.53
		368	265.16	280.06	294.75	309.26	323.56	337.67	358.46	378.80	392.12	424.55	455.75	485.71	514.44	541.94	568.20
	377		272.26	287.60	302.75	317.69	332.44	346.99	368.44	389.46	403.22	436.76	469.06	500.14	529.98	558.58	585.96
	402		291.99	308.57	324.94	341.12	357.10	372.88	396.19	419.05	434.04	470.67	506.06	540.21	573.13	604.82	635.28
406(406.4)			295.15	311.92	328.49	344.87	361.05	377.03	400.63	423.78	438.98	476.09	511.97	545.62	580.04	612.22	643.17
		419	305.41	322.82	340.03	357.05	373.87	390.49	415.05	439.17	455.01	493.72	531.21	567.46	602.48	636.27	668.82
	426		310.93	328.69	346.25	363.61	380.77	397.74	422.82	447.46	463.64	503.22	541.57	578.68	614.57	649.22	682.63
	450		329.87	348.81	367.56	386.10	404.45	422.60	449.46	475.87	493.23	535.77	577.08	617.16	656.00	693.61	729.98
457			335.40	354.68	373.77	392.66	411.35	429.85	457.23	484.16	501.86	545.27	587.44	628.38	668.08	706.55	743.79
	473		348.02	368.10	387.98	407.66	427.14	446.42	474.98	503.10	521.59	566.97	611.11	654.02	695.70	736.15	775.36
	480		353.55	373.97	394.19	414.22	434.04	453.67	482.75	511.38	530.22	576.46	621.47	665.25	707.79	749.09	789.17
	500		369.33	390.74	411.95	432.96	453.77	474.39	504.95	535.06	554.89	603.59	651.07	697.31	742.31	786.09	828.63
508			375.64	397.45	419.05	440.46	461.66	482.68	513.82	544.53	564.75	614.44	662.90	710.13	756.12	800.88	844.41
	530		393.01	415.89	438.58	461.07	483.37	505.46	538.24	570.57	591.88	644.28	695.46	745.40	794.10	841.58	887.82
		560(559)	416.68	441.06	465.22	489.19	512.96	536.54	571.53	606.08	628.87	684.97	739.85	793.49	845.89	897.06	947.00
610			456.14	482.97	509.61	536.04	562.28	588.33	627.02	665.27	690.52	752.79	813.83	873.64	932.21	989.55	1045.65

续表

外径/mm			壁厚/mm													
系列 1	系列 2	系列 3	85	90	95	100	110	120								
			单位长度理论重量[a]/(kg/m)													
273			394.09													
	299(298.5)		448.59	463.88	477.94	490.77										
		302	454.88	470.54	484.97	498.16										
		318.5	489.47	507.16	523.63	538.86										
325(323.9)			503.10	521.59	538.86	554.89										
	340(339.7)		534.54	554.89	574.00	591.88										
	351		557.60	579.30	599.77	619.01										
356(355.6)			568.08	590.40	611.48	631.34										
		368	593.23	617.03	639.60	660.93										
	377		612.10	637.01	660.68	683.13										
	402		664.51	692.50	719.25	744.78										
406(406.4)			672.89	701.37	728.63	754.64										
		419	700.14	730.23	759.08	786.70										
	426		714.82	745.77	775.48	803.97										
	450		765.12	799.03	831.71	863.15										
457			779.80	814.57	848.11	880.42										
	473		813.34	850.08	885.60	919.88										
	480		828.01	865.62	902.00	937.14										
	500		869.94	910.01	948.85	986.46	1057.98									
508			886.71	927.77	967.60	1006.19	1079.68									
	530		932.82	976.60	1019.14	1060.45	1139.36	1213.35								
		660(559)	995.71	1043.18	1089.42	1134.43	1220.75	1302.13								
610			1100.52	1154.16	1206.57	1257.74	1356.39	1450.10								

续表

外径/mm			壁厚/mm													
系列 1	系列 2	系列 3	9	9.5	10	11	12(12.5)	13	14(14.2)	15	16	17(17.5)	18	19	20	22(22.2)
			单位长度理论重量[a]/(kg/m)													
	630		137.83	145.37	152.90	167.92	182.89	197.81	212.68	227.50	242.28	257.00	271.67	286.30	300.87	329.87
		660	144.49	152.40	160.30	176.06	191.77	207.43	223.04	238.60	254.11	269.58	284.99	300.35	315.67	346.15
		699					203.31	219.93	236.50	253.03	269.50	285.93	302.30	318.63	334.90	367.31
711							206.86	223.78	240.65	257.47	274.24	290.96	307.63	324.25	340.82	373.82
	720						209.52	226.66	243.75	260.80	277.79	294.73	311.62	328.47	345.26	378.70
	762														365.98	401.49
		788.5													379.05	415.87
813															391.13	429.16
		864													416.29	456.83
914																
		965														
1016																

外径/mm			壁厚/mm												
系列 1	系列 2	系列 3	24	25	26	28	30	32	34	36	38	40	42	45	48
			单位长度理论重量[a]/(kg/m)												
	630		358.68	373.01	387.29	415.70	443.91	471.92	499.74	527.36	554.79	582.01	609.04	649.22	688.95
		660	376.43	391.50	406.52	436.41	466.10	495.60	524.90	554.00	582.90	611.61	640.12	682.51	724.46
		699	399.52	415.55	431.53	463.34	494.96	526.38	557.60	588.62	619.45	650.08	680.51	725.79	770.62
711			406.62	422.95	439.22	471.63	503.84	535.85	567.66	599.28	630.69	661.92	692.94	739.11	784.83
	720		411.95	428.49	444.99	477.84	510.49	542.95	575.21	607.27	639.13	670.79	702.26	749.09	795.48
	762		436.81	454.39	471.92	506.84	541.57	576.09	610.42	644.55	678.49	712.23	745.77	795.71	845.20
		788.5	452.49	470.73	488.92	525.14	561.17	597.01	632.64	668.08	703.32	738.37	773.21	825.11	876.57

续表

外径/mm			壁厚/mm												
系列 1	系列 2	系列 3	24	25	26	28	30	32	34	36	38	40	42	45	48
			单位长度理论重量[a]/(kg/m)												
813			466.99	485.83	504.62	542.06	579.30	616.34	653.18	689.83	726.28	762.54	798.59	852.30	905.57
		864	497.18	517.28	537.33	577.28	617.03	656.59	696.95	735.11	774.08	812.85	851.42	908.90	965.94
914				548.10	569.39	611.80	654.02	696.05	737.87	779.50	820.93	862.17	903.20	964.39	1025.13
		965		579.55	602.09	647.02	691.76	736.30	780.64	824.78	868.73	912.48	956.03	1020.99	1085.50
1016				610.99	634.79	682.24	729.49	776.54	823.40	870.06	916.52	962.79	1008.86	1077.59	1145.87

外径/mm			壁厚/mm												
系列 1	系列 2	系列 3	50	55	60	65	70	75	80	85	90	95	100	110	120
			单位长度理论重量[a]/(kg/m)												
	630		716.19	779.92	843.43	905.70	966.73	1026.54	1085.11	1142.45	1198.55	1253.42	1307.06	1410.64	1509.29
		660	752.18	820.61	887.82	953.79	1018.52	1082.03	1144.30	1205.33	1265.14	1323.71	1381.05	1492.02	1598.07
		699	800.27	873.51	945.52	1016.30	1085.85	1154.16	1221.24	1287.09	1351.70	1415.08	1477.23	1597.82	1713.49
711			815.06	889.79	963.28	1035.54	1106.56	1176.36	1244.92	1312.24	1378.33	1443.19	1506.82	1630.38	1749.00
	720		826.16	902.00	976.60	1049.97	1122.10	1193.00	1262.67	1331.11	1398.31	1464.28	1529.02	1654.79	1775.63
	762		877.95	958.96	1038.74	1117.29	1194.61	1270.69	1345.53	1419.15	1491.53	1562.68	1632.60	1768.73	1899.93
		788.5	910.63	994.91	1077.96	1159.77	1240.35	1319.70	1397.82	1474.70	1550.35	1624.77	1697.95	1840.62	1978.35
813			940.84	1028.14	1114.21	1199.05	1282.65	1365.02	1446.15	1526.06	1604.73	1682.17	1758.37	1907.08	2050.86
		864	1003.73	1097.32	1189.67	1280.80	1370.69	1459.35	1546.77	1632.97	1717.92	1801.65	1884.14	2045.43	2201.78
914			1065.38	1165.14	1263.66	1360.95	1457.00	1551.83	1645.42	1737.78	1828.90	1918.79	2007.45	2181.07	2349.75
		965	1128.27	1234.31	1339.12	1442.70	1545.05	1646.16	1746.04	1844.68	1942.10	2038.28	2133.22	2319.42	2500.88
1016			1191.15	1303.49	1414.59	1524.45	1633.09	1740.49	1846.66	1951.59	2055.29	2157.76	2259.00	2457.77	2651.61

注：括号内尺寸为相应的 ISO 4200 的规格。

a 理论重量按公式（1）计算，钢的密度为 7.85kg/dm^3。

钢管的外径分为三个系列：系列 1、系列 2 和系列 3。系列 1 是通用系列，属推荐选用系列；系列 2 是非通用系列；系列 3 是少数特殊、专用系列。

1.1.2 精密无缝钢管理论重量

精密无缝钢管（GB/T 17395—2008）理论重量见表 1-2。

表 1-2

外径/mm		壁厚/mm																				
系列 2	系列 3	0.5	(0.8)	1.0	(1.2)	1.5	(1.8)	2.0	(2.2)	2.5	(2.8)	3.0	(3.5)	4	(4.5)	5	(5.5)	6	(7)	8	(9)	10
		单位长度理论重量[a]/(kg/m)																				
4		0.043	0.063	0.074	0.083																	
5		0.055	0.083	0.099	0.112																	
6		0.068	0.103	0.123	0.142	0.166	0.186	0.197														
8		0.092	0.142	0.173	0.201	0.240	0.275	0.296	0.315	0.339												
10		0.117	0.182	0.222	0.260	0.314	0.364	0.395	0.423	0.462												
12		0.142	0.221	0.271	0.320	0.388	0.453	0.493	0.532	0.586	0.635	0.666										
12.7		0.150	0.235	0.289	0.340	0.414	0.484	0.528	0.570	0.629	0.684	0.718										
	14	0.166	0.260	0.321	0.379	0.462	0.542	0.592	0.640	0.709	0.773	0.814	0.906									
16		0.191	0.300	0.370	0.438	0.536	0.630	0.691	0.749	0.832	0.911	0.962	1.08	1.18								
	18	0.216	0.339	0.419	0.497	0.610	0.719	0.789	0.857	0.956	1.05	1.11	1.25	1.38	1.50							
20		0.240	0.379	0.469	0.556	0.684	0.808	0.888	0.966	1.08	1.19	1.26	1.42	1.58	1.72	1.85						
	22	0.265	0.418	0.518	0.616	0.758	0.897	0.986	1.07	1.20	1.33	1.41	1.60	1.78	1.94	2.10						
25		0.302	0.477	0.592	0.704	0.869	1.03	1.13	1.24	1.39	1.53	1.63	1.86	2.07	2.28	2.47	2.64	2.81				
	28	0.339	0.537	0.666	0.793	0.980	1.16	1.28	1.40	1.57	1.74	1.85	2.11	2.37	2.61	2.84	3.05	3.26	3.63	3.95		
	30	0.364	0.576	0.715	0.852	1.05	1.25	1.38	1.51	1.70	1.88	2.00	2.29	2.56	2.83	3.08	3.32	3.55	3.97	4.34		
32		0.388	0.616	0.765	0.911	1.13	1.34	1.48	1.62	1.82	2.02	2.15	2.46	2.76	3.05	3.33	3.59	3.85	4.32	4.74		
	35	0.425	0.675	0.838	1.00	1.24	1.47	1.63	1.78	2.00	2.22	2.37	2.72	3.06	3.38	3.70	4.00	4.29	4.83	5.33		
38		0.462	0.734	0.912	1.09	1.35	1.61	1.78	1.94	2.19	2.43	2.59	2.98	3.35	3.72	4.07	4.41	4.74	5.35	5.92	6.44	6.91
40		0.487	0.773	0.962	1.15	1.42	1.70	1.87	2.05	2.31	2.57	2.74	3.15	3.55	3.94	4.32	4.68	5.03	5.70	6.31	6.88	7.40
42			0.813	1.01	1.21	1.50	1.78	1.97	2.16	2.44	2.71	2.89	3.32	3.75	4.16	4.56	4.95	5.33	6.04	6.71	7.32	7.89

续表

外径/mm		壁厚/mm																	
系列 2	系列 3	(0.8)	1.0	(1.2)	1.5	(1.8)	2.0	(2.2)	2.5	(2.8)	3.0	(3.5)	4	(4.5)	5	(5.5)	6	(7)	8
		单位长度理论重量[a]/(kg/m)																	
	45	0.872	1.09	1.30	1.61	1.92	2.12	2.32	2.62	2.91	3.11	3.58	4.04	4.49	4.93	5.36	5.77	6.56	7.30
48		0.931	1.16	1.38	1.72	2.05	2.27	2.48	2.81	3.12	3.33	3.84	4.34	4.83	5.30	5.76	6.21	7.08	7.89
50		0.071	1.21	1.44	1.79	2.14	2.37	2.59	2.93	3.26	3.48	4.01	4.54	5.05	5.55	6.04	6.51	7.42	8.29
	55	1.07	1.33	1.59	1.98	2.36	2.61	2.86	3.24	3.60	3.85	4.45	5.03	5.60	6.17	6.71	7.25	8.29	9.27
60		1.17	1.46	1.74	2.16	2.58	2.86	3.14	3.55	3.95	4.22	4.88	5.52	6.16	6.78	7.39	7.99	9.15	10.26
63		1.23	1.53	1.83	2.28	2.72	3.01	3.30	3.73	4.16	4.44	5.14	5.82	6.49	7.15	7.80	8.43	9.67	10.85
70		1.37	1.70	2.04	2.53	3.03	3.35	3.68	4.16	4.64	4.96	5.74	6.51	7.27	8.02	8.75	9.47	10.88	12.23
76		1.48	1.85	2.21	2.76	3.29	3.65	4.00	4.53	5.05	5.40	6.26	7.10	7.93	8.75	9.56	10.36	11.91	13.42
80		1.56	1.95	2.33	2.50	3.47	3.85	4.22	4.78	5.33	5.70	6.60	7.50	8.38	9.25	10.11	10.95	12.60	14.21
	90			2.63	3.27	3.92	4.34	4.76	5.39	6.02	6.44	7.47	8.48	9.49	10.48	11.46	12.43	14.33	16.18
100				2.92	3.64	4.36	4.83	5.31	6.01	6.71	7.18	8.33	9.47	10.60	11.71	12.82	13.91	16.05	18.15
	110			3.22	4.01	4.80	5.33	5.85	6.63	7.40	7.92	9.19	10.46	11.71	12.95	14.17	15.39	17.78	20.12
120						5.25	5.82	6.39	7.24	8.09	8.66	10.06	11.44	12.82	14.18	15.53	16.87	19.51	22.10
130						5.69	6.31	6.93	7.86	8.78	9.40	10.92	12.43	13.93	15.41	16.89	18.35	21.23	24.07
	140					6.13	6.81	7.48	8.48	9.47	10.14	11.78	13.42	15.04	16.65	18.24	19.83	22.96	26.04
150						6.58	7.30	8.02	9.09	10.16	10.88	12.65	14.40	16.15	17.88	19.60	21.31	24.69	28.02
160						7.02	7.79	8.56	9.71	10.86	11.62	13.51	15.39	17.26	19.11	20.96	22.79	26.41	29.99
170												14.37	16.38	18.37	20.35	22.31	24.27	28.14	31.96
	180														21.58	23.67	25.75	29.87	33.93
190																25.03	27.23	31.59	35.91
200																	28.71	33.32	37.88
	220																	36.77	41.83

续表

外径/mm		壁厚/mm														
系列 2	系列 3	(9)	10	(11)	12.5	(14)	16	(18)	20	(22)	25					
		单位长度理论重量[a]/(kg/m)														
	45	7.99	8.63	9.22	10.02											
48		8.66	9.37	10.04	10.94											
50		9.10	9.86	10.58	11.56											
	55	10.21	11.10	11.94	13.10	14.16										
60		11.32	12.33	13.29	14.64	15.88	17.36									
63		11.99	13.07	14.11	15.57	16.92	18.55									
70		13.54	14.80	16.01	17.73	19.33	21.31									
76		14.87	16.28	17.63	19.58	21.41	23.68									
80		15.76	17.26	18.72	20.81	22.79	25.25	27.52								
	90	17.98	19.73	21.43	23.89	26.24	29.20	31.96	34.53	36.89						
100		20.20	22.20	24.14	26.97	29.69	33.15	36.40	39.46	42.32	46.24					
	110	22.42	24.66	26.86	30.06	33.15	37.09	40.84	44.39	47.74	52.41					
120		24.64	27.13	29.57	33.14	36.60	41.04	45.28	49.32	53.17	58.57					
130		26.86	29.59	32.28	36.22	40.05	44.98	49.72	54.26	59.60	64.74					
	140	29.08	32.06	34.99	39.30	43.50	48.93	54.16	59.19	64.02	70.90					
150		31.30	34.53	37.71	42.39	46.96	52.87	58.60	64.12	69.45	77.07					
160		33.52	36.99	40.42	45.47	50.41	56.82	63.03	69.05	74.87	83.23					
170		35.73	39.46	43.13	48.55	53.86	60.77	67.47	73.98	80.30	89.40					
	180	37.95	41.92	45.85	51.64	57.31	64.71	71.91	78.92	85.72	95.56					
190		40.17	44.39	48.56	54.72	60.77	68.66	76.35	83.85	91.15	101.73					
200		42.39	46.86	51.27	57.80	64.22	72.60	80.79	88.78	96.57	107.89					
	220	46.83	51.79	56.70	63.97	71.12	80.50	89.67	98.65	107.43	120.23					

续表

外径/mm		壁厚/mm													
系列 2	系列 3	(5.5)	6	(7)	8	9	10	(11)	12.5	(14)	16	(18)	20	(22)	25
		单位长度理论重量[a]/(kg/m)													
	240			40.22	45.77	51.27	56.72	62.12	70.13	78.03	88.39	98.55	108.51	118.28	132.56
	260			43.68	49.72	55.71	61.65	67.55	76.30	84.93	96.28	107.43	118.38	129.13	144.89

注：括号内尺寸不推荐使用

a 理论重量按公式（1）计算，钢的密度为 7.85kg/dm^3。

钢管的外径分为三个系列：系列 1、系列 2 和系列 3。系列 1 是通用系列，属推荐选用系列；系列 2 是非通用系列；系列 3 是少数特殊、专用系列。

1.2 焊接钢管理论重量

1.2.1 普通焊接钢管理论重量

计算公式：

$$W = 0.0246615(D - S)S$$

式中 W——单位长度重量，kg/m；

D——钢管的公称外径，mm；

S——钢管的公称壁厚，mm。

普通焊接钢管（GB/T 21835—2008）理论重量见表 1-3。

表 1-3

系列			壁厚/mm																		
系列 1			0.5	0.6	0.8	1.0	1.2	1.4		1.6		1.8		2.0		2.3		2.6		2.9	
系列 2									1.5		1.7		1.9		2.2		2.4		2.8		3.1
外径/mm			单位长度理论重量/(kg/m)																		
系列 1	系列 2	系列 3																			
10.2			0.120	0.142	0.185	0.227	0.266	0.304	0.322	0.339	0.356	0.373	0.389	0.404	0.434	0.448	0.462	0.487	0.511	0.522	
	12		0.142	0.169	0.221	0.271	0.320	0.366	0.388	0.410	0.432	0.453	0.473	0.493	0.532	0.550	0.568	0.603	0.635	0.651	0.680

续表

系列			壁厚/mm																		
系列 1			0.5	0.6	0.8	1.0	1.2	1.4		1.6		1.8		2.0		2.3		2.6		2.9	
系列 2									1.5		1.7		1.9		2.2		2.4		2.8		3.1
外径/mm			单位长度理论重量/(kg/m)																		
系列 1	系列 2	系列 3																			
	12.7		0.150	0.179	0.235	0.289	0.340	0.390	0.414	0.438	0.461	0.484	0.506	0.528	0.570	0.590	0.610	0.648	0.684	0.701	0.734
13.5			0.160	0.191	0.251	0.308	0.364	0.418	0.444	0.470	0.495	0.519	0.544	0.567	0.613	0.635	0.657	0.699	0.739	0.758	0.795
		14	0.166	0.198	0.260	0.321	0.379	0.435	0.462	0.489	0.516	0.542	0.567	0.592	0.640	0.664	0.687	0.731	0.773	0.794	0.833
	16		0.191	0.228	0.300	0.370	0.438	0.504	0.536	0.568	0.600	0.630	0.661	0.691	0.749	0.777	0.805	0.859	0.911	0.937	0.986
17.2			0.206	0.246	0.324	0.400	0.474	0.546	0.581	0.616	0.650	0.684	0.717	0.750	0.814	0.845	0.876	0.936	0.994	1.02	1.08
		18	0.216	0.257	0.339	0.419	0.497	0.573	0.610	0.647	0.683	0.719	0.754	0.789	0.857	0.891	0.923	0.987	1.05	1.08	1.14
	19		0.228	0.272	0.359	0.444	0.527	0.608	0.647	0.687	0.725	0.764	0.801	0.838	0.911	0.947	0.983	1.05	1.12	1.15	1.22
	20		0.240	0.287	0.379	0.469	0.556	0.642	0.684	0.726	0.767	0.808	0.848	0.888	0.966	1.00	1.04	1.12	1.19	1.22	1.29
21.3			0.256	0.306	0.404	0.501	0.595	0.687	0.732	0.777	0.822	0.866	0.909	0.952	1.04	1.08	1.12	1.20	1.28	1.32	1.39
		22	0.265	0.317	0.418	0.518	0.616	0.711	0.758	0.805	0.851	0.897	0.942	0.986	1.07	1.12	1.16	1.24	1.33	1.37	1.44
	25		0.302	0.361	0.477	0.592	0.704	0.815	0.869	0.923	0.977	1.03	1.082	1.13	1.24	1.29	1.34	1.44	1.53	1.58	1.67
		25.4	0.307	0.367	0.485	0.602	0.716	0.829	0.884	0.939	0.994	1.05	1.10	1.15	1.26	1.31	1.36	1.46	1.56	1.61	1.70
26.9			0.326	0.389	0.515	0.639	0.761	0.880	0.940	0.998	1.06	1.11	1.17	1.23	1.34	1.40	1.45	1.56	1.66	1.72	1.82
		30	0.364	0.435	0.576	0.715	0.852	0.987	1.05	1.12	1.19	1.25	1.32	1.38	1.51	1.57	1.63	1.76	1.88	1.94	2.06
	31.8		0.386	0.462	0.612	0.760	0.906	1.05	1.12	1.19	1.26	1.33	1.40	1.47	1.61	1.67	1.74	1.87	2.00	2.07	2.19
	32		0.388	0.465	0.616	0.765	0.911	1.06	1.13	1.20	1.27	1.34	1.41	1.48	1.62	1.68	1.75	1.89	2.02	2.08	2.21
33.7			0.409	0.490	0.649	0.806	0.962	1.12	1.19	1.27	1.34	1.42	1.49	1.56	1.71	1.78	1.85	1.99	2.13	2.20	2.34
		35	0.425	0.509	0.675	0.838	1.00	1.16	1.24	1.32	1.40	1.47	1.55	1.63	1.78	1.85	1.93	2.08	2.22	2.30	2.44
	38		0.462	0.553	0.734	0.912	1.09	1.26	1.35	1.44	1.52	1.61	1.69	1.78	1.94	2.02	2.11	2.27	2.43	2.51	2.67
	40		0.487	0.583	0.773	0.962	1.15	1.33	1.42	1.52	1.61	1.70	1.79	1.87	2.05	2.14	2.23	2.40	2.57	2.65	2.82

续表

系列			壁厚/mm																	
系列 1			3.2		3.6		4.0		4.5		5.0		5.4		5.6		6.3		7.1	
系列 2				3.4		3.8		4.37		4.78		5.16		5.56		6.02		6.35		7.92
外径/mm			单位长度理论重量/(kg/m)																	
系列 1	系列 2	系列 3																		
10.2																				
	12																			
	12.7																			
13.5																				
		14																		
	16		1.01	1.06	1.10	1.14														
17.2			1.10	1.16	1.21	1.26														
		18	1.17	1.22	1.28	1.33														
	19		1.25	1.31	1.37	1.42														
	20		1.33	1.39	1.46	1.52	1.58	1.68												
21.3			1.43	1.50	1.57	1.64	1.71	1.82	1.86	1.95										
		22	1.48	1.56	1.63	1.71	1.78	1.90	1.94	2.03										
	25		1.72	1.81	1.90	1.99	2.07	2.22	2.28	2.38	2.47									
		25.4	1.75	1.84	1.94	2.02	2.11	2.27	2.32	2.43	2.52									
26.9			1.87	1.97	2.07	2.16	2.26	2.43	2.49	2.61	2.70	2.77								
		30	2.11	2.23	2.34	2.46	2.56	2.76	2.83	2.97	3.08	3.16								
	31.8		2.26	2.38	2.50	2.62	2.74	2.96	3.03	3.19	3.30	3.39								
	32		2.27	2.40	2.52	2.64	2.76	2.98	3.05	3.21	3.33	3.42								
33.7			2.41	2.54	2.67	2.80	2.93	3.16	3.24	3.41	3.54	3.63								
		35	2.51	2.65	2.79	2.92	3.06	3.30	3.38	3.56	3.70	3.80								
	38		2.75	2.90	3.05	3.21	3.35	3.62	3.72	3.92	4.07	4.18								
	40		2.90	3.07	3.23	3.39	3.55	3.84	3.94	4.15	4.32	4.43								

续表

系列			壁厚/mm																	
系列 1			8.0		8.8		10		11		12.5		14.2		16		17.5		20	
系列 2				8.74		9.53		10.31		11.91		12.7		15.09		16.66		19.05		20.62
外径/mm			单位长度理论重量/(kg/m)																	
系列 1	系列 2	系列 3																		
10.2																				
	12																			
	12.7																			
13.5																				
		14																		
	16																			
17.2																				
		18																		
	19																			
	20																			
21.3																				
		22																		
	25																			
		25.4																		
26.9																				
		30																		
	31.8																			
	32																			
33.7																				
		35																		
	38																			
	40																			

续表

系列			壁厚/mm																	
系列 1			22.2		25		28		30		32		36		40	45	50	55	60	65
系列 2				23.83		26.19		28.58		30.96		34.93		38.10						
外径/mm			单位长度理论重量/(kg/m)																	
系列 1	系列 2	系列 3																		
10.2																				
	12																			
	12.7																			
13.5																				
		14																		
	16																			
17.2																				
		18																		
	19																			
	20																			
21.3																				
		22																		
	25																			
		25.4																		
26.9																				
		30																		
	31.8																			
	32																			
33.7																				
		35																		
	38																			
	40																			

续表

系列			壁厚/mm																		
系列 1			0.5	0.6	0.8	1.0	1.2	1.4		1.6		1.8		2.0		2.3		2.6		2.9	
系列 2									1.5		1.7		1.9		2.2		2.4		2.8		3.1
外径/mm			单位长度理论重量/(kg/m)																		
系列 1	系列 2	系列 3																			
42.4			0.517	0.619	0.821	1.02	1.22	1.42	1.51	1.61	1.71	1.80	1.90	1.99	2.18	2.27	2.37	2.55	2.73	2.82	3.00
		44.5	0.543	0.650	0.862	1.07	1.28	1.49	1.59	1.69	1.79	1.90	2.00	2.10	2.29	2.39	2.49	2.69	2.88	2.98	3.17
48.3				0.706	0.937	1.17	1.39	1.62	1.73	1.84	1.95	2.06	2.17	2.28	2.50	2.61	2.72	2.93	3.14	3.25	3.46
	51			0.746	0.990	1.23	1.47	1.71	1.83	1.95	2.07	2.18	2.30	2.42	2.65	2.76	2.88	3.10	3.33	3.44	3.66
		54		0.79	1.05	1.31	1.56	1.82	1.94	2.07	2.19	2.32	2.44	2.56	2.81	2.93	3.05	3.30	3.54	3.65	3.89
	57			0.835	1.11	1.38	1.65	1.92	2.05	2.19	2.32	2.45	2.58	2.71	2.97	3.10	3.23	3.49	3.74	3.87	4.12
60.3				0.883	1.17	1.46	1.75	2.03	2.18	2.32	2.46	2.60	2.74	2.88	3.15	3.29	3.43	3.70	3.97	4.11	4.37
	63.5			0.931	1.24	1.54	1.84	2.14	2.29	2.44	2.59	2.74	2.89	3.03	3.33	3.47	3.62	3.90	4.19	4.33	4.62
	70				1.37	1.70	2.04	2.37	2.53	2.70	2.86	3.03	3.19	3.35	3.68	3.84	4.00	4.32	4.64	4.80	5.11
		73			1.42	1.78	2.12	2.47	2.64	2.82	2.99	3.16	3.33	3.50	3.84	4.01	4.18	4.51	4.85	5.01	5.34
76.1					1.49	1.85	2.22	2.58	2.76	2.94	3.12	3.30	3.48	3.65	4.01	4.19	4.36	4.71	5.06	5.24	5.58
		82.5			1.61	2.01	2.41	2.80	3.00	3.19	3.39	3.58	3.78	3.97	4.36	4.55	4.74	5.12	5.50	5.69	6.07
88.9					1.74	2.17	2.60	3.02	3.23	3.44	3.66	3.87	4.08	4.29	4.70	4.91	5.12	5.53	5.95	6.15	6.56
	101.6						2.97	3.46	3.70	3.95	4.19	4.43	4.67	4.91	5.39	5.63	5.87	6.35	6.82	7.06	7.53
		108					3.16	3.68	3.94	4.20	4.46	4.71	4.97	5.23	5.74	6.00	6.25	6.76	7.26	7.52	8.02
114.3							3.35	3.90	4.17	4.45	4.72	4.99	5.27	5.54	6.08	6.35	6.62	7.16	7.70	7.97	8.50
	127									4.95	5.25	5.56	5.86	6.17	6.77	7.07	7.37	7.98	8.58	8.88	9.47
	133									5.18	5.50	5.82	6.14	6.46	7.10	7.41	7.73	8.36	8.99	9.30	9.93
139.7										5.45	5.79	6.12	6.46	6.79	7.46	7.79	8.13	8.79	9.45	9.78	10.44
		141.3								5.51	5.85	6.19	6.53	6.87	7.55	7.88	8.22	8.89	9.56	9.90	10.57
		152.4								5.95	6.32	6.69	7.05	7.42	8.15	8.51	8.88	9.61	10.33	10.69	11.41
		159								6.21	6.59	6.98	7.36	7.74	8.51	8.89	9.27	10.03	10.79	11.16	11.92

续表

系列			壁厚/mm																	
系列 1			3.2		3.6		4.0		4.5		5.0		5.4		5.6		6.3		7.1	
系列 2				3.4		3.8		4.37		4.78		5.16		5.56		6.02		6.35		7.92
外径/mm			单位长度理论重量/(kg/m)																	
系列 1	系列 2	系列 3																		
42.4			3.09	3.27	3.44	3.62	3.79	4.10	4.21	4.43	4.61	4.74	4.93	5.05	5.08	5.40				
		44.5	3.26	3.45	3.63	3.81	4.00	4.32	4.44	4.68	4.87	5.01	5.21	5.34	5.37	5.71				
48.3			3.56	3.76	3.97	4.17	4.37	4.73	4.86	5.13	5.34	5.49	5.71	5.86	5.90	6.28				
	51		3.77	3.99	4.21	4.42	4.64	5.03	5.16	5.45	5.67	5.83	6.07	6.23	6.27	6.68				
		54	4.01	4.24	4.47	4.70	4.93	5.35	5.49	5.80	6.04	6.22	6.47	6.64	6.68	7.12				
	57		4.25	4.49	4.74	4.99	5.23	5.67	5.83	6.16	6.41	6.60	6.87	7.05	7.10	7.57				
60.3			4.51	4.77	5.03	5.29	5.55	6.03	6.19	6.54	6.82	7.02	7.31	7.51	7.55	8.06				
	63.5		4.76	5.04	5.32	5.59	5.87	6.37	6.55	6.92	7.21	7.42	7.74	7.94	8.00	8.53				
	70		5.27	5.58	5.90	6.20	6.51	7.07	7.27	7.69	8.01	8.25	8.60	8.84	8.89	9.50	9.90	9.97		
		73	5.51	5.84	6.16	6.48	6.81	7.40	7.60	8.04	8.38	8.63	9.00	9.25	9.31	9.94	10.36	10.44		
76.1			5.75	6.10	6.44	6.78	7.11	7.73	7.95	8.41	8.77	9.03	9.42	9.67	9.74	10.40	10.84	10.92		
		82.5	6.26	6.63	7.00	7.38	7.74	8.42	8.66	9.16	9.56	9.84	10.27	10.55	10.62	11.35	11.84	11.93		
88.9			6.76	7.17	7.57	7.98	8.38	9.11	9.37	9.92	10.35	10.66	11.12	11.43	11.50	12.30	12.83	12.93		
	101.6		7.77	8.23	8.70	9.17	9.63	10.48	10.78	11.41	11.91	12.27	12.81	13.17	13.26	14.19	14.81	14.92		
		108	8.27	8.77	9.27	9.76	10.26	11.17	11.49	12.17	12.70	13.09	13.66	14.05	14.14	15.14	15.80	15.92		
114.3			8.77	9.30	9.83	10.36	10.88	11.85	12.19	12.91	13.48	13.89	14.50	14.91	15.01	16.08	16.78	16.91	18.77	20.78
	127		9.77	10.36	10.96	11.55	12.13	13.22	13.59	14.41	15.04	15.50	16.19	16.65	16.77	17.96	18.75	18.89	20.99	23.26
	133		10.24	10.87	11.49	12.11	12.73	13.86	14.26	15.11	15.78	16.27	16.99	17.47	17.59	18.85	19.69	19.83	22.04	24.43
139.7			10.77	11.43	12.08	12.74	13.39	14.58	15.00	15.90	16.61	17.12	17.89	18.39	18.52	19.85	20.73	20.88	23.22	25.74
		141.3	10.90	11.56	12.23	12.89	13.54	14.76	15.18	16.09	16.81	17.32	18.10	18.61	18.74	20.08	20.97	21.13	23.50	26.05
		152.4	11.77	12.49	13.21	13.93	14.64	15.95	16.41	17.40	18.18	18.74	19.58	20.13	20.27	21.73	22.70	22.87	25.44	28.22
		159	12.30	13.05	13.80	14.54	15.29	16.66	17.15	18.18	18.99	19.58	20.46	21.04	21.19	22.71	23.72	23.91	26.60	29.51

续表

系列			壁厚/mm																	
系列 1			8.0		8.8		10		11		12.5		14.2		16		17.5		20	
系列 2				8.74		9.53		10.31		11.91		12.7		15.09		16.66		19.05		20.62
外径/mm			单位长度理论重量/(kg/m)																	
系列 1	系列 2	系列 3																		
42.4																				
		44.5																		
48.3																				
	51																			
		54																		
	57																			
60.3																				
	63.5																			
	70																			
		73																		
76.1																				
		82.5																		
88.9																				
	101.6																			
		108																		
114.3			20.97																	
	127		23.48																	
	133		24.66																	
139.7			25.98																	
		141.3	26.30																	
		152.4	28.49																	
		159	29.79	32.39																

续表

系列			厚壁/mm																	
系列 1			22.2		25		28		30		32		36		40	45	50	55	60	65
系列 2				23.83		26.19		28.58		30.96		34.93		38.10						
外径/mm			单位长度理论重量/(kg/m)																	
系列 1	系列 2	系列 3																		
42.4																				
		44.5											—							
48.3																				
	51																			
		54																		
	57																			
60.3																				
	63.5																			
	70																			
		73																		
76.1																				
		82.5																		
88.9																				
	101.6																			
		108																		
114.3																				
	127																			
	133																			
139.7																				
		141.3																		
		152.4																		
		159																		

续表

系列			壁厚/mm																		
系列 1			0.5	0.6	0.8	1.0	1.2	1.4		1.6		1.8		2.0		2.3		2.6		2.9	
系列 2									1.5		1.7		1.9		2.2		2.4		2.8		3.1
外径/mm			单位长度理论重量/(kg/m)																		
系列 1	系列 2	系列 3																			
		165								6.45	6.85	7.24	7.64	8.04	8.83	9.23	9.62	10.41	11.20	11.59	12.38
168.3										6.58	6.98	7.39	7.80	8.20	9.01	9.42	9.82	10.62	11.43	11.83	12.63
		177.8										7.81	8.24	8.67	9.53	9.95	10.38	11.23	12.08	12.51	13.36
		190.7										8.39	8.85	9.31	10.23	10.69	11.15	12.06	12.97	13.43	14.34
		193.7										8.52	8.99	9.46	10.39	10.86	11.32	12.25	13.18	13.65	14.57
219.1												9.65	10.18	10.71	11.77	12.30	12.83	13.88	14.94	15.46	16.51
		244.5												11.96	13.15	13.73	14.33	15.51	16.69	17.28	18.46
273.1														13.37	14.70	15.36	16.02	17.34	18.66	19.32	20.64
323.9																		20.60	22.17	22.96	24.53
355.6																		22.63	24.36	25.22	26.95
406.4																		25.89	27.87	28.86	30.83
457																					
508																					
		559																			
610																					
		660																			
711																					
	762																				
813																					
		864																			
914																					
		965																			

续表

系列			壁厚/mm																	
系列 1			3.2		3.6		4.0		4.5		5.0		5.4		5.6		6.3		7.1	
系列 2				3.4		3.8		4.37		4.78		5.16		5.56		6.02		6.35		7.92
外径/mm			单位长度理论重量/(kg/m)																	
系列 1	系列 2	系列 3																		
		165	12.77	13.55	14.33	15.11	15.88	17.31	17.81	18.89	19.73	20.34	21.25	21.86	22.01	23.60	24.66	24.84	27.65	30.68
168.3			13.03	13.83	14.62	15.42	16.21	17.67	18.18	19.28	20.14	20.76	21.69	22.31	22.47	24.09	25.17	25.36	28.23	31.33
		177.8	13.78	14.62	15.47	16.31	17.14	18.69	19.23	20.40	21.31	21.97	22.96	23.62	23.78	25.50	26.65	26.85	29.88	33.18
		190.7	14.80	15.70	16.61	17.52	18.42	20.08	20.66	21.92	22.90	23.61	24.68	25.39	25.56	27.42	28.65	28.87	32.15	35.70
		193.7	15.03	15.96	16.88	17.80	18.71	20.40	21.00	22.27	23.27	23.99	25.08	25.80	25.98	27.86	29.12	29.34	32.67	36.29
219.1			17.04	18.09	19.13	20.18	21.22	23.14	23.82	25.26	26.40	27.22	28.46	29.28	29.49	31.63	33.06	33.32	37.12	41.25
		244.5	19.04	20.22	21.39	22.56	23.72	25.88	26.63	28.26	29.53	30.46	31.84	32.76	32.99	35.41	37.01	37.29	41.57	46.21
273.1			21.30	22.61	23.93	25.24	26.55	28.96	29.81	31.63	33.06	34.10	35.65	36.68	36.94	39.65	41.45	41.77	46.58	51.79
323.9			25.31	26.87	28.44	30.00	31.56	34.44	35.45	37.62	39.32	40.56	42.42	43.65	43.96	47.19	49.34	49.73	55.47	61.72
355.6			27.81	29.53	31.25	32.97	34.68	37.85	38.96	41.36	43.23	44.59	46.64	48.00	48.34	51.90	54.27	54.69	61.02	67.91
406.4			31.82	33.79	35.76	37.73	39.70	43.33	44.60	47.34	49.50	51.06	53.40	54.96	55.35	59.44	62.16	62.65	69.92	77.83
457			35.81	38.03	40.25	42.47	44.69	48.78	50.23	53.31	55.73	57.50	60.14	61.90	62.34	66.95	70.02	70.57	78.78	87.71
508			39.84	42.31	44.78	47.25	49.72	54.28	55.88	59.32	62.02	63.99	66.93	68.89	69.38	74.53	77.95	78.56	87.71	97.68
		559	43.86	46.59	49.31	52.03	54.75	59.77	61.54	65.33	68.31	70.48	73.72	75.89	76.43	82.10	85.87	86.55	96.64	107.64
610			47.89	50.86	53.84	56.81	59.78	65.27	67.20	71.34	74.60	76.97	80.52	82.88	83.47	89.67	93.80	94.53	105.57	117.60
		660					64.71	70.66	72.75	77.24	80.77	83.33	87.17	89.74	90.38	97.09	101.56	102.36	114.32	127.36
711							69.74	76.15	78.41	83.25	87.06	89.82	93.97	96.73	97.42	104.66	109.49	110.35	123.25	137.32
	762						74.77	81.65	84.06	89.26	93.34	96.31	100.76	103.72	104.46	112.23	117.41	118.34	132.18	147.29
813							79.80	87.15	89.72	95.27	99.63	102.80	107.55	110.71	111.51	119.81	125.33	126.32	141.11	157.25
		864					84.84	92.64	95.38	101.29	105.92	109.29	114.34	117.71	118.55	127.38	133.26	134.31	150.04	167.21
914							89.76	98.03	100.93	107.18	112.09	115.65	121.00	124.56	125.45	134.80	141.03	142.14	158.80	176.97
		965					94.80	103.53	106.59	113.19	118.38	122.14	127.79	131.56	132.50	142.37	148.95	150.13	167.73	186.94

续表

系列			壁厚/mm																	
系列 1			8.0		8.8		10		11		12.5		14.2		16		17.5		20	
系列 2				8.74		9.53		10.31		11.91		12.70		15.09		16.66		19.05		20.62
外径/mm			单位长度理论重量/(kg/m)																	
系列 1	系列 2	系列 3																		
		165	30.97	33.68																
168.3			31.63	34.39	34.61	37.31	39.04	40.17	42.67	45.93	48.03	48.73								
		177.8	33.50	36.44	36.68	39.55	41.38	42.59	45.25	48.72	50.96	51.71								
		190.7	36.05	39.22	39.48	42.58	44.56	45.87	48.75	52.51	54.93	55.75								
		193.7	36.64	39.87	40.13	43.28	45.30	46.63	49.56	53.40	55.86	56.69								
219.1			41.65	45.34	45.64	49.25	51.57	53.09	56.45	60.86	63.69	64.64	71.75							
		244.5	46.66	50.82	51.15	55.22	57.83	59.55	63.34	68.32	71.52	72.60	80.65							
273.1			52.30	56.98	57.36	61.95	64.88	66.82	71.10	76.72	80.33	81.56	90.67							
323.9			62.34	67.93	68.38	73.88	77.41	79.73	84.88	91.64	95.99	97.47	108.45	114.92	121.49	126.23	132.23			
355.6			68.58	74.76	75.26	81.33	85.23	87.79	93.48	100.95	105.77	107.40	119.56	126.72	134.00	139.26	145.92			
406.4			78.60	85.71	86.29	93.27	97.76	100.71	107.26	115.87	121.43	123.31	137.35	145.62	154.05	160.13	167.84	181.98	190.58	196.18
457			88.58	96.62	97.27	105.17	110.24	113.58	120.99	130.73	137.03	139.16	155.07	164.45	174.01	180.92	189.68	205.75	215.54	221.91
508			98.65	107.61	108.34	117.15	122.81	126.54	134.82	145.71	152.75	155.13	172.93	183.43	194.14	201.87	211.69	229.71	240.70	247.84
		559	108.71	118.60	119.41	129.14	135.39	139.51	148.66	160.69	168.47	171.10	190.79	202.41	214.26	222.83	233.70	253.67	265.85	273.78
610			118.77	129.60	130.47	141.12	147.97	152.48	162.49	175.67	184.19	187.07	208.65	221.39	234.38	243.78	255.71	277.63	291.01	299.71
		660	128.63	140.37	141.32	152.88	160.30	165.19	176.06	190.36	199.60	202.74	226.15	240.00	254.11	264.32	277.29	301.12	315.67	325.14
711			138.70	151.37	152.39	164.86	172.88	178.16	189.89	205.34	215.33	218.71	244.01	258.98	274.24	285.28	299.30	325.08	340.82	351.07
	762		148.76	162.36	163.46	176.85	185.45	191.12	203.73	220.32	231.05	234.68	261.87	277.96	294.36	306.23	321.31	349.04	365.98	377.01
813			158.82	173.35	174.53	188.83	198.03	204.09	217.56	235.29	246.77	250.65	279.73	296.94	314.48	327.18	343.32	373.00	391.13	402.94
		864	168.88	184.34	185.60	200.82	210.61	217.06	231.40	250.27	262.49	266.63	297.59	315.92	334.61	348.14	365.33	396.96	416.29	428.88
914			178.75	195.12	196.45	212.57	222.94	229.77	244.96	264.96	277.90	282.29	315.10	334.52	354.34	368.68	386.91	420.45	440.95	454.30
		965	188.81	206.11	207.52	224.56	235.52	242.74	258.80	279.94	293.63	298.26	332.96	353.50	374.46	389.64	408.92	444.41	466.10	480.24

续表

系列			壁厚/mm																	
系列 1			22.2		25		28		30		32		36		40	45	50	55	60	65
系列 2				23.83		26.19		28.58		30.96		34.93		38.1						
外径/mm			单位长度理论重量/(kg/m)																	
系列 1	系列 2	系列 3																		
		165																		
168.3																				
		177.8																		
		190.7																		
		193.7																		
219.1																				
		244.5																		
273.1																				
323.9																				
355.6																				
406.4			210.34	224.83	235.15	245.57	261.29	266.30	278.48											
457			238.05	254.57	266.34	278.25	296.23	301.96	315.91											
508			265.97	283.54	297.79	311.19	331.45	337.91	353.65	364.23	375.64	407.51	419.05	441.52	461.66	513.82	564.75	614.44	662.90	710.12
		559	293.89	314.51	329.23	344.13	366.67	373.85	391.37	403.17	415.89	451.45	464.33	489.44	511.97	570.42	627.64	683.62	738.37	791.88
610			321.81	344.48	360.67	377.07	401.88	409.80	429.11	442.11	456.14	495.38	509.61	537.36	562.28	627.02	690.52	752.79	813.83	873.63
		660	349.19	373.87	391.50	409.37	436.41	445.04	466.10	480.28	495.60	538.45	554.00	584.34	611.61	682.51	752.18	820.61	887.81	953.78
711			377.11	403.84	422.94	442.31	471.63	480.99	503.83	519.22	535.85	582.38	599.27	632.26	661.91	739.11	815.06	889.79	963.28	1035.54
	762		405.03	433.81	454.39	475.25	506.84	516.93	541.57	558.16	576.09	626.32	644.55	680.18	712.22	795.70	877.95	958.96	1038.74	1117.29
813			432.95	463.78	485.83	508.19	542.06	552.88	579.30	597.10	616.34	670.25	689.83	728.10	762.53	852.30	940.84	1028.14	1114.21	1199.04
		864	460.87	493.75	517.27	541.13	577.28	588.83	617.03	636.04	656.59	714.18	735.11	776.02	812.84	908.90	1003.72	1097.31	1189.67	1280.22
914			488.25	523.14	548.10	573.42	611.80	624.07	654.02	674.22	696.05	757.25	779.50	823.00	862.17	964.39	1065.38	1165.13	1263.66	1360.94
		965	516.17	553.11	579.55	606.36	647.02	660.01	691.76	713.16	736.29	801.19	824.78	870.92	912.48	1020.99	1128.26	1234.31	1339.12	1442.70

续表

系列			壁厚/mm																		
系列 1			0.5	0.6	0.8	1.0	1.2	1.4		1.6		1.8		2.0		2.3		2.6		2.9	
系列 2									1.5		1.7		1.9		2.2		2.4		2.8		3.1
外径/mm			单位长度理论重量/(kg/m)																		
系列 1	系列 2	系列 3																			
1016																					
1067																					
1118																					
	1168																				
1219																					
	1321																				
1422																					
	1524																				
1626																					
	1727																				
1829																					
	1930																				
2032																					
	2134																				
2235																					
	2337																				
	2438																				
2540																					

续表

系列			壁厚/mm																	
系列 1			3.2		3.6		4.0		4.5		5.0		5.4		5.6		6.3		7.1	
系列 2				3.4		3.8		4.37		4.78		5.16		5.56		6.02		6.35		7.92
外径/mm			单位长度理论重量/(kg/m)																	
系列 1	系列 2	系列 3																		
1016							99.83	109.02	112.25	119.20	124.66	128.63	134.58	138.55	139.54	149.94	156.87	158.11	176.66	196.90
1067											130.95	135.12	141.38	145.54	146.58	157.52	164.80	166.10	185.58	206.86
1118											137.24	141.61	148.17	152.54	153.63	165.09	172.72	174.08	194.51	216.82
	1168										143.41	147.98	154.83	159.39	160.53	172.51	180.49	181.91	203.27	226.59
1219											149.70	154.47	161.62	166.38	167.58	180.08	188.41	189.90	212.20	236.55
	1321														181.66	195.22	204.26	205.87	230.06	256.47
1422															195.61	210.22	219.95	221.69	247.74	276.20
	1524																235.80	237.66	265.60	296.12
1626																	251.65	253.64	283.46	316.04
	1727																		301.15	335.77
1829																			319.01	355.69
	1930																			
2032																				
	2134																			
2235																				
	2337																			
	2438																			
2540																				

续表

系列			壁厚/mm																	
系列 1			8.0		8.8		10		11		12.5		14.2		16		17.5		20	
系列 2				8.74		9.53		10.31		11.91		12.70		15.09		16.66		19.05		20.62
外径/mm			单位长度理论重量/(kg/m)																	
系列 1	系列 2	系列 3																		
1016			198.87	217.11	218.58	236.54	248.09	255.71	272.63	294.92	309.35	314.23	350.82	372.48	394.58	410.59	430.93	468.37	491.26	506.17
1067			208.93	228.10	229.65	248.53	260.67	268.67	286.47	309.90	325.07	330.21	368.68	391.46	414.71	431.54	452.94	492.33	516.41	532.11
1118			218.99	239.09	240.72	260.52	273.25	281.64	300.30	324.88	340.79	346.18	386.54	410.44	434.83	452.50	474.95	516.29	541.57	558.04
	1168		228.86	249.87	251.57	272.27	285.58	294.35	313.87	339.56	356.20	361.84	404.05	429.05	454.56	473.04	496.53	539.78	566.23	583.47
1219			238.92	260.86	262.64	284.25	298.16	307.32	327.70	354.54	371.93	377.81	421.91	448.03	474.68	493.99	518.54	563.74	591.38	609.40
	1321		259.04	282.85	284.78	308.23	323.31	333.26	355.37	384.50	403.37	409.76	457.63	485.98	514.93	535.90	562.56	611.66	641.69	661.27
1422			278.97	304.62	306.69	331.96	348.22	358.94	382.77	414.17	434.50	441.39	493.00	523.57	554.79	577.40	606.15	659.11	691.51	712.63
	1524		299.09	326.60	328.83	355.94	373.38	384.87	410.44	444.13	465.95	473.34	528.72	561.53	595.03	619.31	650.17	707.03	741.82	764.50
1626			319.22	348.59	350.97	379.91	398.53	410.81	438.11	474.09	497.39	505.29	564.44	599.49	635.28	661.21	694.19	754.95		
	1727		339.14	370.36	372.89	403.65	423.44	436.49	465.51	503.75	528.53	536.92	599.81	637.07	675.13	702.71	737.78	802.40		
1829			359.27	392.34	395.02	427.62	448.59	462.42	493.18	533.71	559.97	568.87	635.53	675.03	715.38	744.62	781.80	850.32		
	1930		379.20	414.11	416.94	451.36	473.50	488.10	520.58	563.38	591.11	600.50	670.90	712.62	755.23	786.12	825.39	897.77		
2032			399.32	436.10	439.08	475.33	498.66	514.04	548.25	593.34	622.55	632.45	706.62	750.58	795.48	828.02	869.41	945.69	992.38	1022.83
	2134				461.21	499.30	523.81	539.97	575.92	623.30	653.99	664.39	742.34	788.54	835.73	869.93	913.43	993.61	1042.69	1074.70
2235					483.13	523.04	548.72	565.65	603.32	652.96	685.13	696.03	777.71	826.12	875.58	911.43	957.02	1041.06	1092.50	1126.06
	2337						573.87	591.58	630.99	682.92	716.57	727.97	813.43	864.08	915.93	953.34	1001.04	1088.98	1142.81	1177.93
	2438						598.78	617.26	658.39	712.59	747.71	759.61	848.80	901.67	955.68	994.83	1044.63	1136.43	1192.63	1229.29
2540							623.94	643.20	686.06	742.55	779.15	791.55	884.52	939.63	995.93	1036.74	1088.65	1184.35	1242.94	1821.16

续表

系列			壁厚/mm																	
系列 1			22.2		25		28		30		32		36		40	45	50	55	60	65
系列 2				23.83		26.19		28.58		30.96		34.93		38.1						
外径/mm			单位长度理论重量/(kg/m)																	
系列 1	系列 2	系列 3																		
1016			544.09	583.08	610.99	639.30	682.24	695.96	729.49	752.10	776.54	845.12	870.06	918.84	962.78	1077.58	1191.15	1303.48	1414.58	1524.45
1067			572.01	613.05	642.43	672.24	717.45	731.91	767.22	791.04	816.79	889.05	915.34	966.76	1013.09	1134.18	1254.04	1372.66	1490.05	1606.20
1118			599.93	643.03	673.88	705.18	752.67	767.85	804.95	829.98	857.04	932.98	960.61	1014.68	1063.40	1190.78	1316.92	1441.83	1565.51	1687.96
	1168		627.31	672.41	704.70	737.48	787.20	803.09	841.94	868.15	896.49	976.06	1005.01	1061.66	1112.73	1246.27	1378.58	1509.65	1639.50	1768.11
1219			655.23	702.38	736.15	770.42	822.41	839.04	879.68	907.09	936.74	1019.99	1050.28	1109.58	1163.04	1302.87	1441.46	1578.83	1714.96	1849.86
	1321		711.07	762.33	799.03	836.30	892.84	910.93	955.14	984.97	1017.24	1107.85	1140.84	1205.42	1263.66	1416.06	1567.24	1717.18	1865.89	2013.36
1422			766.37	821.68	861.30	901.53	962.59	982.12	1029.86	1062.09	1096.94	1194.86	1230.51	1300.32	1363.29	1528.15	1691.78	1854.17	2015.34	2175.27
	1524		822.21	881.63	924.19	967.41	1033.02	1054.01	1105.33	1139.97	1177.44	1282.72	1321.07	1396.16	1463.91	1641.35	1817.55	1992.53	2166.27	2338.77
1626			878.06	941.57	987.08	1033.29	1103.45	1125.90	1180.79	1217.85	1257.93	1370.59	1411.62	1492.00	1564.53	1754.54	1943.33	2130.88	2317.19	2502.28
	1727		933.35	1000.92	1049.35	1098.53	1173.20	1197.09	1255.52	1294.96	1337.64	1457.59	1501.29	1586.90	1664.16	1866.63	2067.87	2267.87	2466.64	2664.18
1829			989.20	1060.87	1112.23	1164.41	1243.63	1268.98	1330.98	1372.84	1418.13	1545.46	1591.85	1682.74	1764.78	1979.83	2193.64	2406.22	2617.57	2827.69
	1930		1044.49	1120.22	1174.50	1229.64	1313.37	1340.17	1405.71	1449.96	1497.84	1632.46	1681.52	1777.64	1864.41	2091.91	2318.18	2543.22	2767.02	2989.59
2032			1100.34	1180.17	1237.39	1295.52	1383.81	1412.06	1481.17	1527.83	1578.34	1720.33	1772.08	1873.47	1965.03	2205.11	2443.95	2681.57	2917.95	3153.10
	2134		1156.18	1240.11	1300.28	1361.40	1454.24	1483.95	1556.63	1605.71	1658.83	1808.19	1862.63	1969.31	2065.65	2318.30	2569.72	2819.92	3068.88	3316.60
2235			1211.48	1299.47	1362.55	1426.64	1523.98	1555.14	1631.36	1682.83	1738.54	1895.20	1952.30	2064.21	2165.28	2430.39	2694.27	2956.91	3218.33	3478.50
	2337		1267.32	1359.41	1425.43	1492.52	1594.42	1627.03	1706.82	1760.71	1819.03	1983.06	2042.86	2160.05	2265.90	2543.59	2820.04	3095.26	3369.25	3642.01
	2438		1322.61	1418.77	1487.70	1557.75	1664.16	1698.22	1781.55	1837.82	1898.74	2070.07	2132.53	2254.95	2365.53	2656.17	2944.58	3232.26	3518.70	3803.91
2540			1378.46	1478.71	1550.59	1623.63	1734.59	1770.11	1857.01	1915.70	1979.23	2157.93	2223.09	2350.79	2466.15	2768.87	3070.36	3370.61	3669.63	3967.42

注：焊接钢管的外径分为三个系列：系列 1、系列 2 和系列 3。系列 1 是通用系列，属推荐选用系列；系列 2 是非通用系列；系列 3 是少数特殊、专用系列。

1.2.2 精密焊接钢管理论重量

精密焊接钢管(GB/T 21835—2008)理论重量见表 1-4。

表 1-4

外径/mm		壁厚/mm																							
		0.5	(0.8)	1.0	(1.2)	1.5	(1.8)	2.0	(2.2)	2.5	(2.8)	3.0	(3.5)	4.0	(4.5)	5.0	(5.5)	6.0	(7.0)	8.0	(9.0)	10.0	(11.0)	12.5	(14)
系列 2	系列 3	单位长度理论重量/(kg/m)																							
8		0.092	0.142	0.173	0.201	0.240	0.275	0.296	0.315																
10		0.117	0.182	0.222	0.260	0.314	0.364	0.395	0.423	0.462															
12		0.142	0.221	0.271	0.320	0.388	0.453	0.493	0.532	0.586	0.635	0.666													
	14	0.166	0.260	0.321	0.379	0.462	0.542	0.592	0.640	0.709	0.773	0.814	0.906												
16		0.191	0.300	0.370	0.438	0.536	0.630	0.691	0.749	0.832	0.911	0.962	1.08	1.18											
	18	0.216	0.309	0.419	0.497	0.610	0.719	0.789	0.857	0.956	1.05	1.11	1.25	1.38	1.50										
20		0.240	0.379	0.469	0.556	0.684	0.808	0.888	0.966	1.08	1.19	1.26	1.42	1.58	1.72										
	22	0.265	0.418	0.518	0.616	0.758	0.897	0.988	1.07	1.20	1.33	1.41	1.60	1.78	1.94	2.10									
25		0.302	0.477	0.592	0.704	0.869	1.03	1.13	1.24	1.39	1.53	1.63	1.86	2.07	2.28	2.47	2.64								
	28	0.339	0.517	0.666	0.793	0.980	1.16	1.28	1.40	1.57	1.74	1.85	2.11	2.37	2.61	2.84	3.05								
	30	0.364	0.576	0.715	0.852	1.05	1.25	1.38	1.51	1.70	1.88	2.00	2.29	2.56	2.83	3.08	3.32	3.55	3.97						
32		0.388	0.616	0.765	0.911	1.13	1.34	1.48	1.62	1.82	2.02	2.15	2.46	2.76	3.05	3.33	3.59	3.85	4.32	4.74					
	35	0.425	0.675	0.838	1.00	1.24	1.47	1.63	1.78	2.00	2.22	2.37	2.72	3.06	3.38	3.70	4.00	4.29	4.83	5.33					
38		0.462	0.704	0.912	1.09	1.35	1.61	1.78	1.94	2.19	2.43	2.59	2.98	3.35	3.72	4.07	4.41	4.74	5.35	5.92	6.44	6.91			
40		0.487	0.773	0.962	1.15	1.42	1.70	1.87	2.05	2.31	2.57	2.74	3.15	3.55	3.94	4.32	4.68	5.03	5.70	6.31	6.88	7.40			

续表

外径/mm		壁厚/mm																							
		0.5	(0.8)	1.0	(1.2)	1.5	(1.8)	2.0	(2.2)	2.5	(2.8)	3.0	(3.5)	4.0	(4.5)	5.0	(5.5)	6.0	(7.0)	8.0	(9.0)	10.0	(11.0)	12.5	(14)
系列 2	系列 3	单位长度理论重量/(kg/m)																							
	45		0.872	1.09	1.30	1.61	1.92	2.12	2.32	2.62	2.91	3.11	3.58	4.04	4.49	4.93	5.36	5.77	6.56	7.30	7.99	8.63			
50			0.971	1.21	1.44	1.79	2.14	2.37	2.59	2.93	3.26	3.48	4.01	4.54	5.05	5.55	6.04	6.51	7.42	8.29	9.10	9.86			
	55		1.07	1.33	1.59	1.98	2.36	2.61	2.86	3.24	3.60	3.85	4.45	5.03	5.60	6.17	6.71	7.25	8.29	9.27	10.21	11.10	11.94		
60			1.17	1.46	1.74	2.16	2.58	2.86	3.14	3.55	3.95	4.22	4.88	5.52	6.16	6.78	7.39	7.99	9.15	10.26	11.32	12.33	13.29		
70			1.35	1.70	2.04	2.53	3.03	3.35	3.68	4.16	4.64	4.96	5.74	6.51	7.27	8.01	8.75	9.47	10.88	12.23	13.54	14.80	16.01		
80			1.56	1.95	2.33	2.90	3.47	3.05	4.22	4.78	5.33	5.70	6.60	7.50	8.38	9.25	10.11	10.95	12.60	14.21	15.76	17.26	18.72		
	90				2.63	3.27	3.92	4.34	4.76	5.39	6.02	6.44	7.47	8.48	9.49	10.48	11.46	12.43	14.33	16.18	17.98	19.73	21.43		
100					2.92	3.64	4.36	4.83	5.31	6.01	6.71	7.18	8.33	9.47	10.60	11.71	12.82	13.91	16.05	18.15	20.20	22.20	24.14		
	110				3.22	4.01	4.80	5.33	5.85	6.63	7.40	7.92	9.19	10.46	11.71	12.95	14.17	15.39	17.78	20.12	22.42	24.66	26.86	30.06	
120							5.25	5.82	6.39	7.24	8.09	8.66	10.06	11.44	12.82	14.18	15.53	16.87	19.51	22.10	24.64	27.13	29.57	33.14	
	140						6.13	6.81	7.48	8.48	9.47	10.14	11.78	13.42	15.04	16.65	18.24	19.83	22.96	26.04	29.08	32.06	34.99	39.30	
160							7.02	7.79	8.56	9.71	10.86	11.62	13.51	15.39	17.26	19.11	20.96	22.79	26.41	29.99	33.51	36.99	40.42	45.47	
	180															21.58	23.67	25.75	29.87	33.93	37.95	41.92	45.85	51.64	
200																		28.71	33.32	37.88	42.39	46.86	51.27	57.80	
	220																		36.77	41.83	46.83	51.79	56.70	63.97	71.12
	240																		40.22	45.77	51.27	56.72	62.12	70.13	78.03
	260																		43.68	49.72	55.71	61.65	67.55	76.30	84.93

注：焊接钢管的外径分为三个系列：系列 1、系列 2 和系列 3。系列 1 是通用系列，属推荐选用系列；系列 2 是非通用系列；系列 3 是少数特殊、专用系列。

1.2.3 镀锌钢管理论重量

镀锌钢管（GB/T 13793—2008）理论重量计算公式为：

$$W' = CW$$

式中 W'——镀锌钢管的每米理论重量，kg/m；

C——镀锌钢管比原管增加的重量系数，见表 1-5；

W——钢管镀锌前的每米理论重量，kg/m。

表 1-5

壁厚 t/mm		1.2	1.4	1.5	1.6	1.8	2.0	2.2	2.5	2.8	3.0	3.2	3.5	3.8	4.0	4.2
系数C	A	1.111	1.096	1.089	1.084	1.074	1.067	1.061	1.054	1.048	1.044	1.042	1.038	1.035	1.033	1.032
	B	1.082	1.070	1.065	1.061	1.054	1.049	1.044	1.039	1.035	1.033	1.031	1.028	1.026	1.024	1.023
	C	1.067	1.057	1.054	1.050	1.044	1.040	1.036	1.032	1.029	1.027	1.025	1.023	1.021	1.020	1.019
壁厚 t/mm		4.5	4.8	5.0	5.4	5.6	6.0	6.5	7.0	8.0	9.0	10.0	11.0	12.0	12.7	13.0
系数C	A	1.030	1.028	1.027	1.025	1.024	1.022	1.020	1.019	1.017	1.015	1.013	1.012	1.011	1.008	1.010
	B	1.022	1.020	1.020	1.018	1.018	1.016	1.015	1.014	1.012	1.011	1.010	1.009	1.008	1.006	1.008
	C	1.018	1.017	1.016	1.015	1.014	1.013	1.012	1.011	1.010	1.009	1.008	1.007	1.007	1.004	1.006

表 1-6 热镀锌层厚度

选择	要求	镀锌层厚度(e)
A	内、外表面(焊缝处除外)	≥75μm
B	内、外表面(焊缝处除外)	≥55μm
C	内、外表面(焊缝处除外)	≥45μm

1.3 低压流体输送用焊接钢管

1.3.1 低压流体输送用焊接钢管理论重量

低压流体输送用焊接钢管(GB/T 21835—2008)理论重量见表 1-7。

表 1-7

系列			壁厚/mm																		
系列 1			0.5	0.6	0.8	1.0	1.2	1.4		1.6		1.8		2.0		2.3		2.6		2.9	
系列 2									1.5		1.7		1.9		2.2		2.4		2.8		3.1
外径/mm			单位长度理论重量/(kg/m)																		
系列 1	系列 2	系列 3																			
10.2			0.120	0.142	0.185	0.227	0.266	0.304	0.322	0.339	0.356	0.373	0.389	0.404	0.434	0.448	0.462	0.487	0.511	0.522	
	12		0.142	0.169	0.221	0.271	0.320	0.366	0.388	0.410	0.432	0.453	0.473	0.493	0.532	0.550	0.568	0.603	0.635	0.651	0.680
	12.7		0.150	0.179	0.235	0.289	0.340	0.390	0.414	0.438	0.461	0.484	0.506	0.528	0.570	0.590	0.610	0.648	0.684	0.701	0.734
13.5			0.160	0.191	0.251	0.308	0.364	0.418	0.444	0.470	0.495	0.519	0.544	0.567	0.613	0.635	0.657	0.699	0.739	0.758	0.795
		14	0.166	0.198	0.260	0.321	0.379	0.435	0.462	0.489	0.516	0.542	0.567	0.592	0.640	0.664	0.687	0.731	0.773	0.794	0.833
	16		0.191	0.228	0.300	0.370	0.438	0.504	0.536	0.568	0.600	0.630	0.661	0.691	0.749	0.777	0.805	0.859	0.911	0.937	0.986
17.2			0.206	0.246	0.324	0.400	0.474	0.546	0.581	0.616	0.650	0.684	0.717	0.750	0.814	0.845	0.876	0.936	0.994	1.02	1.08
		18	0.216	0.257	0.339	0.419	0.497	0.573	0.610	0.647	0.683	0.719	0.754	0.789	0.857	0.891	0.923	0.987	1.05	1.08	1.14
	19		0.228	0.272	0.359	0.444	0.527	0.608	0.647	0.687	0.725	0.764	0.801	0.838	0.911	0.947	0.983	1.05	1.12	1.15	1.22
	20		0.240	0.287	0.379	0.469	0.556	0.642	0.684	0.726	0.767	0.808	0.848	0.888	0.966	1.00	1.04	1.12	1.19	1.22	1.29
21.3			0.256	0.306	0.404	0.501	0.595	0.687	0.732	0.777	0.822	0.866	0.909	0.952	1.04	1.08	1.12	1.20	1.28	1.32	1.39
		22	0.265	0.317	0.418	0.518	0.616	0.711	0.758	0.805	0.851	0.897	0.942	0.986	1.07	1.12	1.16	1.24	1.33	1.37	1.44
	25		0.302	0.361	0.477	0.592	0.704	0.815	0.869	0.923	0.977	1.03	1.082	1.13	1.24	1.29	1.34	1.44	1.53	1.58	1.67
		25.4	0.307	0.367	0.485	0.602	0.716	0.829	0.884	0.939	0.994	1.05	1.10	1.15	1.26	1.31	1.36	1.46	1.56	1.61	1.70
26.9			0.326	0.389	0.515	0.639	0.761	0.880	0.940	0.998	1.06	1.11	1.17	1.23	1.34	1.40	1.45	1.56	1.66	1.72	1.82
		30	0.364	0.435	0.576	0.715	0.852	0.987	1.05	1.12	1.19	1.25	1.32	1.38	1.51	1.57	1.63	1.76	1.88	1.94	2.06
	31.8		0.386	0.462	0.612	0.760	0.906	1.05	1.12	1.19	1.26	1.33	1.40	1.47	1.61	1.67	1.74	1.87	2.00	2.07	2.19
	32		0.388	0.465	0.616	0.765	0.911	1.06	1.13	1.20	1.27	1.34	1.41	1.48	1.62	1.68	1.75	1.89	2.02	2.08	2.21
33.7			0.409	0.490	0.649	0.806	0.962	1.12	1.19	1.27	1.34	1.42	1.49	1.56	1.71	1.78	1.85	1.99	2.13	2.20	2.34
		35	0.425	0.509	0.675	0.838	1.00	1.16	1.24	1.32	1.40	1.47	1.55	1.63	1.78	1.85	1.93	2.08	2.22	2.30	2.44
	38		0.462	0.553	0.734	0.912	1.09	1.26	1.35	1.44	1.52	1.61	1.69	1.78	1.94	2.02	2.11	2.27	2.43	2.51	2.67
	40		0.487	0.583	0.773	0.962	1.15	1.33	1.42	1.52	1.61	1.70	1.79	1.87	2.05	2.14	2.23	2.40	2.57	2.65	2.82

续表

系列			壁厚/mm																	
系列 1			3.2		3.6		4.0		4.5		5.0		5.4		5.6		6.3		7.1	
系列 2				3.4		3.8		4.37		4.78		5.16		5.56		6.02		6.35		7.92
外径/mm			单位长度理论重量/(kg/m)																	
系列 1	系列 2	系列 3																		
10.2																				
	12																			
	12.7																			
13.5																				
		14																		
	16		1.01	1.06	1.10	1.14														
17.2			1.10	1.16	1.21	1.26														
		18	1.17	1.22	1.28	1.33														
	19		1.25	1.31	1.37	1.42														
	20		1.33	1.39	1.46	1.52	1.58	1.68												
21.3			1.43	1.50	1.57	1.64	1.71	1.82	1.86	1.95										
		22	1.48	1.56	1.63	1.71	1.78	1.90	1.94	2.03										
	25		1.72	1.81	1.90	1.99	2.07	2.22	2.28	2.38	2.47									
		25.4	1.75	1.84	1.94	2.02	2.11	2.27	2.32	2.43	2.52									
26.9			1.87	1.97	2.07	2.16	2.26	2.43	2.49	2.61	2.70	2.77								
		30	2.11	2.23	2.34	2.46	2.56	2.76	2.83	2.97	3.08	3.16								
	31.8		2.26	2.38	2.50	2.62	2.74	2.96	3.03	3.19	3.30	3.39								
	32		2.27	2.40	2.52	2.64	2.76	2.98	3.05	3.21	3.33	3.42								
33.7			2.41	2.54	2.67	2.80	2.93	3.16	3.24	3.41	3.54	3.63								
		35	2.51	2.65	2.79	2.92	3.06	3.30	3.38	3.56	3.70	3.80								
	38		2.75	2.90	3.05	3.21	3.35	3.62	3.72	3.92	4.07	4.18								
	40		2.90	3.07	3.23	3.39	3.55	3.84	3.94	4.15	4.32	4.43								

续表

系列			壁厚/mm																	
系列 1			8.0		8.8		10		11		12.5		14.2		16		17.5		20	
系列 2				8.74		9.53		10.31		11.91		12.7		15.09		16.66		19.05		20.62
外径/mm			单位长度理论重量/(kg/m)																	
系列 1	系列 2	系列 3																		
10.2																				
	12																			
	12.7																			
13.5																				
		14																		
	16																			
17.2																				
		18																		
	19																			
	20																			
21.3																				
		22																		
	25																			
		25.4																		
26.9																				
		30																		
	31.8																			
	32																			
33.7																				
		35																		
	38																			
	40																			

续表

系列			壁厚/mm																	
系列 1			22.2		25		28		30		32		36		40	45	50	55	60	65
系列 2				23.83		26.19		28.58		30.96		34.93		38.10						
外径/mm			单位长度理论重量/(kg/m)																	
系列 1	系列 2	系列 3																		
10.2																				
	12																			
	12.7																			
13.5																				
		14																		
	16																			
17.2																				
		18																		
	19																			
	20																			
21.3																				
		22																		
	25																			
		25.4																		
26.9																				
		30																		
	31.8																			
	32																			
33.7																				
		35																		
	38																			
	40																			

续表

系列			壁厚/mm																		
系列 1			0.5	0.6	0.8	1.0	1.2	1.4		1.6		1.8		2.0		2.3		2.6		2.9	
系列 2									1.5		1.7		1.9		2.2		2.4		2.8		3.1
外径/mm			单位长度理论重量/(kg/m)																		
系列 1	系列 2	系列 3																			
42.4			0.517	0.619	0.821	1.02	1.22	1.42	1.51	1.61	1.71	1.80	1.90	1.99	2.18	2.27	2.37	2.55	2.73	2.82	3.00
		44.5	0.543	0.650	0.862	1.07	1.28	1.49	1.59	1.69	1.79	1.90	2.00	2.10	2.29	2.39	2.49	2.69	2.88	2.98	3.17
48.3				0.706	0.937	1.17	1.39	1.62	1.73	1.84	1.95	2.06	2.17	2.28	2.50	2.61	2.72	2.93	3.14	3.25	3.46
	51			0.746	0.990	1.23	1.47	1.71	1.83	1.95	2.07	2.18	2.30	2.42	2.65	2.76	2.88	3.10	3.33	3.44	3.66
		54		0.79	1.05	1.31	1.56	1.82	1.94	2.07	2.19	2.32	2.44	2.56	2.81	2.93	3.05	3.30	3.54	3.65	3.89
	57			0.835	1.11	1.38	1.65	1.92	2.05	2.19	2.32	2.45	2.58	2.71	2.97	3.10	3.23	3.49	3.74	3.87	4.12
60.3				0.883	1.17	1.46	1.75	2.03	2.18	2.32	2.46	2.60	2.74	2.88	3.15	3.29	3.43	3.70	3.97	4.11	4.37
	63.5			0.931	1.24	1.54	1.84	2.14	2.29	2.44	2.59	2.74	2.89	3.03	3.33	3.47	3.62	3.90	4.19	4.33	4.62
	70				1.37	1.70	2.04	2.37	2.53	2.70	2.86	3.03	3.19	3.35	3.68	3.84	4.00	4.32	4.64	4.80	5.11
		73			1.42	1.78	2.12	2.47	2.64	2.82	2.99	3.16	3.33	3.50	3.84	4.01	4.18	4.51	4.85	5.01	5.34
76.1					1.49	1.85	2.22	2.58	2.76	2.94	3.12	3.30	3.48	3.65	4.01	4.19	4.36	4.71	5.06	5.24	5.58
		82.5			1.61	2.01	2.41	2.80	3.00	3.19	3.39	3.58	3.78	3.97	4.36	4.55	4.74	5.12	5.50	5.69	6.07
88.9					1.74	2.17	2.60	3.02	3.23	3.44	3.66	3.87	4.08	4.29	4.70	4.91	5.12	5.53	5.95	6.15	6.56
	101.6						2.97	3.46	3.70	3.95	4.19	4.43	4.67	4.91	5.39	5.63	5.87	6.35	6.82	7.06	7.53
		108					3.16	3.68	3.94	4.20	4.46	4.71	4.97	5.23	5.74	6.00	6.25	6.76	7.26	7.52	8.02
114.3							3.35	3.90	4.17	4.45	4.72	4.99	5.27	5.54	6.08	6.35	6.62	7.16	7.70	7.97	8.50
	127									4.95	5.25	5.56	5.86	6.17	6.77	7.07	7.37	7.98	8.58	8.88	9.47
	133									5.18	5.50	5.82	6.14	6.46	7.10	7.41	7.73	8.36	8.99	9.30	9.93
139.7										5.45	5.79	6.12	6.46	6.79	7.46	7.79	8.13	8.79	9.45	9.78	10.44
		141.3								5.51	5.85	6.19	6.53	6.87	7.55	7.88	8.22	8.89	9.56	9.90	10.57
		152.4								5.95	6.32	6.69	7.05	7.42	8.15	8.51	8.88	9.61	10.33	10.69	11.41
		159								6.21	6.59	6.98	7.36	7.74	8.51	8.89	9.27	10.03	10.79	11.16	11.92

续表

系列			壁厚/mm																	
	系列 1		3.2		3.6		4.0		4.5		5.0		5.4		5.6		6.3		7.1	
	系列 2			3.4		3.8		4.37		4.78		5.16		5.56		6.02		6.35		7.92
外径/mm			单位长度理论重量/(kg/m)																	
系列 1	系列 2	系列 3																		
42.4			3.09	3.27	3.44	3.62	3.79	4.10	4.21	4.43	4.61	4.74	4.93	5.05	5.08	5.40				
		44.5	3.26	3.45	3.63	3.81	4.00	4.32	4.44	4.68	4.87	5.01	5.21	5.34	5.37	5.71				
48.3			3.56	3.76	3.97	4.17	4.37	4.73	4.86	5.13	5.34	5.49	5.71	5.86	5.90	6.28				
	51		3.77	3.99	4.21	4.42	4.64	5.03	5.16	5.45	5.67	5.83	6.07	6.23	6.27	6.68				
		54	4.01	4.24	4.47	4.70	4.93	5.35	5.49	5.80	6.04	6.22	6.47	6.64	6.68	7.12				
	57		4.25	4.49	4.74	4.99	5.23	5.67	5.83	6.16	6.41	6.60	6.87	7.05	7.10	7.57				
60.3			4.51	4.77	5.03	5.29	5.55	6.03	6.19	6.54	6.82	7.02	7.31	7.51	7.55	8.06				
	63.5		4.76	5.04	5.32	5.59	5.87	6.37	6.55	6.92	7.21	7.42	7.74	7.94	8.00	8.53				
	70		5.27	5.58	5.90	6.20	6.51	7.07	7.27	7.69	8.01	8.25	8.60	8.84	8.89	9.50	9.90	9.97		
		73	5.51	5.84	6.16	6.48	6.81	7.40	7.60	8.04	8.38	8.63	9.00	9.25	9.31	9.94	10.36	10.44		
76.1			5.75	6.10	6.44	6.78	7.11	7.73	7.95	8.41	8.77	9.03	9.42	9.67	9.74	10.40	10.84	10.92		
		82.5	6.26	6.63	7.00	7.38	7.74	8.42	8.66	9.16	9.56	9.84	10.27	10.55	10.62	11.35	11.84	11.93		
88.9			6.76	7.17	7.57	7.98	8.38	9.11	9.37	9.92	10.35	10.66	11.12	11.43	11.50	12.30	12.83	12.93		
	101.6		7.77	8.23	8.70	9.17	9.63	10.48	10.78	11.41	11.91	12.27	12.81	13.17	13.26	14.19	14.81	14.92		
		108	8.27	8.77	9.27	9.76	10.26	11.17	11.49	12.17	12.70	13.09	13.66	14.05	14.14	15.14	15.80	15.92		
114.3			8.77	9.30	9.83	10.36	10.88	11.85	12.19	12.91	13.48	13.89	14.50	14.91	15.01	16.08	16.78	16.91	18.77	20.78
	127		9.77	10.36	10.96	11.55	12.13	13.22	13.59	14.41	15.04	15.50	16.19	16.65	16.77	17.96	18.75	18.89	20.99	23.26
	133		10.24	10.87	11.49	12.11	12.73	13.86	14.26	15.11	15.78	16.27	16.99	17.47	17.59	18.85	19.69	19.83	22.04	24.43
139.7			10.77	11.43	12.08	12.74	13.39	14.58	15.00	15.90	16.61	17.12	17.89	18.39	18.52	19.85	20.73	20.88	23.22	25.74
		141.3	10.90	11.56	12.23	12.89	13.54	14.76	15.18	16.09	16.81	17.32	18.10	18.61	18.74	20.08	20.97	21.13	23.50	26.05
		152.4	11.77	12.49	13.21	13.93	14.64	15.95	16.41	17.40	18.18	18.74	19.58	20.13	20.27	21.73	22.70	22.87	25.44	28.22
		159	12.30	13.05	13.80	14.54	15.29	16.66	17.15	18.18	18.99	19.58	20.46	21.04	21.19	22.71	23.72	23.91	26.60	29.51

续表

系列			壁厚/mm																	
系列 1			8.0		8.8		10		11		12.5		14.2		16		17.5		20	
系列 2				8.74		9.53		10.31		11.91		12.7		15.09		16.66		19.05		20.62
外径/mm			单位长度理论重量/(kg/m)																	
系列 1	系列 2	系列 3																		
42.4																				
		44.5																		
48.3																				
	51																			
		54																		
	57																			
60.3																				
	63.5																			
	70																			
		73																		
76.1																				
		82.5																		
88.9																				
	101.6																			
		108																		
114.3			20.97																	
	127		23.48																	
	133		24.66																	
139.7			25.98																	
		141.3	26.30																	
		152.4	28.49																	
		159	29.79	32.39																

续表

系列			壁厚/mm																	
系列 1			22.2		25		28		30		32		36		40	45	50	55	60	65
系列 2				23.83		26.19		28.58		30.96		34.93		38.10						
外径/mm			单位长度理论重量/(kg/m)																	
系列 1	系列 2	系列 3																		
42.4																				
		44.5																		
48.3																				
	51																			
		54																		
	57																			
60.3																				
	63.5																			
	70																			
		73																		
76.1																				
		82.5																		
88.9																				
	101.6																			
		108																		
114.3																				
	127																			
	133																			
139.7																				
		141.3																		
		152.4																		
		159																		

续表

系列			壁厚/mm																		
系列 1			0.5	0.6	0.8	1.0	1.2	1.4		1.6		1.8		2.0		2.3		2.6		2.9	
系列 2									1.5		1.7		1.9		2.2		2.4		2.8		3.1
外径/mm			单位长度理论重量/(kg/m)																		
系列 1	系列 2	系列 3																			
		165								6.45	6.85	7.24	7.64	8.04	8.83	9.23	9.62	10.41	11.20	11.59	12.38
168.3										6.58	6.98	7.39	7.80	8.20	9.01	9.42	9.82	10.62	11.43	11.83	12.63
		177.8										7.81	8.24	8.67	9.53	9.95	10.38	11.23	12.08	12.51	13.36
		190.7										8.39	8.85	9.31	10.23	10.69	11.15	12.06	12.97	13.43	14.34
		193.7										8.52	8.99	9.46	10.39	10.86	11.32	12.25	13.18	13.65	14.57
219.1												9.65	10.18	10.71	11.77	12.30	12.83	13.88	14.94	15.46	16.51
		244.5												11.96	13.15	13.73	14.33	15.51	16.69	17.28	18.46
273.1														13.37	14.70	15.36	16.02	17.34	18.66	19.32	20.64
323.9																		20.60	22.17	22.96	24.53
355.6																		22.63	24.36	25.22	26.95
406.4																		25.89	27.87	28.86	30.83
457																					
508																					
		559																			
610																					
		660																			
711																					
	762																				
813																					
		864																			
914																					
		965																			

续表

系列			壁厚/mm																	
系列 1			3.2		3.6		4.0		4.5		5.0		5.4		5.6		6.3		7.1	
系列 2				3.4		3.8		4.37		4.78		5.16		5.56		6.02		6.35		7.92
外径/mm			单位长度理论重量/(kg/m)																	
系列 1	系列 2	系列 3																		
		165	12.77	13.55	14.33	15.11	15.88	17.31	17.81	18.89	19.73	20.34	21.25	21.86	22.01	23.60	24.66	24.84	27.65	30.68
168.3			13.03	13.83	14.62	15.42	16.21	17.67	18.18	19.28	20.14	20.76	21.69	22.31	22.47	24.09	25.17	25.36	28.23	31.33
		177.8	13.78	14.62	15.47	16.31	17.14	18.69	19.23	20.40	21.31	21.97	22.96	23.62	23.78	25.50	26.65	26.85	29.88	33.18
		190.7	14.80	15.70	16.61	17.52	18.42	20.08	20.66	21.92	22.90	23.61	24.68	25.39	25.56	27.42	28.65	28.87	32.15	35.70
		193.7	15.03	15.96	16.88	17.80	18.71	20.40	21.00	22.27	23.27	23.99	25.08	25.80	25.98	27.86	29.12	29.34	32.67	36.29
219.1			17.04	18.09	19.13	20.18	21.22	23.14	23.82	25.26	26.40	27.22	28.46	29.28	29.49	31.63	33.06	33.32	37.12	41.25
		244.5	19.04	20.22	21.39	22.56	23.72	25.88	26.63	28.26	29.53	30.46	31.84	32.76	32.99	35.41	37.01	37.29	41.57	46.21
273.1			21.30	22.61	23.93	25.24	26.55	28.96	29.81	31.63	33.06	34.10	35.65	36.68	36.94	39.65	41.45	41.77	46.58	51.79
323.9			25.31	26.87	28.44	30.00	31.56	34.44	35.45	37.62	39.32	40.56	42.42	43.65	43.96	47.19	49.34	49.73	55.47	61.72
355.6			27.81	29.53	31.25	32.97	34.68	37.85	38.96	41.36	43.23	44.59	46.64	48.00	48.34	51.90	54.27	54.69	61.02	67.91
406.4			31.82	33.79	35.76	37.73	39.70	43.33	44.60	47.34	49.50	51.06	53.40	54.96	55.35	59.44	62.16	62.65	69.92	77.83
457			35.81	38.03	40.25	42.47	44.69	48.78	50.23	53.31	55.73	57.50	60.14	61.90	62.34	66.95	70.02	70.57	78.78	87.71
508			39.84	42.31	44.78	47.25	49.72	54.28	55.88	59.32	62.02	63.99	66.93	68.89	69.38	74.53	77.95	78.56	87.71	97.68
		559	43.86	46.59	49.31	52.03	54.75	59.77	61.54	65.33	68.31	70.48	73.72	75.89	76.43	82.10	85.87	86.55	96.64	107.64
610			47.89	50.86	53.84	56.81	59.78	65.27	67.20	71.34	74.60	76.97	80.52	82.88	83.47	89.67	93.80	94.53	105.57	117.60
		660					64.71	70.66	72.75	77.24	80.77	83.33	87.17	89.74	90.38	97.09	101.56	102.36	114.32	127.36
711							69.74	76.15	78.41	83.25	87.06	89.82	93.97	96.73	97.42	104.66	109.49	110.35	123.25	137.32
	762						74.77	81.65	84.06	89.26	93.34	96.31	100.76	103.72	104.46	112.23	117.41	118.34	132.18	147.29
813							79.80	87.35	89.72	95.27	99.63	102.80	107.55	110.71	111.51	119.81	125.33	126.32	141.11	157.25
		864					84.84	92.64	95.38	101.29	105.92	109.29	114.34	117.71	118.55	127.38	133.26	134.31	150.04	167.21
914							89.76	98.03	100.93	107.18	112.09	115.65	121.00	124.56	125.45	134.80	141.03	142.14	158.80	176.97
		965					94.80	103.53	106.59	113.19	118.38	122.14	127.79	131.56	132.50	142.37	148.95	150.13	167.73	186.94

续表

系列			壁厚/mm																	
系列 1			8.0		8.8		10		11		12.5		14.2		16		17.5		20	
系列 2				8.74		9.53		10.31		11.91		12.70		15.09		16.66		19.05		20.62
外径/mm			单位长度理论重量/(kg/m)																	
系列 1	系列 2	系列 3																		
		165	30.97	33.68																
168.3			31.63	34.39	34.61	37.31	39.04	40.17	42.67	45.93	48.03	48.73								
		177.8	33.50	36.44	36.68	39.55	41.38	42.59	45.25	48.72	50.96	51.71								
		190.7	36.05	39.22	39.48	42.58	44.56	45.87	48.75	52.51	54.93	55.75								
		193.7	36.64	39.87	40.13	43.28	45.30	46.63	49.56	53.40	55.86	56.69								
219.1			41.65	45.34	45.64	49.25	51.57	53.09	56.45	60.86	63.69	64.64	71.75							
		244.5	46.66	50.82	51.15	55.22	57.83	59.55	63.34	68.32	71.52	72.60	80.65							
273.1			52.30	56.98	57.36	61.95	64.88	66.82	71.10	76.72	80.33	81.56	90.67							
323.9			62.34	67.93	68.38	73.88	77.41	79.73	84.88	91.64	95.99	97.47	108.45	114.92	121.49	126.23	132.23			
355.6			68.58	74.76	75.26	81.33	85.23	87.79	93.48	100.95	105.77	107.40	119.56	126.72	134.00	139.26	145.92			
406.4			78.60	85.71	86.29	93.27	97.76	100.71	107.26	115.87	121.43	123.31	137.35	145.62	154.05	160.13	167.84	181.98	190.58	196.18
457			88.58	96.62	97.27	105.17	110.24	113.58	120.99	130.73	137.03	139.16	155.07	164.45	174.01	180.92	189.68	205.75	215.54	221.91
508			98.65	107.61	108.34	117.15	122.81	126.54	134.82	145.71	152.75	155.13	172.93	183.43	194.14	201.87	211.69	229.71	240.70	247.84
		559	108.71	118.60	119.41	129.14	135.39	139.51	148.66	160.69	168.47	171.10	190.79	202.41	214.26	222.83	233.70	253.67	265.85	273.78
610			118.77	129.60	130.47	141.12	147.97	152.48	162.49	175.67	184.19	187.07	208.65	221.39	234.38	243.78	255.71	277.63	291.01	299.71
		660	128.63	140.37	141.32	152.88	160.30	165.19	176.06	190.36	199.60	202.74	226.15	240.00	254.11	264.32	277.29	301.12	315.67	325.14
711			138.70	151.37	152.39	164.86	172.88	178.16	189.89	205.34	215.33	218.71	244.01	258.98	274.24	285.28	299.30	325.08	340.82	351.07
	762		148.76	162.36	163.46	176.85	185.45	191.12	203.73	220.32	231.05	234.68	261.87	277.96	294.36	306.23	321.31	349.04	365.98	377.01
813			158.82	173.35	174.53	188.83	198.03	204.09	217.56	235.29	246.77	250.65	279.73	296.94	314.48	327.18	343.32	373.00	391.13	402.94
		864	168.88	184.34	185.60	200.82	210.61	217.06	231.40	250.27	262.49	266.63	297.59	315.92	334.61	348.14	365.33	396.96	416.29	428.88
914			178.75	195.12	196.45	212.57	222.94	229.77	244.96	264.96	277.90	282.29	315.10	334.52	354.34	368.68	386.91	420.45	440.95	454.30
		965	188.81	206.11	207.52	224.56	235.52	242.74	258.80	279.94	293.63	298.26	332.96	353.50	374.46	389.64	408.92	444.41	466.10	480.24

续表

系列			壁厚/mm																		
系列 1			0.5	0.6	0.8	1.0	1.2	1.4		1.6		1.8		2.0		2.3		2.6		2.9	
系列 2									1.5		1.7		1.9		2.2		2.4		2.8		3.1
外径/mm			单位长度理论重量/(kg/m)																		
系列 1	系列 2	系列 3																			
1016																					
1067																					
1118																					
	1168																				
1219																					
	1321																				
1422																					
	1524																				
1626																					
	1727																				
1829																					
	1930																				
2032																					
	2134																				
2235																					
	2337																				
	2438																				
2540																					

续表

系列			壁厚/mm																	
系列 1			22.2		25		28		30		32		36		40	45	50	55	60	65
系列 2				23.83		26.19		28.58		30.96		34.93		38.1						
外径/mm			单位长度理论重量/(kg/m)																	
系列 1	系列 2	系列 3																		
		165																		
168.3																				
		177.8																		
		190.7																		
		193.7																		
219.1																				
		244.5																		
273.1																				
323.9																				
355.6																				
406.4			210.34	224.83	235.15	245.57	261.29	266.30	278.48											
457			238.05	254.57	266.34	278.25	296.23	301.96	315.91											
508			265.97	283.54	297.79	311.19	331.45	337.91	353.65	364.23	375.64	407.51	419.05	441.52	461.66	513.82	564.75	614.44	662.90	710.12
		559	293.89	314.51	329.23	344.13	366.67	373.85	391.37	403.17	415.89	451.45	464.33	489.44	511.97	570.42	627.64	683.62	738.37	791.88
610			321.81	344.48	360.67	377.07	401.88	409.80	429.11	442.11	456.14	495.38	509.61	537.36	562.28	627.02	690.52	752.79	813.83	873.63
		660	349.19	373.87	391.50	409.37	436.41	445.04	466.10	480.28	495.60	538.45	554.00	584.34	611.61	682.51	752.18	820.61	887.81	953.78
711			377.11	403.84	422.94	442.31	471.63	480.99	503.83	519.22	535.85	582.38	599.27	632.26	661.91	739.11	815.06	889.79	963.28	1035.54
	762		405.03	433.81	454.39	475.25	506.84	516.93	541.57	558.16	576.09	626.32	644.55	680.18	712.22	795.70	877.95	958.96	1038.74	1117.29
813			432.95	463.78	485.83	508.19	542.06	552.88	579.30	597.10	616.34	670.25	689.83	728.10	762.53	852.30	940.84	1028.14	1114.21	1199.04
		864	460.87	493.75	517.27	541.13	577.28	588.83	617.03	636.04	656.59	714.18	735.11	776.02	812.84	908.90	1003.72	1097.31	1189.67	1280.22
914			488.25	523.14	548.10	573.42	611.80	624.07	654.02	674.22	696.05	757.25	779.50	823.00	862.17	964.39	1065.38	1165.13	1263.66	1360.94
		965	516.17	553.11	579.55	606.36	647.02	660.01	691.76	713.16	736.29	801.19	824.78	870.92	912.48	1020.99	1128.26	1234.31	1339.12	1442.70

续表

系列			壁厚/mm																	
系列 1			3.2		3.6		4.0		4.5		5.0		5.4		5.6		6.3		7.1	
系列 2				3.4		3.8		4.37		4.78		5.16		5.56		6.02		6.35		7.92
外径/mm			单位长度理论重量/(kg/m)																	
系列 1	系列 2	系列 3																		
1016							99.83	109.02	112.25	119.20	124.66	128.63	134.58	138.55	139.54	149.94	156.87	158.11	176.66	196.90
1067											130.95	135.12	141.38	145.54	146.58	157.52	164.80	166.10	185.58	206.86
1118											137.24	141.61	148.17	152.54	153.63	165.09	172.72	174.08	194.51	216.82
	1168										143.41	147.98	154.83	159.39	160.53	172.51	180.49	181.91	203.27	226.59
1219											149.70	154.47	161.62	166.38	167.58	180.08	188.41	189.90	212.20	236.55
	1321														181.66	195.22	204.26	205.87	230.06	256.47
1422															195.61	210.22	219.95	221.69	247.74	276.20
	1524																235.80	237.66	265.60	296.12
1626																	251.65	253.64	283.46	316.04
	1727																		301.15	335.77
1829																			319.01	355.69
	1930																			
2032																				
	2134																			
2235																				
	2337																			
	2438																			
2540																				

续表

系列			壁厚/mm																	
系列 1			8.0		8.8		10		11		12.5		14.2		16		17.5		20	
系列 2				8.74		9.53		10.31		11.91		12.70		15.09		16.66		19.05		20.62
外径/mm			单位长度理论重量/(kg/m)																	
系列 1	系列 2	系列 3																		
1016			198.87	217.11	218.58	236.54	248.09	255.71	272.63	294.92	309.35	314.23	350.82	372.48	394.58	410.59	430.93	468.37	491.26	506.17
1067			208.93	228.10	229.65	248.53	260.67	268.67	286.47	309.90	325.07	330.21	368.68	391.46	414.71	431.54	452.94	492.33	516.41	532.11
1118			218.99	239.09	240.72	260.52	273.25	281.64	300.30	324.88	340.79	346.18	386.54	410.44	434.83	452.50	474.95	516.29	541.57	558.04
	1168		228.86	249.87	251.57	272.27	285.58	294.35	313.87	339.56	356.20	361.84	404.05	429.05	454.56	473.04	496.53	539.78	566.23	583.47
1219			238.92	260.86	262.64	284.25	298.16	307.32	327.70	354.54	371.93	377.81	421.91	448.03	474.68	493.99	518.54	563.74	591.38	609.40
	1321		259.04	282.85	284.78	308.23	323.31	333.26	355.37	384.50	403.37	409.76	457.63	485.98	514.93	535.90	562.56	611.66	641.69	661.27
1422			278.97	304.62	306.69	331.96	348.22	358.94	382.77	414.17	434.50	441.39	493.00	523.57	554.79	577.40	606.15	659.11	691.51	712.63
	1524		299.09	326.60	328.83	355.94	373.38	384.87	410.44	444.13	465.95	473.34	528.72	561.53	595.03	619.31	650.17	707.03	741.82	764.50
1626			319.22	348.59	350.97	379.91	398.53	410.81	438.11	474.09	497.39	505.29	564.44	599.49	635.28	661.21	694.19	754.95		
	1727		339.14	370.36	372.89	403.65	423.44	436.49	465.51	503.75	528.53	536.92	599.81	637.07	675.13	702.71	737.78	802.40		
1829			359.27	392.34	395.02	427.62	448.59	462.42	493.18	533.71	559.97	568.87	635.53	675.03	715.38	744.62	781.80	850.32		
	1930		379.20	414.11	416.94	451.36	473.50	488.10	520.58	563.38	591.11	600.50	670.90	712.62	755.23	786.12	825.39	897.77		
2032			399.32	436.10	439.08	475.33	498.66	514.04	548.25	593.34	622.55	632.45	706.62	750.58	795.48	828.02	869.41	945.69	992.38	1022.83
	2134				461.21	499.30	523.81	539.97	575.92	623.30	653.99	664.39	742.34	788.54	835.73	869.93	913.43	993.61	1042.69	1074.70
2235					483.13	523.04	548.72	565.65	603.32	652.96	685.13	696.03	777.71	826.12	875.58	911.43	957.02	1041.06	1092.50	1126.06
	2337						573.87	591.58	630.99	682.92	716.57	727.97	813.43	864.08	915.93	953.34	1001.04	1088.98	1142.81	1177.93
	2438						598.78	617.26	658.39	712.59	747.71	759.61	848.80	901.67	955.68	994.83	1044.63	1136.43	1192.63	1229.29
2540							623.94	643.20	686.06	742.55	779.15	791.55	884.52	939.63	995.93	1036.74	1088.65	1184.35	1242.94	1821.16

续表

系列			壁厚/mm																	
系列 1			22.2		25		28		30		32		36		40	45	50	55	60	65
系列 2				23.83		26.19		28.58		30.96		34.93		38.1						
外径/mm			单位长度理论重量/(kg/m)																	
系列 1	系列 2	系列 3																		
1016			544.09	583.08	610.99	639.30	682.24	695.96	729.49	752.10	776.54	845.12	870.06	918.84	962.78	1077.58	1191.15	1303.48	1414.58	1524.45
1067			572.01	613.05	642.43	672.24	717.45	731.91	767.22	791.04	816.79	889.05	915.34	966.76	1013.09	1134.18	1254.04	1372.66	1490.05	1606.20
1118			599.93	643.03	673.88	705.18	752.67	767.85	804.95	829.98	857.04	932.98	960.61	1014.68	1063.40	1190.78	1316.92	1441.83	1565.51	1687.96
	1168		627.31	672.41	704.70	737.48	787.20	803.09	841.94	868.15	896.49	976.06	1005.01	1061.66	1112.73	1246.27	1378.58	1509.65	1639.50	1768.11
1219			655.23	702.38	736.15	770.42	822.41	839.04	879.68	907.09	936.74	1019.99	1050.28	1109.58	1163.04	1302.87	1441.46	1578.83	1714.96	1849.86
	1321		711.07	762.33	799.03	836.30	892.84	910.93	955.14	984.97	1017.24	1107.85	1140.84	1205.42	1263.66	1416.06	1567.24	1717.18	1865.89	2013.36
1422			766.37	821.68	861.30	901.53	962.59	982.12	1029.86	1062.09	1096.94	1194.86	1230.51	1300.32	1363.29	1528.15	1691.78	1854.17	2015.34	2175.27
	1524		822.21	881.63	924.19	967.41	1033.02	1054.01	1105.33	1139.97	1177.44	1282.72	1321.07	1396.16	1463.91	1641.35	1817.55	1992.53	2166.27	2338.77
1626			878.06	941.57	987.08	1033.29	1103.45	1125.90	1180.79	1217.85	1257.93	1370.59	1411.62	1492.00	1564.53	1754.54	1943.33	2130.88	2317.19	2502.28
	1727		933.35	1000.92	1049.35	1098.53	1173.20	1197.09	1255.52	1294.96	1337.64	1457.59	1501.29	1586.90	1664.16	1866.63	2067.87	2267.87	2466.64	2664.18
1829			989.20	1060.87	1112.23	1164.41	1243.63	1268.98	1330.98	1372.84	1418.13	1545.46	1591.85	1682.74	1764.78	1979.83	2193.64	2406.22	2617.57	2827.69
	1930		1044.49	1120.22	1174.50	1229.64	1313.37	1340.17	1405.71	1449.96	1497.84	1632.46	1681.52	1777.64	1864.41	2091.91	2318.18	2543.22	2767.02	2989.59
2032			1100.34	1180.17	1237.39	1295.52	1383.81	1412.06	1481.17	1527.83	1578.34	1720.33	1772.08	1873.47	1965.03	2205.11	2443.95	2681.57	2917.95	3153.10
	2134		1156.18	1240.11	1300.28	1361.40	1454.24	1483.95	1556.63	1605.71	1658.83	1808.19	1862.63	1969.31	2065.65	2318.30	2569.72	2819.92	3068.88	3316.60
2235			1211.48	1299.47	1362.55	1426.64	1523.98	1555.14	1631.36	1682.83	1738.54	1895.20	1952.30	2064.21	2165.28	2430.39	2694.27	2956.91	3218.33	3478.50
	2337		1267.32	1359.41	1425.43	1492.52	1594.42	1627.03	1706.82	1760.71	1819.03	1983.06	2042.86	2160.05	2265.90	2543.59	2820.04	3095.26	3369.25	3642.01
	2438		1322.61	1418.77	1487.70	1557.75	1664.16	1698.22	1781.55	1837.82	1898.74	2070.07	2132.53	2254.95	2365.53	2656.17	2944.58	3232.26	3518.70	3803.91
2540			1378.45	1478.71	1550.59	1623.63	1734.59	1770.11	1857.01	1915.70	1979.23	2157.93	2223.09	2350.79	2466.15	2768.87	3070.36	3370.61	3669.63	3967.42

1.3.2 低压流体输送镀锌焊接钢管理论重量

低压流体输送镀锌焊接钢管(GB/T 3091—2008)理论重量计算公式为:

$$W' = CW$$

式中 W'——钢管镀锌后的单位长度理论重量,kg/m;

W——钢管镀锌前的单位长度理论重量,kg/m,$W = 0.0246615(D-t)D$ 为钢管外径,t 为钢管的壁厚,mm;

C——镀锌层重量系数,见表 1-8。

表 1-8

壁厚/mm	0.5	0.6	0.8	1.0	1.2	1.4	1.6	1.8	2.0	2.3
系数 C	1.255	1.112	1.159	1.127	1.106	1.091	1.080	1.071	1.064	1.055
壁厚/mm	2.6	2.9	3.2	3.6	4.0	4.5	5.0	5.4	5.6	6.3
系数 C	1.049	1.044	1.040	1.035	1.032	1.028	1.025	0.024	1.023	1.020
壁厚/mm	7.1	8.0	8.8	10	11	12.5	14.2	16	17.5	20
系数 C	1.018	1.016	1.014	1.013	1.012	1.010	1.009	1.008	1.009	1.006

1.4 型钢理论重量

1.4.1 热轧等边角钢理论重量

热轧等边角钢(GB/T 706—2008)截面图形见图 1-1。热轧等边角钢理论重量见表 1-9。

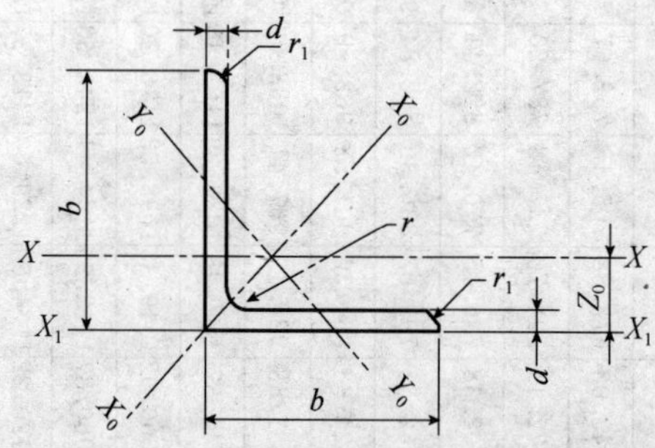

图 1-1

b—边宽度;d—边厚度;r—内圆弧半径;r_1—边端圆弧半径;Z_0—重心距离

表 1-9

型号	截面尺寸/mm			截面面积/cm²	理论重量/(kg/m)	外表面积/(m²/m)	型号	截面尺寸/mm			截面面积/cm²	理论重量/(kg/m)	外表面积/(m²/m)
	b	d	r					b	d	r			
2	20	3	3.5	1.132	0.889	0.078	2.5	25	3	3.5	1.432	1.124	0.098
		4		1.459	1.145	0.077			4		1.859	1.459	0.097

续表

型号	截面尺寸/mm			截面面积/cm²	理论重量/(kg/m)	外表面积/(m²/m)	型号	截面尺寸/mm			截面面积/cm²	理论重量/(kg/m)	外表面积/(m²/m)
	b	d	r					b	d	r			
3.0	30	3	4.5	1.749	1.373	0.117	7	70	7	8	9.424	7.398	0.275
		4		2.276	1.786	0.117			8		10.667	8.373	0.274
3.6	36	3		2.109	1.656	0.141	7.5	7.5	5	9	7.412	5.818	0.295
		4		2.756	2.163	0.141			6		8.797	6.905	0.294
		5		3.382	2.654	0.141			7		10.160	7.976	0.294
4	40	3	5	2.359	1.852	0.157			8		11.503	9.030	0.294
		4		3.086	2.422	0.157			9		12.825	10.068	0.294
		5		3.791	2.976	0.156			10		14.126	11.089	0.293
4.5	45	3		2.659	2.088	0.177	8	80	5		7.912	6.211	0.315
		4		3.486	2.736	0.177			6		9.397	7.376	0.314
		5		4.292	3.369	0.176			7		10.860	8.525	0.314
		6		5.076	3.985	0.176			8		12.303	9.658	0.314
5	50	3	5.5	2.971	2.332	0.197			9		13.725	10.774	0.314
		4		3.897	3.059	0.197			10		15.126	11.874	0.313
		5		4.803	3.770	0.196	9	90	6	10	10.637	8.350	0.354
		6		5.688	4.465	0.196			7		12.301	9.656	0.354
5.6	56	3	6	3.343	2.624	0.221			8		13.944	10.946	0.353
		4		4.390	3.446	0.220			9		15.566	12.219	0.353
		5		5.415	4.251	0.220			10		17.167	13.476	0.353
		6		6.420	5.040	0.220			12		20.306	15.940	0.352
		7		7.404	5.812	0.219	10	100	6	12	11.932	9.366	0.393
		8		8.367	6.568	0.219			7		13.796	10.830	0.393
6	60	5	6.5	5.829	4.576	0.236			8		15.638	12.276	0.393
		6		6.914	5.427	0.235			9		17.462	13.708	0.392
		7		7.977	6.262	0.235			10		19.261	15.120	0.392
		8		9.020	7.081	0.235			12		22.800	17.898	0.391
6.3	63	4	7	4.978	3.907	0.248			14		26.256	20.611	0.391
		5		6.143	4.822	0.248			16		29.627	23.257	0.390
		6		7.288	5.721	0.247	11	110	7		15.196	11.928	0.433
		7		8.412	6.603	0.247			8		17.238	13.535	0.433
		8		9.515	7.469	0.247			10		21.261	16.690	0.432
		10		11.657	9.151	0.246			12		25.200	19.728	0.431
7	70	4	8	5.570	4.372	0.275			14		29.056	22.809	0.431
		5		6.875	5.397	0.275	12.5	125	8	14	19.750	15.504	0.492
		6		8.160	6.406	0.275			10		24.373	19.133	0.491

续表

型号	截面尺寸/mm			截面面积/	理论重量/	外表面积/
	b	d	r	cm^2	(kg/m)	(m^2/m)
12.5	125	12		28.912	22.696	0.491
		14		33.367	26.193	0.490
		16		37.739	29.625	0.489
14	140	10		27.373	21.488	0.551
		12		32.512	25.522	0.551
		14		37.567	29.490	0.550
		16	14	42.539	33.393	0.549
15	150	8		23.750	18.644	0.592
		10		29.373	23.058	0.591
		12		34.912	27.406	0.591
		14		40.367	31.688	0.590
		15		43.063	33.804	0.590
		16		45.739	35.905	0.589
16	160	10		31.502	24.729	0.630
		12		37.441	29.391	0.630
		14		43.296	33.987	0.629
		16	16	49.067	38.518	0.629
18	180	12		42.241	33.159	0.710
		14		48.896	38.383	0.709
		16		55.467	43.542	0.709
		18		61.055	48.634	0.708
20	200	14	18	54.642	42.894	0.788
		16		62.013	48.680	0.788
		18		69.301	54.401	0.787
		20		76.505	60.056	0.787
		24		90.661	71.168	0.785
22	220	16	21	68.664	53.901	0.866
		18		76.752	60.250	0.866
		20		84.756	66.533	0.865
		22		92.676	72.751	0.865
		24		100.512	78.902	0.864
		26		108.264	84.987	0.864
25	250	18	24	87.842	68.956	0.985
		20		97.045	76.180	0.984
		24		115.201	90.433	0.983
		26		124.154	97.461	0.982
		28		133.022	140.422	0.982
		30		141.807	111.318	0.981
		32		150.508	118.149	0.981
		35		163.402	128.271	0.980

1.4.2　热轧不等边角钢理论重量

热轧不等边角钢(GB/T 706—2008)截面图形见图 1-2。热轧不等边角钢理论重量见表 1-10。

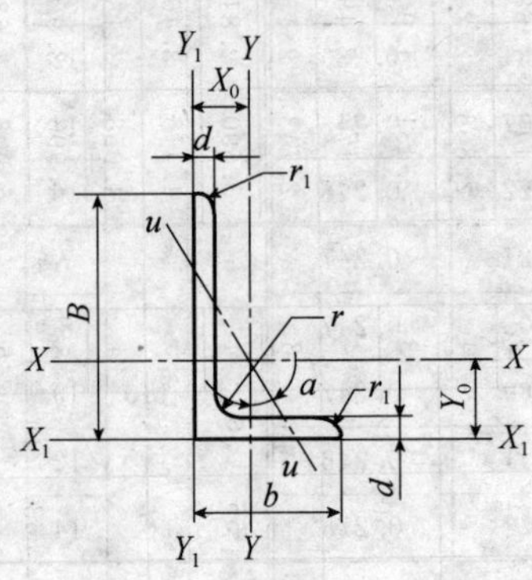

图 1-2

B—长边宽度；b—短边宽度；d—边厚度；r—内圆弧半径；r_1—边端圆弧半径；X_0—重心距离；Y_0—重心距离

表 1-10

型号	截面尺寸/mm				截面面积/cm²	理论重量/(kg/m)	外表面积/(m²/m)	惯性矩/cm⁴				惯性半径/cm				截面模数/cm³			tgα	重心距离/cm	
	B	b	d	r				I_x	I_{x1}	I_y	I_{y1}	I_u	i_x	i_y	i_u	W_x	W_y	W_u		X_0	Y_0
2.5/1.6	25	16	3	3.5	1.162	0.912	0.080	0.70	1.56	0.22	0.43	0.14	0.78	0.44	0.34	0.43	0.19	0.16	0.392	0.42	0.86
			4		1.499	1.176	0.079	0.88	2.09	0.27	0.59	0.17	0.77	0.43	0.34	0.55	0.24	0.20	0.381	0.45	1.86
3.2/2	32	20	3		1.492	1.171	0.102	1.53	3.27	0.46	0.82	0.28	1.01	0.55	0.43	0.72	0.30	0.25	0.382	0.49	0.90
			4		1.939	1.522	0.101	1.93	4.37	0.57	1.12	0.35	1.00	0.54	0.42	0.93	0.39	0.32	0.374	0.53	1.08
4/2.5	40	25	3	4	1.890	1.484	0.127	3.08	5.39	0.93	1.59	0.56	1.28	0.70	0.54	1.15	0.49	0.40	0.385	0.59	1.12
			4		2.467	1.936	0.127	3.93	8.53	1.18	2.14	0.71	1.36	0.69	0.54	1.49	0.63	0.52	0.381	0.63	1.32
4.5/2.8	45	28	3	5	2.149	1.687	0.413	445	9.10	1.34	2.23	0.80	1.44	0.79	0.61	1.47	0.62	0.51	0.383	0.64	1.37
			4		2.806	2.203	0.143	5.69	12.13	1.70	3.00	1.02	1.42	0.78	0.60	1.91	0.80	0.66	0.380	0.68	1.47
5/3.2	50	32	3	5.5	2.431	1.908	0.161	6.24	12.49	2.02	3.31	1.20	1.60	0.91	0.70	1.84	0.82	0.68	0.404	0.73	1.51
			4		3.177	2.494	0.160	8.02	16.65	2.58	4.45	1.53	1.59	0.90	0.69	2.39	1.06	0.87	0.402	0.77	1.60
5.6/3.6	56	36	3	6	2.743	2.153	0.181	8.88	17.54	2.92	4.70	1.73	1.80	1.03	0.79	2.32	1.05	0.87	0.408	0.80	1.65
			4		3.590	2.818	0.180	11.45	23.39	3.76	6.33	2.23	1.79	1.02	0.79	3.03	1.37	1.13	0.408	0.85	1.78
			5		4.415	3.466	0.180	13.86	29.25	4.49	7.94	2.67	1.77	1.01	0.78	3.71	1.65	1.36	0.404	0.88	1.82
6.3/4	63	40	4	7	4.058	3.185	0.202	16.49	33.30	5.23	8.63	3.12	2.02	1.14	0.88	3.87	1.70	1.40	0.398	0.92	1.87
			5		4.993	3.920	0.202	20.02	41.63	6.31	10.86	3.76	2.00	1.12	0.87	4.74	2.07	1.71	0.396	0.95	2.04
			6		5.908	4.638	0.201	23.36	49.98	7.29	13.12	4.34	1.96	1.11	0.86	5.59	2.43	1.99	0.393	0.99	2.08
			7		6.802	5.339	0.201	26.53	58.07	8.24	15.47	4.97	1.98	1.10	0.86	6.40	2.78	2.29	0.389	1.03	2.12
7/4.5	70	45	4	7.5	4.547	3.570	0.226	23.17	45.92	7.55	12.26	4.40	2.26	1.29	0.98	4.86	2.17	1.77	0.410	1.02	2.15
			5		5.609	4.403	0.225	27.95	57.10	9.13	15.39	5.40	2.23	1.28	0.98	5.92	2.65	2.19	0.407	1.06	2.24
			6		6.647	5.218	0.225	32.54	68.35	10.62	18.58	6.35	2.21	1.26	0.98	6.95	3.12	2.59	0.404	1.09	2.28
			7		7.657	6.011	0.225	37.22	79.99	12.01	21.84	7.16	2.20	1.25	0.97	8.03	3.57	2.94	0.402	1.13	2.32
7.5/5	75	50	5	8	6.125	4.808	0.245	34.86	70.00	12.61	21.04	7.41	2.39	1.44	1.10	6.83	3.30	2.74	0.435	1.17	2.36
			6		7.260	5.699	0.245	41.12	84.30	14.70	25.37	8.54	2.38	1.42	1.08	8.12	3.88	3.19	0.435	1.21	2.40
			8		9.467	7.431	0.244	52.39	112.50	18.53	34.23	10.87	2.35	1.40	1.07	10.52	4.99	4.10	0.429	1.29	2.44
			10		11.590	9.098	0.244	62.71	140.80	21.96	43.43	13.10	2.33	1.38	1.06	12.79	6.04	4.99	0.423	1.36	2.52

续表

型号	截面尺寸/mm				截面面积/cm²	理论重量/(kg/m)	外表面积/(m²/m)	惯性矩/cm⁴				惯性半径/cm			截面模数/cm³				tgα	重心距离/cm	
	B	b	d	r				I_x	I_{x1}	I_y	I_{y1}	I_u	i_x	i_y	i_u	W_x	W_y	W_u		X_0	Y_0
8/5	80	50	5	8	6.375	5.005	0.255	41.96	85.21	12.82	21.06	7.66	2.56	1.42	1.10	7.78	3.32	2.74	0.388	1.14	2.60
			6		7.560	5.935	0.255	49.49	102.53	14.95	25.41	8.85	2.56	1.41	1.08	9.25	3.91	3.20	0.387	1.18	2.65
			7		8.724	8.848	0.255	56.16	119.33	46.96	29.82	10.18	2.54	1.39	1.08	10.58	4.48	3.70	0.384	1.21	2.69
			8		9.867	7.745	0.254	62.83	136.41	18.85	34.32	11.38	2.52	1.38	1.07	11.92	5.03	4.16	0.381	1.25	2.73
9/5.6	90	56	5	9	7.212	5.661	0.287	60.45	121.32	18.32	29.53	10.98	2.90	1.59	1.23	9.92	4.21	3.49	0.385	1.25	2.91
			6		8.557	6.717	0.286	71.03	145.59	21.42	35.58	12.90	2.88	1.58	1.23	11.74	4.96	4.13	0.384	1.29	2.95
			7		9.880	7.756	0.286	81.01	169.60	24.36	41.71	14.67	2.86	1.57	1.22	13.49	5.70	4.72	0.382	1.33	3.00
			8		11.183	8.779	0.286	91.03	194.17	27.15	47.93	16.34	2.85	1.56	1.21	15.27	6.41	5.29	0.380	1.36	3.04
10/6.3	100	63	6	10	9.617	7.550	0.320	99.06	199.71	30.94	50.50	18.42	3.21	1.79	1.38	14.64	6.35	5.25	0.394	1.43	3.24
			7		11.111	8.722	0.320	113.45	233.00	35.26	59.14	21.00	3.20	1.78	1.38	16.88	7.29	6.02	0.394	1.47	3.28
			8		12.534	9.878	0.319	127.37	266.32	39.39	67.88	23.50	3.18	1.77	1.37	19.08	8.21	6.78	0.391	1.50	3.32
			10		15.467	12.142	0.319	153.81	333.06	47.12	85.73	28.33	3.15	1.74	1.35	23.32	9.98	8.24	0.387	1.58	3.40
10/8	100	80	6		10.637	8.350	0.354	107.04	199.83	61.24	102.68	31.65	3.17	2.40	1.72	15.19	10.16	8.37	0.627	1.97	2.95
			7		12.301	9.656	0.354	122.73	233.20	70.08	119.98	36.17	3.16	2.39	1.72	17.52	11.71	9.60	0.626	2.01	3.0
			8		13.944	10.946	0.353	137.92	266.61	78.58	137.37	40.58	3.14	2.37	1.71	19.81	13.21	10.80	0.625	2.05	3.04
			10		17.167	13.476	0.353	166.87	333.63	94.65	172.48	49.10	3.12	2.35	1.69	24.24	16.12	13.12	0.622	2.13	3.12
11/7	110	70	6		10.637	8.350	0.354	133.37	265.78	42.92	69.08	25.36	3.54	2.01	1.54	17.85	7.90	6.53	0.403	1.57	3.53
			7		12.301	9.656	0.354	153.00	310.07	49.01	80.82	28.95	3.53	2.00	1.53	20.60	9.09	7.50	0.402	1.61	3.57
			8		13.944	10.946	0.353	172.04	354.39	54.87	92.70	32.45	3.51	1.98	1.53	23.30	10.25	8.45	0.401	1.65	3.62
			10		17.167	13.476	0.353	208.39	443.13	65.88	116.83	39.20	3.48	1.96	1.51	28.54	12.48	10.29	0.397	1.72	3.70
12.5/8	125	80	7	11	14.096	11.066	0.403	227.98	454.99	74.42	120.32	43.81	4.02	2.30	1.76	26.86	12.01	9.92	0.408	1.80	4.01
			8		15.989	12.551	0.403	256.77	519.99	83.49	137.85	49.15	4.01	2.28	1.75	30.41	13.56	11.18	0.407	1.84	4.06
			10		19.712	15.474	0.402	312.04	650.09	100.67	173.40	59.45	3.98	2.26	1.74	37.33	16.56	13.64	0.404	1.92	4.14
			12		23.351	18.330	0.402	364.41	780.39	116.67	209.67	69.35	3.95	2.24	1.72	44.01	19.43	16.01	0.400	2.00	4.22

续表

型号	截面尺寸/mm				截面面积/cm^2	理论重量/(kg/m)	外表面积/(m^2/m)	惯性矩/cm^4					惯性半径/cm			截面模数/cm^3			tgα	重心距离/cm	
	B	b	d	r				I_x	I_{x1}	I_y	I_{y1}	I_u	i_x	i_y	i_u	W_x	W_y	W_u		X_0	Y_0
14/9	140	90	8	12	18.038	14.160	0.453	365.64	730.53	120.69	195.79	70.83	4.50	2.59	1.98	38.48	17.34	14.31	0.411	2.04	4.50
			10		22.261	17.475	0.452	445.50	913.20	140.03	245.92	85.82	4.47	2.56	1.96	47.31	21.22	17.48	0.409	2.12	4.58
			12		26.400	20.724	0.451	521.59	1096.09	169.79	296.89	100.21	4.44	2.54	1.95	55.87	24.95	20.54	0.406	2.19	4.66
			14		30.456	23.908	0.451	594.10	1279.26	192.10	348.82	114.13	4.42	2.51	1.94	64.18	28.54	23.52	0.403	2.27	4.74
15/9	150	90	8		18.839	14.788	0.473	442.05	898.35	122.80	195.96	74.14	4.84	2.55	1.98	43.86	17.47	14.48	0.364	1.97	4.92
			10		23.261	18.260	0.472	539.24	1122.85	148.62	246.26	89.86	4.81	2.53	1.97	53.97	21.38	17.69	0.362	2.05	5.01
			12		27.600	21.666	0.471	632.08	1347.50	172.85	297.46	104.95	4.79	2.50	1.95	63.79	25.14	20.80	0.359	2.12	5.09
			14		31.856	25.007	0.471	720.77	1572.38	195.62	349.74	119.53	4.76	2.48	1.94	73.33	28.77	23.84	0.356	2.20	5.17
			15		33.952	26.652	0.471	763.62	1684.93	206.50	376.33	126.67	4.74	2.47	1.93	77.99	30.53	25.33	0.354	2.24	5.21
			16		36.027	28.281	0.470	805.51	1797.55	217.07	403.24	133.72	4.73	2.45	1.93	82.60	32.27	26.82	0.352	2.27	5.25
16/10	160	100	10	13	25.315	19.872	0.512	668.69	1362.89	205.03	336.59	121.74	5.14	2.85	2.19	62.13	26.56	21.92	0.390	2.28	5.24
			12		30.054	23.592	0.511	784.91	1635.56	239.06	405.94	142.33	5.11	2.82	2.17	73.49	31.28	25.79	0.388	2.36	5.32
			14		34.709	27.247	0.510	896.30	1908.50	271.20	476.42	162.23	5.08	2.80	2.16	84.56	35.83	29.56	0.385	0.43	5.40
			16		29.281	30.835	0.510	1003.04	2181.79	301.60	548.22	182.57	5.05	2.77	2.16	95.33	40.24	33.44	0.382	2.51	5.48
18/11	180	110	10	14	28.373	22.273	0.571	956.25	1940.40	278.11	447.22	166.50	5.80	3.13	2.42	78.96	32.49	26.88	0.376	2.44	5.89
			12		33.712	26.440	0.571	1124.72	2328.38	325.03	538.94	194.87	5.78	3.10	2.40	93.53	38.32	31.66	0.374	2.52	5.98
			14		38.967	30.589	0.570	1286.91	2716.60	369.55	631.95	222.30	5.75	3.08	2.39	107.76	43.97	36.32	0.372	2.59	6.06
			16		44.139	34.649	0.569	1443.06	3105.15	411.85	726.46	248.94	5.72	3.06	2.38	121.64	49.44	40.87	0.369	2.67	6.14
20/12.5	200	125	12		37.912	29.761	0.641	1570.90	3193.85	483.16	787.74	285.79	6.44	3.57	2.74	116.73	49.99	41.23	0.392	2.83	6.54
			14		43.687	34.436	0.640	1800.97	3726.17	550.83	922.47	326.58	6.41	3.54	2.73	134.65	57.44	47.34	0.390	2.91	6.62
			16		49.739	39.045	0.639	2023.35	4258.88	615.44	1058.86	366.21	6.38	3.52	2.71	152.18	64.89	53.32	0.388	2.99	6.70
			18		55.526	43.588	0.639	2238.30	4792.00	677.19	1197.13	404.83	6.35	3.49	2.70	169.33	71.74	59.18	0.385	3.06	6.78

1.4.3 热轧工字钢理论重量

热轧工字钢(GB/T 706—2008)截面图形见图 1-3。热轧工字钢理论重量见表 1-11。

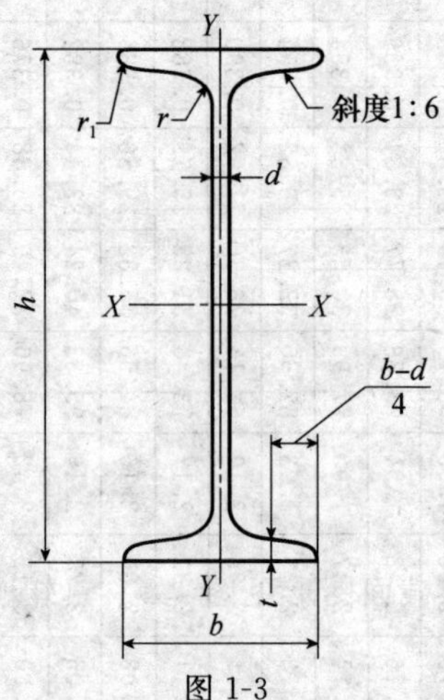

图 1-3

h—高度；b—腿宽度；d—腰厚度；t—平均腿厚度；r—内圆弧半径；r_1—腿端圆弧半径

表 1-11

型号	截面尺寸/mm						截面面积/cm²	理论重量/(kg/m)	型号	截面尺寸/mm						截面面积/cm²	理论重量/(kg/m)
	h	b	d	t	r	r_1				h	b	d	t	r	r_1		
10	100	68	4.5	7.6	6.5	3.3	14.345	11.261	30a	300	126	9.0	14.4	11.0	5.5	61.254	48.084
12	120	74	5.0	8.4	7.0	3.5	17.818	13.987	30b		128	11.0				67.254	52.794
12.6	126	74	5.0	8.4	7.0	3.5	18.118	14.223	30c		130	13.0				73.254	57.504
14	140	80	5.5	9.1	7.5	3.8	21.516	16.890	32a	320	130	9.5	15.0	11.5	5.8	67.156	52.717
16	160	88	6.0	9.9	8.0	4.0	26.131	20.513	32b		132	11.5				73.556	57.741
18	180	94	6.5	10.7	8.5	4.3	30.756	24.143	32c		134	13.5				79.956	62.765
20a	200	100	7.0	11.4	9.0	4.5	35.578	27.929	36a	360	136	10.0	15.8	12.0	6.0	75.480	60.037
20b		102	9.0				39.578	31.069	36b		138	12.0				83.680	65.689
22a	220	110	7.5	12.3	9.5	4.8	42.128	33.070	36c		140	14.0				90.880	71.341
22b		112	9.5				46.528	36.524	40a	400	142	10.5	16.5	12.5	6.3	86.112	67.598
24a	240	116	8.0	13.0	10.0	5.0	47.741	37.477	40b		144	12.5				94.112	73.878
24b		118	10.0				52.541	41.245	40c		146	14.5				102.112	80.158
25a	250	116	8.0				48.541	38.105	45a	450	150	11.5	18.0	13.5	6.8	102.446	80.420
25b		118	10.0				53.541	42.030	45b		152	13.5				111.446	87.485
27a	270	122	8.5	13.7	10.5	5.3	54.554	42.825	45c		154	15.5				120.446	94.550
27b		124	10.5				59.954	47.064	50a	500	158	12.0	20.0	14.0	7.0	119.304	93.654
28a	280	122	8.5				55.404	43.492	50b		160	14.0				129.304	101.504
28b		124	10.5				61.004	47.888	50c		162	16.0				139.304	109.354

续表

型号	截面尺寸/mm						截面面积/cm^2	理论重量/(kg/m)	型号	截面尺寸/mm						截面面积/cm^2	理论重量/(kg/m)
	h	b	d	t	r	r_1				h	b	d	t	r	r_1		
55a		166	12.5				134.185	105.335	56c	560	170	16.5	21.0	14.5	7.3	157.835	123.900
55b	550	168	14.5				145.185	113.970	63a		176	13.0				154.658	121.407
55c		170	16.5	21.0	14.5	7.3	156.185	122.605	63b	630	178	15.0	22.0	15.0	7.5	167.258	131.298
56a	560	166	12.5				135.435	106.316	63c		180	17.0				179.858	141.189
56b		168	14.5				146.635	115.108									

1.4.4 热轧槽钢理论重量

热轧槽钢(GB/T 706—2008)截面图形见图 1-4。热轧槽钢理论重量见表 1-12。

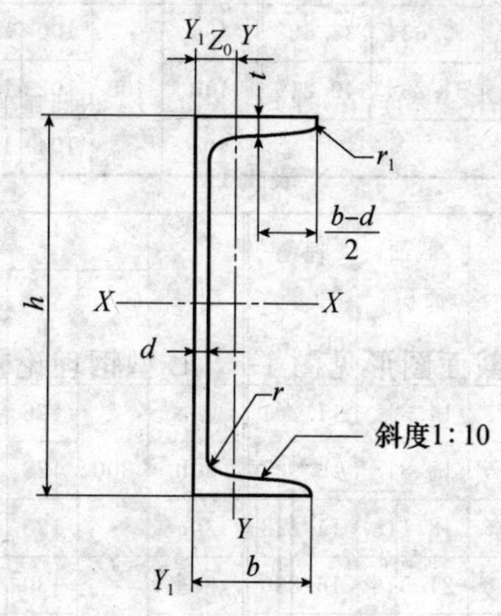

图 1-4

h—高度；b—腿宽度；d—腰厚度；t—平均腿厚度；r—内圆弧半径；r_1—腿端圆弧半径；Z_0—YY 轴与 Y_1Y_1 轴间距

表 1-12

型号	截面尺寸/mm						截面面积/cm^2	理论重量/(kg/m)	型号	截面尺寸/mm						截面面积/cm^2	理论重量/(kg/m)
	h	b	d	t	r	r_1				h	b	d	t	r	r_1		
5	50	37	4.5	7.0	7.0	3.5	6.928	5.438	16a	160	63	6.5	10.0	10.0	5.0	21.962	17.24
6.3	63	40	4.8	7.5	7.5	3.8	8.451	6.634	16b		65	8.5				25.162	19.752
6.5	65	40	4.3	7.5	7.5	3.8	8.547	6.709	18a	180	68	7.0	10.5	10.5	5.2	25.699	20.174
8	80	43	5.0	8.0	8.0	4.0	10.248	8.045	18b		70	9.0				29.299	23.000
10	100	48	5.3	8.5	8.5	4.2	12.748	10.007	20a	200	73	7.0	11.0	11.0	5.5	28.837	22.637
12	120	53	5.5	9.0	9.0	4.5	15.362	12.059	20b		75	9.0				32.837	25.777
12.6	126	53	5.5	9.0	9.0	4.5	15.692	12.318	22a	220	77	7.0	11.5	11.5	5.8	31.846	24.999
14a	140	58	6.0	9.5	9.5	4.8	18.516	14.535	22b		79	9.0				36.246	28.453
14b		65	8.5				21.316	16.733	24a	240	78	7.0	12.0	12.0	6.0	34.217	26.860

续表

型号	截面尺寸/mm						截面面积/cm^2	理论重量/(kg/m)
	h	b	d	t	r	r_1		
24b	240	80	9.0				39.017	30.628
24c		82	11.0				43.817	34.396
25a		78	7.0	12.0	12.0	6.0	34.917	27.410
25b	250	80	9.0				39.917	31.335
25c		82	11.0				44.917	35.260
27a		82	7.5				39.284	30.838
27b	270	84	9.5				44.684	35.077
27c		86	11.5	12.5	12.5	6.2	50.084	39.316
28a		82	7.5				40.034	31.427
28b	280	84	9.5				45.634	35.823
28c		86	11.5				51.234	40.219
30a		85	7.5				43.902	34.463
30b	300	87	9.5	13.5	13.5	6.8	49.902	39.173
30c		89	11.5				55.902	43.883
32a		88	8.0				48.513	38.083
32b	320	90	10.0	14.0	14.0	7.0	54.913	43.107
32c		92	12.0				61.313	48.131
36a		96	9.0				60.910	47.814
36b	360	98	11.0	16.0	16.0	8.0	68.110	53.466
36c		100	13.0				75.310	59.118
40a		100	10.5				75.068	58.928
40b	400	102	12.5	18.0	18.0	9.0	83.068	65.208
40c		104	14.5				91.068	71.488

1.4.5 L型钢理论重量

L型钢(GB/T 706—2008)截面图形见图1-5。L型钢理论重量见表1-13。

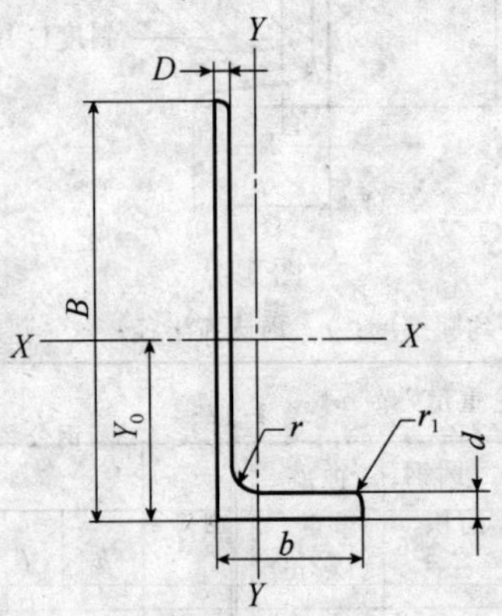

图 1-5

B—长边宽度；b—短边宽度；D—长边厚度；d—短边厚度；r—内圆弧半径；r_1—边端圆弧半径；Y_0—重心距离

表 1-13

型号	截面尺寸/mm						截面面积/cm^2	理论重量/(kg/m)
	B	b	D	d	r	r_1		
L250×90×9×13			9	13			33.4	26.2
L250×90×10.5×15	250	90	10.5	15	15	7.5	38.5	30.3
L250×90×11.5×16			11.5	16			41.7	32.7

续表

型号	截面尺寸/mm						截面面积/cm^2	理论重量/(kg/m)
	B	b	D	d	r	r_1		
L300×100×10.5×15	300	100	10.5	15	15	7.5	45.3	35.6
L300×100×11.5×16			11.5	16			49.0	38.5
L350×120×10.5×16	350	120	10.5	16	20	10	54.9	43.1
L350×120×11.5×18			11.5	18			60.4	47.4
L400×120×11.5×23	400	120	11.5	23			71.6	56.2
L450×120×11.5×25	450	120	11.5	25			79.5	62.4
L500×120×12.5×33	500	120	12.5	33			98.6	77.4
L500×120×13.5×35			13.5	35			105.0	82.8

1.4.6　热轧圆钢理论重量

热轧圆钢(GB/T 702—2008)截面图形见图 1-6。热轧圆钢理论重量见表 1-14。

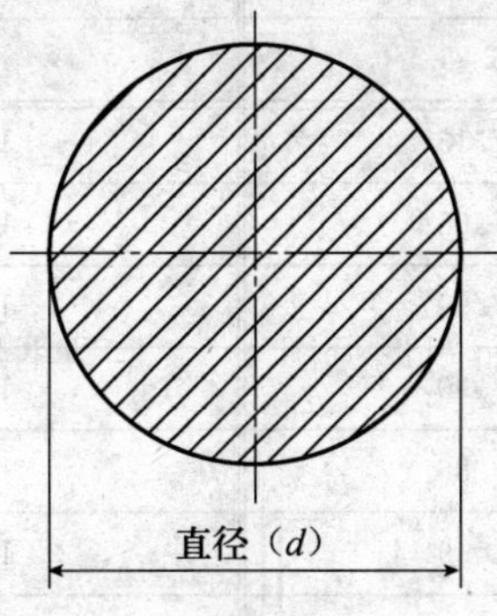

图 1-6

表 1-14

圆钢公称直径 d	理论重量(kg/m)	圆钢公称直径 d	理论重量(kg/m)
	圆钢		圆钢
5.5	0.186	13	1.04
6	0.222	14	1.21
6.5	0.260	15	1.39
7	0.302	16	1.58
8	0.395	17	1.78
9	0.499	18	2.00
10	0.617	19	2.23
11	0.746	20	2.47
12	0.888	21	2.72

续表

圆钢公称直径 d	理论重量(kg/m)	圆钢公称直径 d	理论重量(kg/m)
	圆钢		圆钢
22	2.98	85	44.5
23	3.26	90	49.9
24	3.55	95	55.6
25	3.86	100	61.7
26	4.17	105	68.0
27	4.49	110	74.6
28	4.83	115	81.5
29	5.18	120	88.8
30	5.66	125	96.3
31	5.92	130	104
32	6.31	135	112
33	6.71	140	121
34	7.13	145	130
35	7.55	150	139
36	7.99	155	148
38	8.90	160	158
40	9.86	165	168
42	10.9	170	178
45	12.5	180	200
48	14.2	190	223
50	15.4	200	247
53	17.3	210	272
55	18.6	220	298
56	19.3	230	326
58	20.7	240	355
60	22.2	250	385
63	24.5	260	417
65	26.0	270	449
68	28.5	280	483
70	30.2	290	518
75	34.7	300	555
80	39.5	310	592

1.4.7 热轧方钢理论重量

热轧方钢(GB/T 702—2008)截面图形见图 1-7。热轧方钢理论重量见表 1-15。

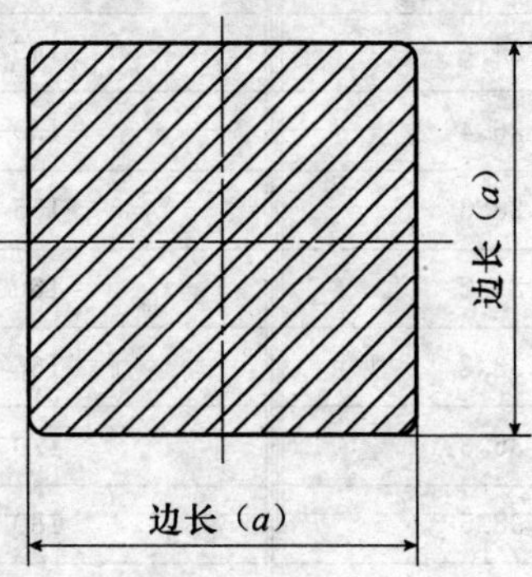

图 1-7

表 1-15

方钢公称边长 a/mm	理论重量/(kg/m)	方钢公称边长 a/mm	理论重量/(kg/m)
5.5	0.237	24	4.52
6	0.283	25	4.91
6.5	0.332	26	5.31
7	0.385	27	5.72
8	0.502	28	6.15
9	0.636	29	6.60
10	0.785	30	7.06
11	0.950	31	7.54
12	1.13	32	8.04
13	1.33	33	8.55
14	1.54	34	9.07
15	1.77	35	9.62
16	2.01	36	10.2
17	2.27	38	11.3
18	2.54	40	12.6
19	2.83	42	13.8
20	3.14	45	15.9
21	3.46	48	18.1
22	3.80	50	19.6
23	4.15	53	22.0

续表

方钢公称边长 a/mm	理论重量/(kg/m)	方钢公称边长 a/mm	理论重量/(kg/m)
55	23.7	140	154
56	24.6	145	165
58	26.4	150	177
60	28.3	155	189
63	31.2	160	201
65	33.2	165	214
68	36.3	170	227
70	38.5	180	254
75	44.2	190	283
80	50.2	200	314
85	56.7	210	
90	63.6	220	
95	70.8	230	
100	78.5	240	
105	86.5	250	
110	95.0	260	
115	104	270	
120	113	280	
125	123	290	
130	133	300	
135	143	310	

1.4.8 热轧扁钢理论重量

热轧扁钢(GB/T 702—2008)截面图形见图 1-8。热轧扁钢理论重量见表 1-16。

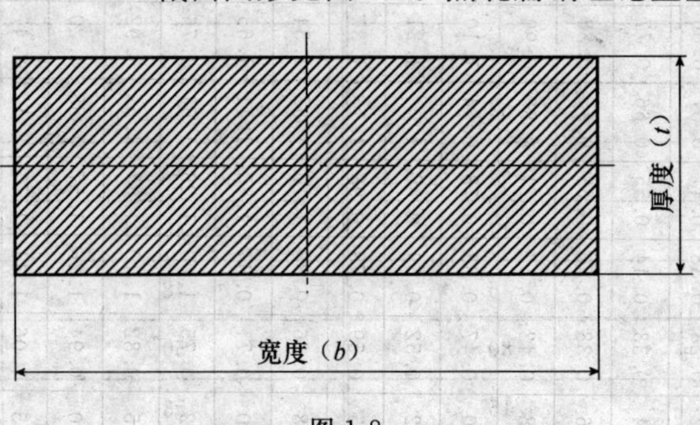

图 1-8

表 1-16

公称宽度/mm	厚度/mm																								
	3	4	5	6	7	8	9	10	11	12	14	16	18	20	22	25	28	30	32	36	40	45	50	56	60
	理论重量/(kg/m)																								
10	0.24	0.31	0.39	0.47	0.55	0.63																			
12	0.28	0.38	0.47	0.57	0.66	0.75																			
14	0.33	0.44	0.55	0.66	0.77	0.88																			
16	0.38	0.50	0.63	0.75	0.88	1.00	1.15	1.26																	
18	0.42	0.57	0.71	0.85	0.99	1.13	1.27	1.41																	
20	0.47	0.63	0.78	0.94	1.10	1.26	1.41	1.57	1.73	1.88															
22	0.52	0.69	0.86	1.04	1.21	1.38	1.55	1.73	1.90	2.07															
25	0.59	0.78	0.98	1.18	1.37	1.57	1.77	1.96	2.16	2.36	2.75	3.14													
28	0.66	0.88	1.10	1.32	1.54	1.76	1.98	2.20	2.42	2.64	3.08	3.53													
30	0.71	0.94	1.18	1.41	1.65	1.88	2.12	2.36	2.59	2.83	3.30	3.77	4.24	4.71											
32	0.75	1.00	1.26	1.51	1.76	2.01	2.26	2.55	2.76	3.01	3.52	4.02	4.52	5.02											
35	0.82	1.10	1.37	1.65	1.92	2.20	2.47	2.75	3.02	3.30	3.85	4.40	4.95	5.50	6.04	6.87	7.69								
40	0.94	1.26	1.57	1.88	2.20	2.51	2.83	3.14	3.45	3.77	4.40	5.02	5.65	6.28	6.91	7.85	8.79								
45	1.06	1.41	1.77	2.12	2.47	2.83	3.18	3.53	3.89	4.24	4.95	5.65	6.36	7.07	7.77	8.83	9.89	10.60	11.30	12.72					
50	1.18	1.57	1.96	2.36	2.75	3.14	3.53	3.93	4.32	4.71	5.50	6.28	7.06	7.85	8.64	9.81	10.99	11.78	12.56	14.13					
55		1.73	2.16	2.59	3.02	3.48	3.89	4.32	4.75	5.18	6.04	6.91	7.77	8.64	9.50	10.79	12.09	12.95	13.82	15.54					
60		1.88	2.36	2.83	3.30	3.77	4.24	4.71	5.18	5.65	6.59	7.54	8.48	9.42	10.36	11.78	13.19	14.13	15.07	16.96	18.84	21.20			
65		2.04	2.55	3.06	3.57	4.08	4.59	5.10	5.61	6.12	7.14	8.16	9.18	10.20	11.23	12.76	14.29	15.31	16.33	18.37	20.41	22.96			
70		2.20	2.75	3.30	3.85	4.40	4.95	5.50	6.04	6.59	7.69	8.79	9.89	10.99	12.09	13.74	15.39	16.49	17.58	19.78	21.98	24.73			

续表

公称宽度/mm	厚度/mm																								
	3	4	5	6	7	8	9	10	11	12	14	16	18	20	22	25	28	30	32	36	40	45	50	56	60
	理论重量/(kg/m)																								
75		2.36	2.94	3.53	4.12	4.71	5.30	5.89	6.48	7.07	8.24	9.42	10.60	11.78	12.95	14.72	16.48	17.66	18.84	21.20	23.55	26.49			
80		2.51	3.14	3.77	4.40	5.02	5.65	6.28	6.91	7.54	8.79	10.05	11.30	12.56	13.82	15.70	17.58	18.84	20.10	22.61	25.12	28.26	31.40	35.17	
85			3.34	4.00	4.67	5.34	6.01	6.67	7.34	8.01	9.34	10.68	12.01	13.34	14.68	16.68	18.68	20.02	21.35	24.02	26.69	30.03	33.36	37.37	40.04
90			3.53	4.24	4.95	5.65	6.36	7.07	7.77	8.48	9.89	11.30	12.72	14.13	15.54	17.66	19.78	21.20	22.61	25.43	28.26	31.79	35.32	39.56	42.39
95			3.73	4.47	5.22	5.97	6.71	7.46	8.20	8.95	10.44	11.93	13.42	14.92	16.41	18.64	20.88	22.37	23.86	26.85	29.83	33.56	37.29	41.76	44.74
100			3.92	4.71	5.50	6.28	7.06	7.85	8.64	9.42	10.99	12.56	14.13	15.70	17.27	19.62	21.98	23.55	25.12	28.26	31.40	35.32	39.25	43.96	47.10
105			4.12	4.95	5.77	6.59	7.42	8.24	9.07	9.89	11.54	13.19	14.84	16.48	18.13	20.61	23.08	24.73	26.38	29.67	32.97	37.09	41.21	46.16	49.46
110			4.32	5.18	6.04	6.91	7.77	8.64	9.50	10.36	12.09	13.82	15.54	17.27	19.00	21.59	24.18	25.90	27.63	31.09	34.54	38.86	43.18	48.36	51.81
120			4.71	5.65	6.59	7.54	8.48	9.42	10.36	11.30	13.19	15.07	16.96	18.84	20.72	23.55	26.38	28.26	30.14	33.91	37.68	42.39	47.10	52.75	56.52
125				5.89	6.87	7.85	8.83	9.81	10.79	11.78	13.74	15.70	17.66	19.62	21.58	24.53	27.48	29.44	31.40	35.32	39.25	44.16	49.06	54.95	58.88
130				6.12	7.14	8.16	9.18	10.20	11.23	12.25	14.29	16.33	18.37	20.41	22.45	22.51	28.57	30.62	32.66	36.74	40.82	45.92	51.02	57.15	61.23
140					7.69	8.78	9.89	10.99	12.09	13.19	15.39	17.58	19.78	21.98	24.18	27.48	30.77	32.97	35.17	39.56	43.96	49.46	54.95	61.54	65.94
150					8.24	9.42	10.60	11.78	12.95	14.13	16.48	18.84	21.20	23.55	25.90	29.44	32.97	35.32	37.68	42.39	47.10	52.99	58.88	65.94	70.65
160					8.79	10.05	11.30	12.56	13.82	15.07	17.58	20.10	22.61	25.12	27.63	31.40	35.17	37.68	40.19	45.22	50.24	56.52	62.80	70.34	75.36
180					9.89	11.30	12.72	14.13	15.54	16.96	19.78	22.61	25.43	28.26	31.09	35.32	39.56	42.39	45.22	50.87	56.52	63.58	70.65	79.13	84.78
200					10.99	12.56	14.13	15.70	17.27	18.84	21.98	25.12	28.26	31.40	34.54	39.25	43.96	47.10	50.24	56.52	62.80	70.65	78.50	87.92	94.20

注：1. 表中的粗线用以划分扁钢的组别

1 组——理论重量≤19kg/m；

2 组——理论重量>19kg/m。

2. 表中的理论重量按密度 7.85g/cm^3 计算。

1.4.9 热轧工具钢扁钢理论重量

热轧工具钢扁钢（GB/T 702—2008）截面图形见图 1-9。热轧工具钢扁钢理论重量见表 1-17。

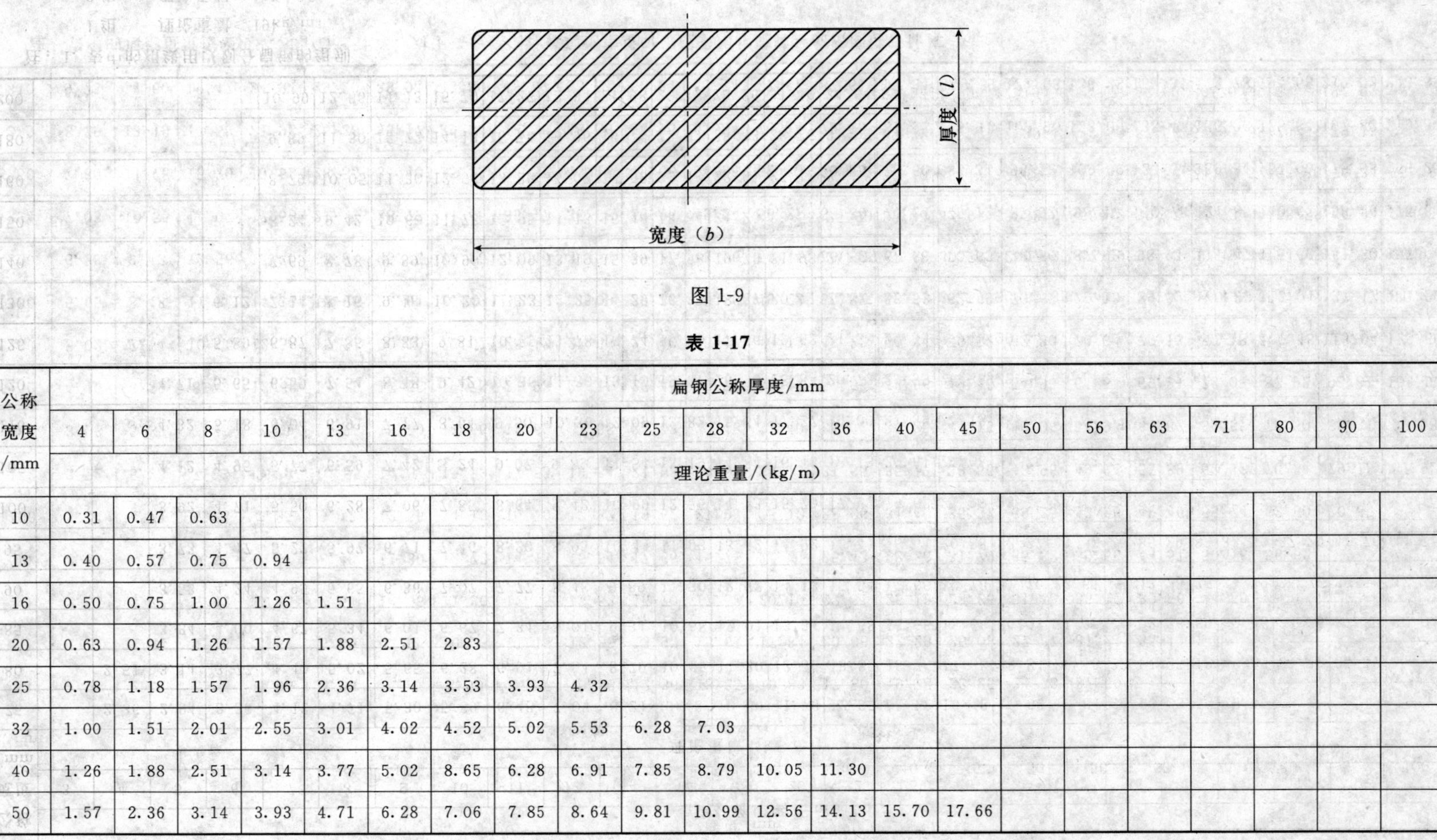

图 1-9

表 1-17

公称宽度/mm	扁钢公称厚度/mm																				
	4	6	8	10	13	16	18	20	23	25	28	32	36	40	45	50	56	63	71	80	90	100
	理论重量/(kg/m)																					
10	0.31	0.47	0.63																			
13	0.40	0.57	0.75	0.94																		
16	0.50	0.75	1.00	1.26	1.51																	
20	0.63	0.94	1.26	1.57	1.88	2.51	2.83															
25	0.78	1.18	1.57	1.96	2.36	3.14	3.53	3.93	4.32													
32	1.00	1.51	2.01	2.55	3.01	4.02	4.52	5.02	5.53	6.28	7.03											
40	1.26	1.88	2.51	3.14	3.77	5.02	8.65	6.28	6.91	7.85	8.79	10.05	11.30									
50	1.57	2.36	3.14	3.93	4.71	6.28	7.06	7.85	8.64	9.81	10.99	12.56	14.13	15.70	17.66							

续表

公称宽度/mm	扁钢公称厚度/mm																					
	4	6	8	10	13	16	18	20	23	25	28	32	36	40	45	50	56	63	71	80	90	100
	理论重量/(kg/m)																					
63	1.98	2.91	3.96	4.95	5.93	7.91	8.90	9.89	10.88	12.36	13.85	15.83	17.80	19.78	22.25	24.73	27.69					
71	2.23	3.34	4.46	5.57	6.69	8.92	10.03	11.15	12.26	13.93	15.61	17.84	20.06	22.29	25.08	27.87	31.21	35.11				
80	2.51	3.77	5.02	6.28	7.54	10.05	11.30	12.56	13.82	15.70	17.58	20.10	22.61	25.12	28.26	31.40	35.17	39.56	44.59			
90	2.83	4.24	5.65	7.07	8.48	11.30	12.72	14.13	15.54	17.66	19.78	22.61	25.43	28.26	31.79	35.32	39.56	44.51	50.16	56.62		
100	3.14	4.71	6.28	7.85	9.42	12.56	14.13	15.70	17.27	19.62	21.98	25.12	28.26	31.40	35.32	39.25	43.96	49.46	55.74	62.80	70.65	
112	3.52	5.28	7.03	8.79	10.55	14.07	15.83	17.58	19.34	21.98	24.62	28.13	31.65	35.17	39.56	43.96	49.24	55.39	62.42	70.34	79.13	87.92
125	3.93	5.89	7.85	9.81	11.78	15.70	17.66	19.62	21.58	24.53	27.48	31.40	35.32	39.25	44.16	49.06	54.95	61.82	69.67	78.50	88.31	98.13
140	4.40	6.59	8.79	12.69	13.19	17.58	19.78	21.98	24.18	27.48	30.77	35.17	39.56	43.96	49.46	54.95	61.54	69.24	78.03	87.92	98.81	109.90
160	5.02	7.54	10.05	12.56	15.07	20.10	22.61	25.12	27.63	31.40	35.17	40.19	45.22	50.24	56.52	62.80	70.34	79.13	89.18	100.48	113.04	125.60
180	5.65	8.48	11.30	14.13	16.96	22.61	25.43	28.26	31.09	35.33	39.56	45.22	50.87	56.52	62.59	70.65	79.13	89.02	100.32	113.04	127.17	141.30
200	6.28	9.42	12.56	15.70	18.84	25.12	28.26	31.40	34.54	39.25	43.96	50.24	56.52	62.80	70.65	78.50	87.92	98.91	111.47	125.60	141.30	157.00
224	7.03	10.55	14.07	17.58	21.10	28.13	31.65	35.17	38.68	43.96	49.24	56.27	63.30	70.34	79.12	87.92	98.47	110.78	124.85	140.67	158.26	175.84
250	7.85	11.78	15.70	19.62	23.55	31.40	35.33	39.35	43.18	49.06	54.95	62.80	70.65	78.50	88.31	98.13	109.90	123.64	139.34	157.00	176.63	196.25
280	8.79	13.19	17.58	21.98	26.38	35.17	39.56	43.96	48.36	54.95	61.54	70.34	79.13	87.92	98.91	109.90	123.09	138.47	156.06	175.84	197.82	219.80
310	9.73	14.60	19.47	24.34	29.20	38.94	43.80	48.67	53.54	60.84	68.14	77.87	87.61	97.34	109.51	121.68	136.28	153.31	172.78	194.68	219.02	243.35

注：表中的理论重量按密度 7.85g/cm^3 计算，对于高合金钢计算理论重量时，应采用相应牌号的密度进行计算。

1.4.10　热轧六角钢理论重量

热轧六角钢(GB/T 702—2008)截面图形见图 1-10。热轧六角钢理论重量见表 1-18。

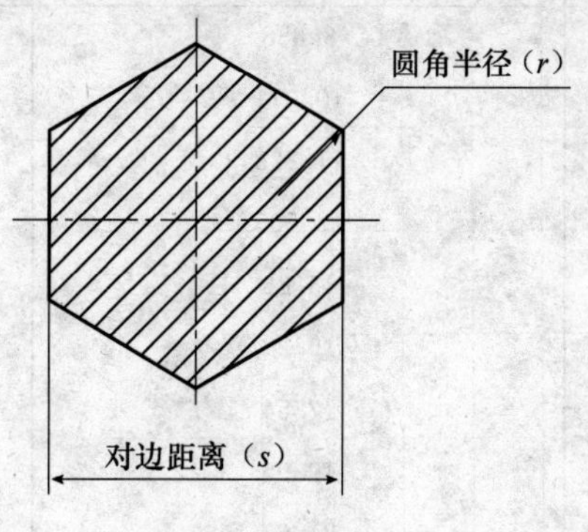

图 1-10

表 1-18

对边距离 s/mm	截面面积 A/cm^2	理论重量/(kg/m)
	六角钢	六角钢
8	0.5543	0.435
9	0.7015	0.551
10	0.866	0.680
11	1.048	0.823
12	1.247	0.979
13	1.464	1.05
14	1.697	1.33
15	1.949	1.53
16	2.217	1.74
17	2.503	1.96
18	2.806	2.20
19	3.126	2.45
20	3.464	2.72
21	3.819	3.00
22	4.182	3.29
23	4.581	3.60
24	4.988	3.92
25	5.413	4.25
26	5.854	4.60
27	6.314	4.96
28	6.790	5.33
30	7.794	6.12

续表

对边距离 s/mm	截面面积 A/cm^2	理论重量/(kg/m)
	六角钢	六角钢
32	8.858	6.96
34	10.011	7.86
36	11.223	8.81
38	12.505	9.82
40	13.86	10.88
42	15.28	11.99
45	17.54	13.77
48	19.95	15.66
50	21.65	17.00
53	24.33	19.10
56	27.16	21.32
58	29.13	22.87
60	31.18	24.50
63	34.37	26.98
65	36.59	28.72
68	40.04	31.43
70	42.43	33.30

注：表中的理论重量按密度 $7.85\mathrm{g/cm^3}$ 计算。

表中截面面积(A)计算公式：$A=\frac{1}{4}ns^2\mathrm{tg}\frac{\varphi}{2}\times\frac{1}{100}$

六角形：$A=\frac{3}{2}s^2\mathrm{tg}30°\times\frac{1}{100}\approx0.866s^2\times\frac{1}{100}$

八角形：$A=2s^3\mathrm{tg}22°30'\times\frac{1}{100}\approx0.828s^2\times\frac{1}{100}$

式中：n——正 n 边形边数；

φ——正 n 边形圆内角：$\varphi=360/n$。

1.4.11　热轧八角钢理论重量

热轧八角钢(GB/T 702—2008)截面图形见图 1-11。热轧八角钢理论重量见表 1-19。

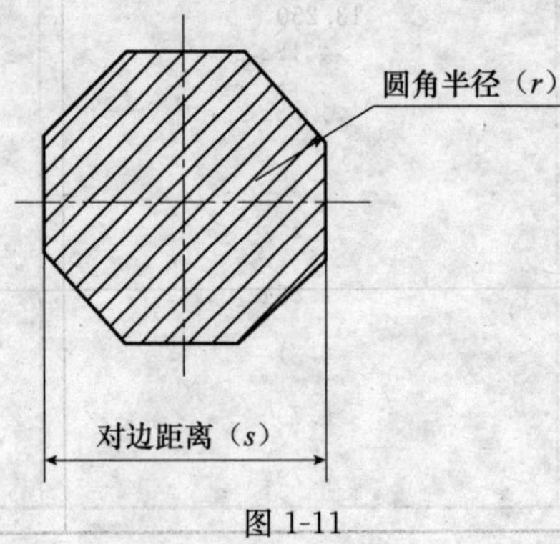

图 1-11

表 1-19

对边距离 s/mm	截面面积 A/cm²	理论重量/(kg/m)
	八角钢	八角钢
8	—	—
9	—	—
10	—	—
11	—	—
12	—	—
13	—	—
14	—	—
15	—	—
16	2.120	1.66
17	—	—
18	2.683	2.16
19	—	—
20	3.312	2.60
21	—	—
22	4.008	3.15
23	—	—
24	—	—
25	5.175	4.06
26	—	—
27	—	—
28	6.492	5.10
30	7.452	5.85
32	8.479	6.66
34	9.572	7.51
36	10.731	8.42
38	11.956	9.39
40	13.250	10.40
42	—	—
45	—	—
48	—	—
50	—	—
53	—	—
56	—	—
58	—	—
60	—	—

续表

对边距离 s/mm	截面面积 A/cm^2	理论重量/(kg/m)
	八角钢	八角钢
63	—	—
65	—	—
68	—	—
70	—	—

注：表中的理论重量按密度 7.85g/cm³ 计算。

表中截面面积(A)计算公式：$A=\frac{1}{4}ns^2\text{tg}\frac{\varphi}{2}\times\frac{1}{100}$

六角形：$A=\frac{3}{2}s^2\text{tg}30°\times\frac{1}{100}\approx0.866s^2\times\frac{1}{100}$

八角形：$A=2s^3\text{tg}22°30'\times\frac{1}{100}\approx0.828s^2\times\frac{1}{100}$

式中：n——正 n 边形边数；

φ——正 n 边形圆内角：$\varphi=360/n$。

1.4.12　冷拉圆钢理论重量

冷拉圆钢(GB/T 905—1994)截面图形见图 1-12。冷拉圆理论重量钢见表 1-20。

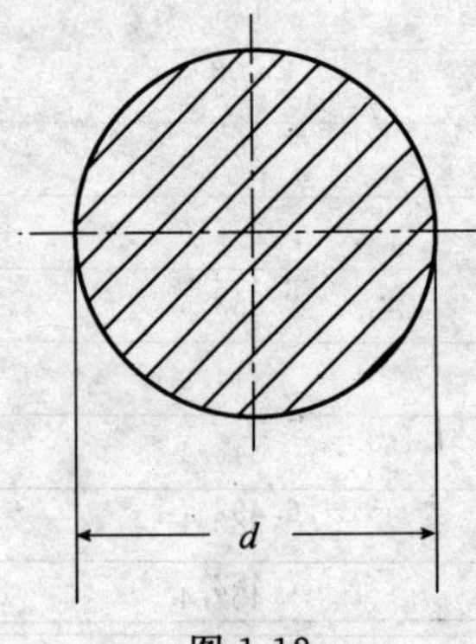

图 1-12

表 1-20

尺寸/mm	圆钢	
	截面面积/mm²	理论重量/(kg/m)
3.0	7.069	0.0555
3.2	8.042	0.0631
3.5	9.621	0.0755
4.0	12.57	0.0986
4.5	15.90	0.125
5.0	19.63	0.154
5.5	23.76	0.187
6.0	28.27	0.222
6.3	31.17	0.245

续表

尺寸/mm	圆钢	
	截面面积/mm²	理论重量/(kg/m)
7.0	38.48	0.302
7.5	44.18	0.347
8.0	50.27	0.395
8.5	56.75	0.445
9.0	63.62	0.499
9.5	70.88	0.556
10.0	78.54	0.617
10.5	86.59	0.680
11.0	95.03	0.746
11.5	103.9	0.815
12.0	113.1	0.888
13.0	132.7	1.04
14.0	153.9	1.21
15.0	176.7	1.39
16.0	201.1	1.58
17.0	227.0	1.78
18.0	254.5	2.00
19.0	283.5	2.23
20.0	314.2	2.47
21.0	346.4	2.72
22.0	380.1	2.98
24.0	452.4	3.55
25.0	490.9	3.85
26.0	530.9	4.17
28.0	615.8	4.83
30.0	706.9	5.55
32.0	804.2	6.31
34.0	907.9	7.13
35.0	962.1	7.55
36.0	—	—
38.0	1134	8.90
40.0	1257	9.86
42.0	1385	10.9
45.0	1590	12.5
48.0	1810	14.2

续表

尺寸/mm	圆钢	
	截面面积/mm²	理论重量/(kg/m)
50.0	1968	15.4
52.0	2206	17.3
55.0	—	—
56.0	2463	19.3
60.0	2827	22.2
63.0	3117	24.5
65.0	—	—
67.0	3526	27.7
70.0	3848	30.2
75.0	4418	34.7
80.0	5027	39.5

注：1. 表内尺寸一栏，对圆钢表示直径，对方钢表示边长，对六角钢表示对边距离。

2. 表中理论重量按密度为 7.85kg/dm³ 计算。对高合金钢计算理论重量时应采用相应牌号的密度。

1.4.13 冷拉方钢理论重量

冷拉方钢(GB/T 905—1994)截面图形见图 1-13。冷拉方钢理论重量见表 1-21。

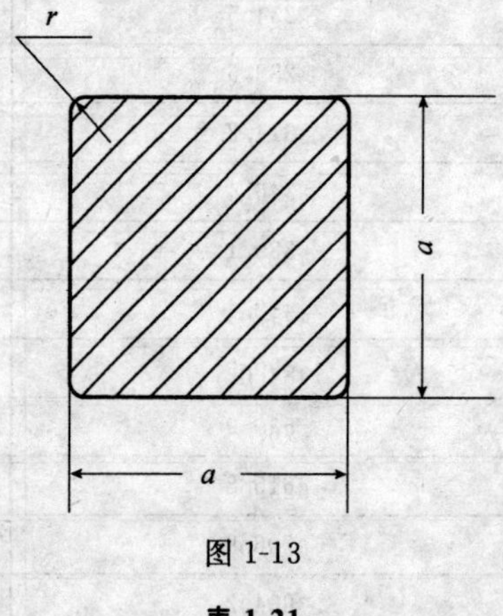

图 1-13

表 1-21

尺寸/mm	方钢	
	截面面积/mm²	理论重量/(kg/m)
3.0	9.000	0.0706
3.2	10.24	0.0804
3.5	12.25	0.0962
4.0	16.00	0.126
4.5	20.25	0.159
5.0	25.00	0.196

续表

尺寸/mm	方钢	
	截面面积/mm²	理论重量/(kg/m)
5.5	30.25	0.237
6.0	36.00	0.283
6.3	39.69	0.312
7.0	49.00	0.385
7.5	56.25	0.442
8.0	64.00	0.502
8.5	72.25	0.567
9.0	81.00	0.636
9.5	90.25	0.708
10.0	100.0	0.785
10.5	110.2	0.865
11.0	121.0	0.950
11.5	132.2	1.04
12.0	144.0	1.13
13.0	169.0	1.33
14.0	196.0	1.54
15.0	225.0	1.77
16.0	256.0	2.01
17.0	289.0	2.27
18.0	324.0	2.54
19.0	361.0	2.83
20.0	400.0	3.14
21.0	441.0	3.46
22.0	484.0	3.80
24.0	576.0	4.52
25.0	625.0	4.91
26.0	676.0	5.31
28.0	784.0	6.15
30.0	900.0	7.06
32.0	1024	8.04
34.0	1156	9.07
35.0	1225	9.62
36.0	—	—
38.0	1444	11.3
40.0	1600	12.6
42.01	1764	13.8

续表

尺寸/mm	方钢	
	截面面积/mm^2	理论重量/(kg/m)
45.0	2025	15.9
48.0	2304	18.1
50.0	2500	19.6
52.0	2809	22.0
55.0	—	—
56.0	3136	24.6
60.0	3600	28.3
63.0	3969	31.2
65.0	—	—
67.0	4489	35.2
70.0	4900	38.5
75.0	5625	44.2
80.0	6400	50.2

注：1. 表内尺寸一栏，对圆钢表示直径，对方钢表示边长，对六角钢表示对边距离。

2. 表中理论重量按密度为7.85kg/dm^3 计算。对高合金钢计算理论重量时应采用相应牌号的密度。

1.4.14 冷拉六角钢理论重量

冷拉六角钢(GB/T 905—1994)截面图形见图 1-14。冷拉六角理论钢重量见表 1-22。

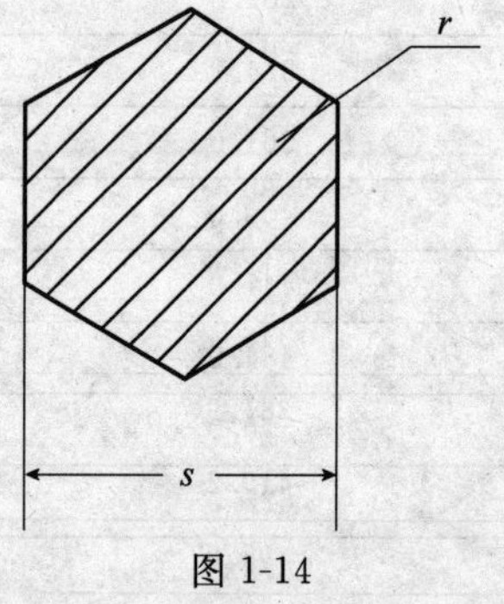

图 1-14

S—六角钢对边距离；r—画角半径

表 1-22

尺寸/mm	六角钢	
	截面面积/mm^2	理论重量/(kg/m)
3.0	7.794	0.0612
3.2	8.868	0.0696
3.5	10.61	0.0833
4.0	13.86	0.109
4.5	17.54	0.138

续表

尺寸/mm	六角钢	
	截面面积/mm²	理论重量/(kg/m)
5.0	21.65	0.170
5.5	26.20	0.206
6.0	31.18	0.245
6.3	34.37	0.270
7.0	42.44	0.333
7.5	—	—
8.0	55.43	0.435
8.5	—	—
9.0	70.15	0.551
9.5	—	—
10.0	86.60	0.680
10.5	—	—
11.0	104.8	0.823
11.5	—	—
12.0	124.7	0.979
13.0	146.4	1.15
14.0	169.7	1.33
15.0	194.9	1.53
16.0	221.7	1.74
17.0	250.3	1.96
18.0	280.6	2.20
19.0	312.6	2.45
20.0	346.4	2.72
21.0	381.9	3.00
22.0	419.2	3.29
24.0	498.8	3.92
[illegible]5.0	541.3	4.25
26.0	585.4	4.60
28.0	679.0	5.33
30.0	779.4	6.12
32.0	886.8	6.96
34.0	1001	7.86
35.0	—	—
36.0	1122	8.81
38.0	1251	9.82

续表

尺寸/mm	六角钢	
	截面面积/mm^2	理论重量/(kg/m)
40.0	1386	10.9
42.0	1528	12.0
45.0	1754	13.8
48.0	1995	15.7
50.0	2165	17.0
52.0	2433	19.1
55.0	2620	20.5
56.0	—	—
60.0	3118	24.5
63.0	—	—
65.0	3654	28.7
67.0	—	—
70.0	4244	33.3
75.0	4871	38.2
80.0	5543	43.5

注：1. 表内尺寸一栏，对圆钢表示直径，对方钢表示边长，对六角钢表示对边距离。

2. 表中理论重量按密度为7.85kg/dm^3 计算，对高合金钢计算理论重量时应采用相应牌号的密度。

1.5 钢板理论重量

1.5.1 热轧钢板理论重量

热轧钢板(GB/T 709—2006)理论重量换算方法见表1-23。

表 1-23

计算顺序	计算方法
基本重量/[kg/(mm·m^2)]	7.85(厚度1mm，面积1m^2 的重量)
单位重量/(kg/m^2)	基本重量[kg/(mm·m^2)]×厚度(mm)
钢板的面积/m^2	宽度(m)×长度(m)
1张钢板的重量/kg	单位重量(kg/m^2)×面积(m^2)
总重量/kg	各张钢板重量之和

1.5.2 连续热镀锌钢板理论重量

连续热镀锌钢板(GB/T 2518—2008)理论重量换算方法见表1-24。

表 1-24

计算顺序		计算方法
基板的基本重量/(kg/(mm·m²))		7.85(厚度 1mm，面积 1m² 的重量)
基板的单位重量/(kg/m²)		基板基本重量[kg/(mm·m²)]×(订货公称厚度－公称镀层厚度[a])(mm)
镀后的单位重量/(kg/m²)		基板单位重量(kg/m²)＋公称镀层重量(kg/m²)
钢板	钢板的面积/m²	宽度(mm)×长度(mm)×10^{-6}
	1 块钢板重量/kg	镀锌后的单位重量(kg/m²)×面积(m²)
	单捆重量/kg	1 块钢板重量(kg)×1 捆中同规格钢板块数
	总重量/kg	各捆重量(kg)相加

a 公称镀层厚度＝[两面镀层公称重量之和(g/m²)/50(g/m²)]×7.1×10^{-3}(mm)

1.5.3　冷轧钢板理论重量

冷轧钢板(GB/T 708—2006)理论重量换算方法见表 1-25。

表 1-25

计计顺序	计算方法	结果的修约
基本重量[kg/(mm·m²)]	7.85(厚度 1mm，面积 1m² 的重量)	—
单位重量(kg/m²)	基本重量[kg/(mm·m²)]×厚度(mm)	修约到有效数字 4 位
钢板的面积/m²	宽度(m)×长度(m)	修约到有效数字 4 位
1 张钢板的重量/kg	单位重量(kg/m²)×面积(m²)	修约到有效数字 3 位
总重量/kg	各张钢板重量之和	kg 的整数值

2 常用数据速查表

速查表，是依据工程计价以分项工程为计价单位这一综合性特点，分析其各工序中材料消耗量，为计价提供依据。

在消耗量定额中，主要材料和大部分辅助材料、零星材料已有消耗量的分析，本表只是对非常需要，但没有消耗量标准的材料做补充，同时，对这类材料计价依据进行了分析，包括定额中未包括的材料价格——计价的消耗量依据一并列出，既实用又精准。

2.1 管道安装支架工程量计算标准及重量表

2.1.1 建筑给水排水、采暖及燃气管道支架最大间距一览表

建筑给水排水、采暖及燃气管道支架最大间距一览表见表 2-1。

表 2-1

分类＼规格	DN(公称直径 mm)			10		15	20	25	32	40	50	70	80	100			125	150			200		250	300	备注
	dn(公称外径 mm)	12	14	16	18	20	25	32	40	50	63	75	90	110	125	140	160	180	200	225	250	280	315	400	
衬塑钢管	冷水					1	1.5	1.8	2	2.2	2.5	3	3.5	3.5		4	4.5	4.5	5						
	热水					1	1.5	1.8	2	2.2	2.5	3	3.5	3.5		4	4.5	4.5	5						
双金属复合管						1	1.5	1.8	2	2.2	2.5	3	3.5	3.5		4	4.5	4.5	5						
铜管	垂直管					1.8	2.4	2.4	3	3	3	3.5	3.5	3.5		3.5	4	4	4						△
	水平管					1.2	1.8	1.8	2.4	2.4	2.4	3	3	3		3	3.5	3.5	3.5						
薄壁不锈钢管	垂直					1.5	2	2	2.5	2.5	3	3	3.5	3.5		3.5	4	4	4						
	水平					1	1.5	1.5	2	2	2.5	2.5	3	3		3	3.5	3.5	3.5						
孔网钢带复合管 PE										3	3.5	4	4.2	4.5		4.8	5	5	5.4		5.7		6	6.5	
塑料管及复合管	垂直	0.5	0.6	0.7	0.8	0.9	1	1.1	1.3	1.6	1.8	2	2.2	2.4											△
	水平 冷水管	0.4	0.4	0.5	0.5	0.6	0.7	0.8	0.9	1	1.1	1.2	1.35	1.55											
	水平 热水管	0.2	0.2	0.25	0.3	0.3	0.35	0.4	0.5	0.6	0.7	0.8													
铝塑复合管 PAP	垂直	0.5	0.6	0.7	0.8	0.9	1	1.1	1.3	1.6	1.8	2													※
	水平	0.4	0.4	0.5	0.5	0.6	0.7	0.8	1	1.2	1.4	1.6													
碳素钢管	保温					2	2.5	2.5	2.5	3	3	4	4	4.5		6	7	7	7			8	8.5		△
	非保温					2.5	3	3.5	4	4.5	5	6	6	6.5		7	8	8	9.5			11	12		
自动喷淋	水平管							3.5	4	4.5	5	6	6	6.5		7	8			9.5		11	12		○
排水 UPVC	垂直										1.2	1.5		2		2	2	2							△
	水平									0.4	0.5	0.75	0.9	1.1		1.25	1.6	1.6							

△ GB 50242—2002《建筑给水排水及采暖工程施工质量验收规范》

※ CECS 105:2000《建筑给水铝塑复合管道工程技术规程》

○ GB 50261—2005《自动喷水灭火系统施工及验收规范》

注:1. 金属排水管道支吊架最大间距:横管不大于 2m,立管不大于 3m。

2. 楼房高度小于或等于 4m,立管可安装 1 个固定件,立管底部的弯管处应设支墩或采取固定措施。

3. 塑料管及复合管适用于聚丙烯、聚丁烯、聚乙烯等所有塑料复合管。

2.1.2 通风空调系统管道支吊架间距速查表

2.1.2.1 通风空调系统制冷管道支吊架间距速查表

通风空调系统制冷管道支吊架间距速查表见表 2-2。

表 2-2

管径（mm）	ϕ38×2.5	ϕ45×2.5	ϕ57×3.5	ϕ76×3.5 ϕ89×3.5	ϕ108×4 ϕ133×4	ϕ159×4.5	ϕ219×6	ϕ377×7
支、吊架最大间距(mm)	1.0	1.5	2.0	2.5	3	4	5	6.5

2.1.2.2 空调沟槽式连接管道的沟槽及支吊架间距速查表

空调沟槽式连接管道的沟槽及支吊架间距速查表见表 2-3。

表 2-3

公称直径(mm)	沟槽深度(mm)	允许偏差(mm)	支、吊架的间距(m)	端面垂直度允许偏差(mm)
65～100	2.20	0～+0.3	3.5	1.0
125～150	2.20	0～+0.3	4.2	1.5
200	2.50	0～+0.3	4.2	
225～250	2.50	0～+0.3	5.0	
300	3.00	0～+0.5	5.0	

注：1. 连接管端面应平整光滑、无毛刺；沟槽过深，应作为废品，不得使用。

2. 支、吊架不得支承在连接头上，水平管的任意两个连接头之间必须有支、吊架。

2.1.2.3 空调水管道支吊架最大间距速查表

空调水管道支吊架最大间距速查表见表 2-4。

表 2-4

公称直径(mm)		15	20	25	32	40	50	70	80	100	125	150	200	250	300
支架的最大间距(m)	L_1	1.5	2.0	2.5	2.5	3.0	3.5	4.0	5.0	5.0	5.5	6.5	7.5	8.5	9.5
	L_2	2.5	3.0	3.5	4.0	4.5	5.0	6.0	6.5	6.5	7.5	7.5	9.0	9.5	10.5
	对大于 300mm 的管道可参考 300mm 管道														

注：1. 适用于工作压力不大于 2.0MPa，不保温或保温材料密度不大于 200kg/m^3 的管道系统。

2. L_1 用于保温管道，L_2 用于不保温管道。

3. 当水平支管的管架采用单管吊架时，应在管道起始点、阀门、三通、弯头及长度每隔 15m 设置承重防晃支、吊架。

4. 竖井内的立管，每隔 2～3 层应设导向支架。

5. 防火阀直径或长边尺寸大于等于 630mm 时，宜设独立支、吊架。

2.1.2.4 风管支吊架最大间距速查表

风管支吊架最大间距速查表见表 2-5。

表 2-5

单位：m

风管直径或边长尺寸 b(m)	水平安装间距	垂直安装间距	薄壁板法兰风管安装间距	螺旋风管安装间距
$b \leqslant 400$	≤4	≤4	≤3	≤5
$b > 400$	≤3	≤4	≤3	≤3.75

2.1.3 通风空调常用支吊架规格一览表

2.1.3.1 通风空调常用支吊架编号一览表

通风空调常用支吊架编号一览表见表 2-6。

表 2-6

风管类型 \ 支吊架类型		支架	斜撑支架	支吊架	墙上支架	竖风道支架	柱上支架	单杆支架	双杆支架	三杆支架	吊架
矩形	保冷(温)	2	4	10			18、22、26		B	H	J
	不保冷(温)	1	3	9		L	17、21、25		A	G	I
圆形	保冷(温)	6	8	12	14	16、L	20、24、28	E	F		
	不保冷(温)	5	7	11	13	15、K	19、23、27	C	D		

2.1.3.2 圆形风管支吊架型钢规格表

圆形风管支吊架型钢规格表见表 2-7。

表 2-7

ϕ	支架 5,19,23,27	支架 6,20,24,28	支架 11	支架 12	支架 13	支架 14	支架 7	支架 8	箍柱钢筋直径
100～200	L25×4	L36×4	L20×4	L30×4	L25×4	L36×4	L20×4	L20×4	ϕ8
220～500	L45×4	L63×4	L36×4	L45×4	L45×4	L63×5	L25×4	L30×4	ϕ8
560～800	L63×4	[5	L45×4	L63×4	L63×4	[5	L36×4	L40×4	ϕ8
900～1000	[5	[6.3	L70×4	[5	[5	[6.3	L45×4	L56×4	ϕ8
1000～1120	[5	[6.3	L70×4	[5	[5	[6.3	L45×4	L56×4	ϕ8
1120～1250	—	—	—	—	—	—	—	—	ϕ12
1250～1400	[6.3	—	[5	[6.3	[6.3	[8	L56×4	L70×5	ϕ12
1400～1800	[6.3	—	[6.3	[8	[8	[8	L50×5	L80×5	ϕ12
2000	—	—	[6.3	[8	[8	[10	L55×5	L80×5	ϕ12

2.1.3.3 矩形风管支吊架型钢规格表

矩形风管支吊架型钢规格表见表 2-8。

表 2-8

A / B	120～200					250～500				630～1000				1250～2000			
	支架 1、17、21、25	支架 2、18、22、26	支架 3	支架 4	支架 1、17、18、21、25 箍柱钢筋规格	支架 1、17、21、25	支架 2、18、22、26	支架 3	支架 4	支架 1、17、21、25	支架 2、18、22、26	支架 3	支架 4	支架 1、17、21、25	支架 3	支架 4	支架 1、17、18、21、25 箍柱钢筋规格
120～200	L30×4	L40×4	L20×4	L25×4	Φ8	L40×4	L56×4	L25×4	L36×4	L63×4	[5	L36×4	L45×4	[8	L63×4	L75×5	Φ12
250～500	L30×4	L45×4	L20×4	L25×4	—	L45×4	L63×4	L25×4	L36×4	L70×4	[5	L36×4	L50×4	[8	L63×5	L75×5	—
630～1000	L50×4	L63×4	L25×4	L30×4	—	L63×4	[8	L36×4	L45×4	[5	[6.3	L40×4	L56×4	[8	L70×5	L75×6	—
1250～2000	L63×45	[5	L36×4	L45×4	Φ12	[5	[6.3	L45×5	L63×5	[6.3		L56×4	L63×4		L75×5	L90×6	Φ12

注：A 为大边长、B 为小边长。

风管支吊架说明

1. 本表只考虑了钢板风道，规格按国标。直径或边长大于 2m 的超宽、超重的特殊风道的支吊架按设计确定。
2. 保冷（温）材料重量以 30mm 厚岩棉，密度 200kg/m 计，支架间距为 3m。
3. 本表所示支吊架间距为 3m，如管道长不足 3m，则应在其两端各设一支吊架。
4. 保冷（温）风管为防冷桥产生，风管与支撑角钢间设一经防腐处理的木块。
5. 15、16 为竖风道支架，只做定向用，不受力。
6. 1-28、C-F 中扁钢均为 30×3。螺栓为 M8。

2.1.3.4 VH 型弹性吊架一览表

VH 型弹性吊架一览表见表 2-9。

表 2-9

序号	型号	额定荷载（kg）	A	B	C	D	E	F	G	H
1	VHA	61	146	130	134	84	ϕ10	M16	126	10
2	VHB	88	146	130	134	84	ϕ10	M16	126	10
3	VHC	133	146	130	134	84	ϕ10	M16	126	10
4	VHD	167	146	130	134	84	ϕ10	M16	126	10
5	VHE	185	146	130	134	84	ϕ10	M16	127	10
6	VHF	435	220	171	150	124	ϕ14	M16	107	10

2.1.3.5 XTG 型弹性吊架一览表

XTG 型弹性吊架一览表见表 2-10。

表 2-10

序号	型号	额定荷载（kg）	ϕ_1	ϕ_2	ϕ_3	ϕ_4	ϕ_5	A	B	C	E	F	δ_1	δ_2	d
1	XTG-1	25	9	17	16	30	28	75	50	32	12.5	16	3	3	M8
2	XTG-2	50	12	21	20	42	40	80	64	45	15	20	4	3	M10
3	XTG-3	100	14	26	25	60	58	100	84	64	18	25	5	4	M12
4	XTG-4	200	16	26	25	90	88	140	120	94	25	35	6	4	M14
5	XTG-5	400	22	37	35	125	122	180	160	130	30	40	8	5	M20
6	XTG-6	600	26	47	45	150	146	200	190	155	32	45	10	5	M24

2.1.4 管道支吊架重量换算表

表 2-11～表 2-27 依据 91SB 图集编制。

2.1.4.1 管道支架重量换算表（膨胀螺栓固定保温单管托架）

管道支架重量换算表（膨胀螺栓固定保温单管托架）见表 2-11。

表 2-11

公称直径					15	20	25	32	40	50	70	80	100	125	150	200	250	300	350	400
类别		材料名称																		
托架做法	保温管道	角钢	规格		L40×4	L40×4	L40×4	L40×4	L40×4	L40×4	L40×4	L40×4	L40×4	L50×5	L63×6	L50×5	L63×6	L63×6	L75×7	L75×7
			重量	单位重量(kg)	0.35	0.35	0.40	0.40	0.42	0.45	0.49	0.54	0.61	1.07	1.78	1.41+1.18	2.54+2.02	2.83+2.23	4.40+3.47	4.80+3.69
				数量(个)	1	1	1	1	1	1	1	1	1	1	1	1	1	1	1	1
		钢板	规格		−660×120	−660×120	−660×120	−660×120	−660×120	−660×120	−660×120	−660×120	−660×120	−670×160	−890×190	−6120×120	−6150×150	−6150×150	−8180×180	−8180×180
			重量	单位重量(kg)	0.34	0.34	0.34	0.34	0.34	0.34	0.34	0.34	0.34	0.53	1.07	0.68	1.06	1.06	2.03	2.03
				数量(个)	1	1	1	1	1	1	1	1	1	1	1	1	1	1	1	1
			规格													−690×120	−6110×150	−6110×150	−8120×180	−8120×180
			重量	单位重量(kg)												0.51	0.78	0.78	1.36	1.36
				数量(个)												1	1	1	1	1

续表

公称直径				15	20	25	32	40	50	70	80	100	125	150	200	250	300	350	400
类别	材料名称																		
保温管道（托架做法）	膨胀螺栓	规格		M10	M10	M10	M10	M10	M10	M10	M10	M10	M12	M16	M10	M12	M12	M16	M16
			数量（个）	2	2	2	2	2	2	2	2	2	2	2	6	6	6	6	6
	螺母	规格		M10	M10	M10	M10	M10	M10	M10	M10	M10	M12	M16	M10	M12	M12	M16	M16
		重量	单位重量（kg/个）	0. 0131	0. 0131	0. 0131	0. 0131	0. 0131	0. 0131	0. 0131	0. 0131	0. 0131	0. 0205	0. 0387	0. 0131	0. 0205	0. 0205	0. 0387	0. 0387
			数量（个）	2	2	2	2	2	2	2	2	2	2	2	6	6	6	6	6
		重量合计（kg）		0. 0262	0. 0262	0. 0262	0. 0262	0. 0262	0. 0262	0. 0262	0. 0262	0. 0262	0. 0410	0. 0774	0. 0786	0. 1230	0. 1230	0. 2322	0. 2322
	垫圈	规格		10. 5	10. 5	10. 5	10. 5	10. 5	10. 5	10. 5	10. 5	10. 5	12. 5	16. 5	10. 5	12. 5	12. 5	16. 5	16. 5
		重量	单位重量（kg/个）	0. 0041	0. 0041	0. 0041	0. 0041	0. 0041	0. 0041	0. 0041	0. 0041	0. 0041	0. 0050	0. 0113	0. 0041	0. 0050	0. 0050	0. 0113	0. 0113
			数量（个）	2	2	2	2	2	2	2	2	2	2	2	6	6	6	6	6
		重量合计（kg）		0. 0082	0. 0082	0. 0082	0. 0082	0. 0082	0. 0082	0. 0082	0. 0082	0. 0082	0. 0100	0. 0226	0. 0246	0. 0300	0. 0300	0. 0678	0. 0678
	重量合计（kg）			0. 7244	0. 7244	0. 7244	0. 7244	0. 7244	0. 8244	0. 8644	0. 9144	0. 9844	1. 6510	2. 9500	3. 8832	5. 7730	7. 0530	11. 560	12. 1800

2.1.4.2 管道支架重量换算表（膨胀螺栓固定不保温单管托架）

管道支架重量换算表（膨胀螺栓固定不保温单管托架）见表 2-12。

表 2-12

公称直径					15	20	25	32	40	50	70	80	100	125	150	200	250	300	350	400
类别		材料名称																		
托架做法	不保温管道	角钢	规格		L40×4	L40×4	L40×4	L40×4	L40×4	L40×4	L40×4	L40×4	L40×4	L50×5	L63×6	L50×5	L63×6	L63×6	L63×6	L75×7
			重量	单位重量（kg）	0.25	0.28	0.30	0.32	0.35	0.37	0.42	0.49	0.54	1.00	1.07	1.30+1.02	2.37+1.78	2.71+2.10	3.05+2.34	4.72+3.58
				数量（个）	1	1	1	1	1	1	1	1	1	1	1	1	1	1	1	1
		钢板	规格		−660×120	−660×120	−660×120	−660×120	−660×120	−660×120	−660×120	−660×120	−660×120	−670×160	−890×190	−6120×120	−6150×150	−6150×150	−6150×150	−8180×180
			重量	单位重量（kg）	0.34	0.34	0.34	0.34	0.34	0.34	0.34	0.34	0.34	0.53	1.07	0.68	1.06	1.06	1.06	2.03
				数量（个）	1	1	1	1	1	1	1	1	1	1	1	1	1	1	1	1
			规格													−690×120	−6110×150	−6110×150	−6110×150	−8120×180
			重量	单位重量（kg）												0.51	0.78	0.78	0.78	1.36
				数量（个）												1	1	1	1	1

续表

公称直径				15	20	25	32	40	50	70	80	100	125	150	200	250	300	350	400
类别	材料名称																		
托架做法 不保温管道	膨胀螺栓	规格		M10	M10	M10	M10	M10	M10	M10	M10	M10	M12	M16	M10	M12	M12	M12	M16
		数量（个）		2	2	2	2	2	2	2	2	2	2	2	6	6	6	6	6
	螺母	规格		M10	M10	M10	M10	M10	M10	M10	M10	M10	M12	M16	M10	M12	M12	M16	M16
		螺母	单位重量（kg/个）	0.0131	0.0131	0.0131	0.0131	0.0131	0.0131	0.0131	0.0131	0.0131	0.0205	0.0387	0.0131	0.0205	0.0205	0.0205	0.0387
			数量（个）	2	2	2	2	2	2	2	2	2	2	2	6	6	6	6	6
		重量合计（kg）		0.0262	0.0262	0.0262	0.0262	0.0262	0.0262	0.0262	0.0262	0.0262	0.041	0.0774	0.0786	0.1230	0.1230	0.1230	0.2322
	垫圈	规格		10.5	10.5	10.5	10.5	10.5	10.5	10.5	10.5	10.5	12.5	16.5	10.5	12.5	12.5	12.5	16.5
		重量	单位重量（kg/个）	0.0041	0.0041	0.0041	0.0041	0.0041	0.0041	0.0041	0.0041	0.0041	0.0050	0.0113	0.0041	0.0050	0.0050	0.0050	0.0113
			数量（个）	2	2	2	2	2	2	2	2	2	2	2	6	6	6	6	6
		重量合计（kg）		0.0082	0.0082	0.0082	0.0082	0.0082	0.0082	0.0082	0.0082	0.0082	0.0100	0.0226	0.0246	0.0300	0.0300	0.0300	0.0678
	重量合计（kg）			0.6244	0.6544	0.6744	0.6944	0.7244	0.7444	0.7944	0.8644	0.9144	1.5810	2.2400	3.6132	6.1430	6.8030	7.3830	11.9900

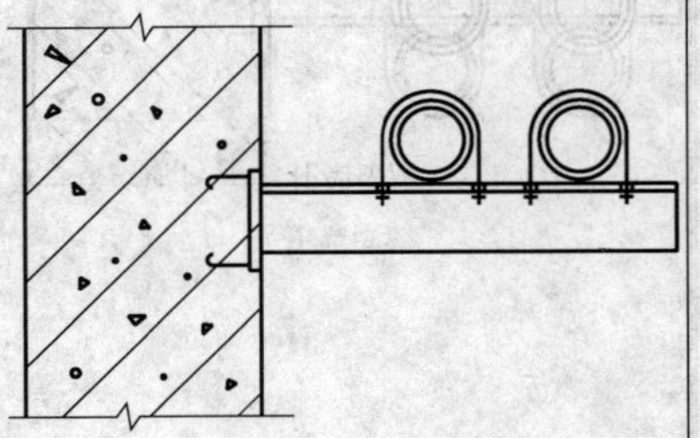

2.1.4.3 管道支架重量换算表（膨胀螺栓固定保温双管托架）

管道支架重量换算表（膨胀螺栓固定保温双管托架）见表 2-13。

表 2-13

类别		材料名称			15	20	25	32	40	50	70	80	100	125	150	200	250	300	350	400
托架做法	保温管道	角钢	规格		L40×4	L40×4	L40×4	L40×4	L40×4	L50×5	L50×5	L50×5	L63×6	L63×6	L90×8	L75×7	L90×8	L100×10	Π14a	Π16a
			重量	单位重量(kg)	0.76	0.76	0.83	0.86	0.91	1.49	1.64	1.75	2.99	3.33	7.01	6.08	9.86	15.27	16.24	20.99
				数量(个)	1	1	1	1	1	1	1	1	1	1	1	1	1	1	1	1
		角槽钢	规格													L75×7	L90×8	L100×10	Π14a	Π16a
			重量	单位重量(kg)												6.85	10.98	16.95	17.99	20.02
				数量(个)												1	1	1	1	1
		钢板	规格		—660×120	—660×120	—660×120	—660×120	—660×120	—670×160	—670×160	—670×160	—890×190	—890×190	—10110×230	—8180×180	—10230×230	—10240×240	—12230×280	—12260×320
			重量	单位重量(kg)	0.34	0.34	0.34	0.34	0.34	0.53	0.53	0.53	1.07	1.07	1.99	2.03	4.15	4.52	6.07	7.84
				数量(个)	1	1	1	1	1	1	1	1	1	1	1	1	1	1	1	1

续表

类别	材料名称			15	20	25	32	40	50	70	80	100	125	150	200	250	300	350	400
保温管道（托架做法）	钢板	规格													—8120×180	—10150×230	—10160×240	—12150×280	—12180×320
		重量	单位重量（kg）												1.36	2.71	3.01	3.96	5.43
			数量（个）												1	1	1	1	1
	膨胀螺栓	规格		M10	M10	M10	M10	M10	M12	M12	M12	M16	M16	M20	M16	M20	M20	M20	M20
		数量（个）		2	2	2	2	2	2	2	2	2	2	2	6	6	6	6	6
	螺母	规格		M10	M10	M10	M10	M10	M12	M12	M12	M16	M16	M20	M16	M20	M20	M20	M20
		重量	单位重量（kg/个）	0.0131	0.0131	0.0131	0.0131	0.0131	0.0205	0.0205	0.0205	0.0387	0.0387	0.078	0.0387	0.078	0.078	0.078	0.078
			数量（个）	2	2	2	2	2	2	2	2	2	2	2	6	6	6	6	6
		重量合计（kg）		0.0262	0.0262	0.0262	0.0262	0.0262	0.041	0.041	0.041	0.0774	0.0774	0.1560	0.2322	0.4680	0.4680	0.4680	0.4680
	垫圈	规格		10.5	10.5	10.5	10.5	10.5	12.5	12.5	12.5	16.5	16.5	21	16.5	21	21	21	21
		重量	单位重量（kg/个）	0.0041	0.0041	0.0041	0.0041	0.0041	0.0050	0.0050	0.0050	0.0113	0.0113	0.0172	0.0113	0.0172	0.0172	0.0172	0.0172
			数量（个）	2	2	2	2	2	2	2	2	2	2	2	6	6	6	6	6
		重量合计（kg）		0.0082	0.0082	0.0082	0.0082	0.0082	0.0100	0.0100	0.0100	0.0226	0.0226	0.0344	0.0678	0.1032	0.1032	0.1032	0.1032
	重量合计（kg）			1.1344	1.1344	1.2044	1.2344	1.2844	2.0710	2.2210	2.3310	4.1600	4.5000	9.1904	16.6200	28.2712	40.3212	44.8312	54.8512

2.1.4.4 管道支架重量换算表（膨胀螺栓固定不保温双管托架）

管道支架重量换算表（膨胀螺栓固定不保温双管托架）见表 2-14。

表 2-14

公称直径				15	20	25	32	40	50	70	80	100	125	150	200	250	300	350	400
类别		材料名称																	
托架做法	不保温管道	角钢	规格	L40×4	L40×4	L40×4	L40×4	L40×4	L50×5	L50×5	L50×5	L63×6	L63×6	L75×7	L63×6	L75×7	L90×8	Π12.6	Π14a
			重量 单位重量(kg)	0.49	0.54	0.59	0.66	0.71	1.22	1.37	1.56	2.64	2.99	4.64	3.97	6.56	10.18	13.02	17.03
			重量 数量(个)	1	1	1	1	1	1	1	1	1	1	1	1	1	1	1	1
		角槽钢	规格												L63×6	L75×7	L90×8	Π12.6	Π14a
			重量 单位重量(kg)												4.36	7.08	11.07	14.21	18.61
			重量 数量(个)												1	1	1	1	1
		钢板	规格	—660×120	—660×120	—660×120	—660×120	—660×120	—670×160	—670×160	—670×160	—890×190	—890×190	—8100×190	—6150×150	—8180×180	—10240×240	—12230×280	—12230×280
			重量 单位重量(kg)	0.34	0.34	0.34	0.34	0.34	0.53	0.53	0.53	1.07	1.07	1.19	1.06	2.03	4.52	6.07	6.07
			重量 数量(个)	1	1	1	1	1	1	1	1	1	1	1	1	1	1	1	1

续表

公称直径				15	20	25	32	40	50	70	80	100	125	150	200	250	300	350	400
类别	材料名称																		
托架做法 不保温管道	钢板	规格													—6110×150	—8120×180	—10160×240	—12150×280	—12150×280
		重量	单位重量(kg)												0.78	1.36	3.01	3.96	3.96
			数量(个)												1	1	1	1	1
	膨胀螺栓	规格		M10	M10	M10	M10	M10	M12	M12	M12	M16	M16	M16	M12	M16	M16	M20	M20
		数量(个)		2	2	2	2	2	2	2	2	2	2	2	6	6	6	6	6
	螺母	规格		M10	M10	M10	M10	M10	M12	M12	M12	M16	M16	M16	M12	M16	M16	M20	M20
		重量	单位重量(kg/个)	0.0131	0.0131	0.0131	0.0131	0.0131	0.0205	0.0205	0.0205	0.0387	0.0387	0.0387	0.0205	0.0387	0.0387	0.078	0.078
			数量(个)	2	2	2	2	2	2	2	2	2	2	2	6	6	6	6	6
		重量合计(kg)		0.0262	0.0262	0.0262	0.0262	0.0262	0.041	0.041	0.041	0.0774	0.0774	0.0774	0.1230	0.2322	0.2322	0.4680	0.4680
	垫圈	规格		10.5	10.5	10.5	10.5	10.5	12.5	12.5	12.5	16.5	16.5	16.5	12.5	16.5	16.5	21	21
		重量	单位重量(kg/个)	0.0041	0.0041	0.0041	0.0041	0.0041	0.0050	0.0050	0.0050	0.0113	0.0113	0.0113	0.0050	0.0113	0.0113	0.0172	0.0172
			数量(个)	2	2	2	2	2	2	2	2	2	2	2	6	6	6	6	6
		重量合计(kg)		0.0082	0.0082	0.0082	0.0082	0.0082	0.0100	0.0100	0.0100	0.0226	0.0226	0.0226	0.0300	0.0678	0.0678	0.1032	0.1032
	重量合计(kg)			0.8644	0.9144	0.9644	1.0344	1.0844	1.8010	1.9510	2.1410	3.8100	4.1600	5.9300	10.3230	17.3300	29.0800	37.8312	46.2412

2.1.4.5 管道支架重量换算表（管卡大样）

管道支架重量换算表（管卡大样）见表 2-15。

表 2-15

公称直径					15	20	25	32	40	50	70	80	100	125	150	200	250	300	350	400
类别		材料名称																		
托架做法	保温管道	圆钢管卡	规格		8	8	8	8	8	8	10	10	10	12	12	12	16	16	16	20
			重量	单位重量(kg)	0.06	0.06	0.07	0.08	0.09	0.10	0.10	0.21	0.25	0.42	0.49	0.61	1.31	1.52	1.75	3.09
				数量(个)	1	1	1	1	1	1	1	1	1	1	1	1	1	1	1	1
		螺母	规格		M8	M8	M8	M8	M8	M8	M10	M10	M10	M12	M12	M12	M16	M16	M16	M20
			重量	单位重量(kg/个)	0.0072	0.0072	0.0072	0.0072	0.0072	0.0072	0.0131	0.0131	0.0131	0.0205	0.0205	0.0205	0.0387	0.0387	0.0387	0.078
				数量(个)	2	2	2	2	2	2	2	2	2	2	2	2	2	2	2	2
			重量合计(kg)		0.0144	0.0144	0.0144	0.0144	0.0144	0.0144	0.0262	0.0262	0.0262	0.0410	0.0410	0.0410	0.774	0.0774	0.0774	0.1560
		垫圈	规格		8.5	8.5	8.5	8.5	8.5	8.5	10.5	10.5	10.5	12.5	12.5	12.5	16.5	16.5	16.5	21
			重量	单位重量(kg/个)	0.0037	0.0037	0.0037	0.0037	0.0037	0.0037	0.0082	0.0082	0.0082	0.0127	0.0127	0.0127	0.0315	0.0315	0.0315	0.0470
				数量(个)	2	2	2	2	2	2	2	2	2	2	2	2	2	2	2	2
			重量合计(kg)		0.0074	0.0074	0.0074	0.0074	0.0074	0.0074	0.0164	0.0164	0.0164	0.0254	0.0254	0.0254	0.630	0.630	0.630	0.0940
		重量合计(kg)			0.0818	0.0818	0.0918	0.1018	0.1118	0.1218	0.2326	0.2526	0.2926	0.4864	0.5564	0.6764	1.4504	1.6604	1.8904	3.3400

2.1.4.6 管道支架重量换算表（预埋件保温单管托架）

管道支架重量换算表（预埋件保温单管托架）见表 2-16。

表 2-16

公称直径				15	20	25	32	40	50	70	80	100	125	150	200	250	300	350	400
类别	材料名称																		
托架做法 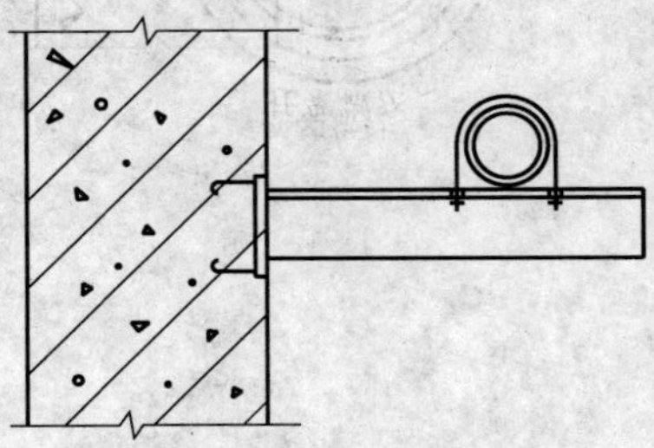 保温管道	支撑角钢	规格		L40×4	L40×4	L40×4	L40×4	L40×4	L40×4	L40×4	L40×4	L40×4	L50×5	L63×6	L50×5	L63×6	L63×6	L75×7	L75×7
		重量	单位重量（kg）	0.36	0.36	0.41	0.41	0.44	0.46	0.51	0.56	0.63	1.09	1.83	1.43	2.57	2.86	4.47	4.87
			数量（个）	1	1	1	1	1	1	1	1	1	1	1	1	1	1	1	1
	斜撑角钢	规格													L50×5	L63×6	L63×6	L75×7	L75×7
		重量	单位重量（kg/个）												1.20	2.05	2.30	3.54	3.76
			数量（个）												1	1	1	1	1
	重量合计（kg）			0.36	0.36	0.41	0.41	0.44	0.46	0.51	0.56	0.63	1.09	1.83	2.63	4.62	5.16	8.01	8.63

2.1.4.7 管道支架重量换算表（预埋件不保温单管托架）

管道支架重量换算表（预埋件不保温单管托架）见表 2-17。

表 2-17

公称直径				15	20	25	32	40	50	70	80	100	125	150	200	250	300	350	400
类别	材料名称																		
托架做法；不保温管道	支撑角钢	规格		L40×4	L40×4	L40×4	L40×4	L40×4	L40×4	L40×4	L40×4	L40×4	L50×5	L63×6	L50×5	L63×6	L63×6	L75×7	L75×7
		重量	单位重量（kg）	0.27	0.29	0.32	0.34	0.36	0.39	0.44	0.51	0.56	1.02	1.09	1.32	2.40	2.75	3.09	4.79
			数量（个）	1	1	1	1	1	1	1	1	1	1	1	1	1	1	1	1
	斜撑角钢	规格													L50×5	L63×6	L63×6	L75×7	L75×7
		重量	单位重量（kg/个）												1.04	1.81	2.13	2.37	3.65
			数量（个）												1	1	1	1	1
	重量合计（kg）			0.27	0.29	0.32	0.34	0.36	0.39	0.44	0.51	0.56	1.02	1.09	2.36	4.21	4.88	5.46	8.44

2.1.4.8　管道支架重量换算表（预埋件保温双管托架）

管道支架重量换算表（预埋件保温双管托架）见表 2-18。

表 2-18

公称直径				15	20	25	32	40	50	70	80	100	125	150	200	250	300	350	400
类别	材料名称																		
保温管道（托架做法）	支撑角钢	规格		L40×4	L40×4	L40×4	L40×4	L40×4	L50×5	L50×5	L50×5	L63×6	L63×6	L90×8	L75×7	L90×8	L100×10	Π14a	Π16a
		重量	单位重量（kg）	0.77	0.77	0.85	0.87	0.92	1.51	1.66	1.77	3.03	3.37	7.12	6.14	9.96	15.42	16.42	21.19
			数量（个）	1	1	1	1	1	1	1	1	1	1	1	1	1	1	1	1
	斜撑角钢	规格													L75×7	L90×8	L100×10	Π14a	Π16a
		重量	单位重量（kg/个）												6.92	11.03	17.10	18.16	23.23
			数量（个）												1	1	1	1	1
	重量合计（kg）			0.77	0.77	0.85	0.87	0.92	1.51	1.66	1.77	3.03	3.37	7.12	13.06	20.96	32.52	34.58	44.42

2.1.4.9 管道支架重量换算表（预埋件不保温双管托架）

管道支架重量换算表（预埋件不保温双管托架）见表 2-19。

表 2-19

公称直径				15	20	25	32	40	50	70	80	100	125	150	200	250	300	350	400
类别		材料名称																	
托架做法	不保温管道	支撑角钢	规格	L40×4	L40×4	L40×4	L40×4	L40×4	L50×5	L50×5	L50×5	L63×6	L63×6	L75×7	L63×6	L75×7	L90×8	Π12.6	Π14a
		支撑角钢 重量	单位重量（kg）	0.51	0.56	0.61	0.68	0.73	1.24	1.39	1.58	2.69	3.03	4.71	4.00	6.62	10.29	13.17	17.29
		支撑角钢 重量	数量（个）	1	1	1	1	1	1	1	1	1	1	1	1	1	1	1	1
		斜撑角钢	规格												L63×6	L75×7	L90×8	Π12.6	Π14a
		斜撑角钢 重量	单位重量（kg/个）												4.40	7.14	11.18	14.35	18.79
		斜撑角钢 重量	数量（个）												1	1	1	1	1
		重量合计（kg）		0.51	0.56	0.61	0.68	0.73	1.24	1.39	1.58	2.69	3.03	4.71	8.40	13.76	21.47	27.52	36.08

2.1.4.10 管道支架重量换算表（预埋件式保温单管托架）

管道支架重量换算表（预埋件式保温单管托架）见表 2-20。

表 2-20

公称直径				15	20	25	32	40	50	70	80	100	125	150	200	250	300	350	400
类别	材料名称																		
保温管道（托架做法）	支撑角钢	规格		L40×4	L40×4	L40×4	L40×4	L40×4	L40×4	L40×4	L40×4	L40×4	L50×5	L63×6	L50×5	L63×6	L63×6	L75×7	L75×7
		重量	单位重量（kg）	0.51	0.51	0.56	0.56	0.58	0.61	0.65	0.70	0.77	1.32	2.23	1.81	3.26	3.55	5.67	6.06
			数量（个）	1	1	1	1	1	1	1	1	1	1	1	1	1	1	1	1
	斜撑角钢	规格													L50×5	L63×6	L63×6	L75×7	L75×7
		重量	单位重量（kg/个）												1.46	2.45	2.69	4.17	4.40
			数量（个）												1	1	1	1	1
	重量合计（kg）			0.51	0.51	0.56	0.56	0.58	0.61	0.65	0.70	0.77	1.32	2.23	3.27	5.71	6.24	9.84	10.46

2.1.4.11 管道支架重量换算表（预埋件式不保温单管托架）

管道支架重量换算表（预埋件式不保温单管托架）见表 2-21。

表 2-21

公称直径				15	20	25	32	40	50	70	80	100	125	150	200	250	300	350	400
类别		材料名称																	
托架做法	不保温管道	支撑角钢	规格	L40×4	L40×4	L40×4	L40×4	L40×4	L40×4	L40×4	L40×4	L40×4	L50×5	L50×5	L50×5	L63×6	L63×6	L63×6	L75×7
		支撑角钢 重量	单位重量（kg）	0.41	0.44	0.46	0.48	0.51	0.53	0.58	0.65	0.70	1.24	1.36	1.70	3.09	3.43	3.95	5.99
		支撑角钢 重量	数量（个）	1	1	1	1	1	1	1	1	1	1	1	1	1	1	1	1
		斜撑角钢	规格												L50×5	L63×6	L63×6	L63×6	L75×7
		斜撑角钢 重量	单位重量（kg/个）												1.30	2.21	2.53	2.84	4.29
		斜撑角钢 重量	数量（个）												1	1	1	1	1
		重量合计（kg）		0.41	0.44	0.46	0.48	0.51	0.53	0.58	0.65	0.70	1.24	1.36	3.00	5.30	5.96	6.79	10.28

2.1.4.12 管道支架重量换算表（预埋件式保温双管托架）

管道支架重量换算表（预埋件式保温双管托架）见表 2-22。

表 2-22

公称直径				15	20	25	32	40	50	70	80	100	125	150	200	250	300
类别		材料名称															
托架做法	保温管道	支撑角钢	规格	L40×4	L40×4	L40×4	L40×4	L40×4	L50×5	L50×5	L50×5	L63×6	L63×6	L90×8	L75×7	L90×8	L100×10
		支撑角钢 重量	单位重量（kg）	0.92	0.92	0.99	1.02	1.06	1.73	1.89	2.00	3.49	3.83	8.43	7.10	11.61	18.14
		支撑角钢 重量	数量（个）	1	1	1	1	1	1	1	1	1	1	1	1	1	1
		斜撑角钢	规格												L75×7	L90×8	L100×10
		斜撑角钢 重量	单位重量（kg/个）												7.72	12.34	19.37
		斜撑角钢 重量	数量（个）												1	1	1
		重量合计（kg）		0.92	0.92	0.99	1.02	1.06	1.73	1.89	2.00	3.49	3.83	8.43	14.82	23.95	37.5

2.1.4.13 管道支架重量换算表（预埋件式不保温双管托架）

管道支架重量换算表（预埋件式不保温双管托架）见表 2-23。

表 2-23

公称直径					15	20	25	32	40	50	70	80	100	125	150	200	250	300
类别		材料名称																
托架做法	不保温管道	支撑角钢	规格		L40×4	L40×4	L40×4	L40×4	L40×4	L50×5	L50×5	L50×5	L63×6	L63×6	L75×7	L63×6	L75×7	L90×8
			重量	单位重量（kg）	0.65	0.70	0.75	0.82	0.87	1.47	1.62	1.81	3.15	3.49	5.51	4.69	7.82	12.26
				数量（个）	1	1	1	1	1	1	1	1	1	1	1	1	1	1
		斜撑角钢	规格													L63×6	L75×7	L90×8
			重量	单位重量（kg/个）												4.97	8.10	12.82
				数量（个）												1	1	1
		重量合计（kg）			0.65	0.70	0.75	0.82	0.87	1.47	1.62	1.81	3.15	3.49	5.51	9.66	15.92	25.08

2.1.4.14　管道支架重量换算表（沿墙安装保温单管托架）

管道支架重量换算表（沿墙安装保温单管托架）见表 2-24。

表 2-24

公称直径			15	20	25	32	40	50	70	80	100	125	150	200	250	300
类别	材料名称															
保温管道（托架做法）	支撑角钢	规格	L40×4	L40×4	L40×4	L40×4	L40×4	L40×4	L40×4	L40×4	L50×5	L50×5	L63×6	L50×5	L63×6	L63×6
		重量 单位重量(kg)	0.90	0.90	0.94	0.94	0.97	0.99	1.04	1.09	1.81	1.92	3.09	2.26	3.83	4.12
		重量 数量(个)	1	1	1	1	1	1	1	1	1	1	1	1	1	1
	固定角钢	规格											L40×4	L40×4	L50×5	L50×5
		重量 单位重量(kg/个)											1.16	1.74	2.70	2.70
		重量 数量(个)											1	1	1	1
	斜撑角钢	规格												L50×5	L63×6	L63×6
		重量 单位重量(kg/个)												1.58	2.63	2.87
		重量 数量(个)												1	1	1
	重量合计(kg)		0.90	0.90	0.94	0.94	0.97	0.99	1.04	1.09	1.81	1.92	4.25	5.58	9.16	9.69

2.1.4.15 管道支架重量换算表（沿墙安装不保温单管托架）

管道支架重量换算表（沿墙安装不保温单管托架）见表 2-25。

表 2-25

公称直径					15	20	25	32	40	50	70	80	100	125	150	200	250	300
类别		材料名称																
托架做法	不保温管道	支撑角钢	规格		L40×4	L40×4	L40×4	L40×4	L40×4	L40×4	L40×4	L40×4	L50×5	L50×5	L50×5	L50×5	L63×6	L63×6
			重量	单位重量（kg）	0.80	0.82	0.85	0.87	0.90	0.92	0.97	1.04	1.70	1.85	1.92	2.15	3.66	4.00
				数量（个）	1	1	1	1	1	1	1	1	1	1	1	1	1	1
		固定角钢	规格												L40×4	L40×4	L50×5	L50×5
			重量	单位重量（kg/个）											1.16	1.74	2.70	2.70
				数量（个）											1	1	1	1
		斜撑角钢	规格													L50×5	L63×6	L63×6
			重量	单位重量（kg/个）												1.42	2.39	2.71
				数量（个）												1	1	1
		重量合计（kg）			0.80	0.82	0.85	0.87	0.90	0.92	0.97	1.04	1.70	1.85	3.08	5.31	8.75	9.41

2.1.4.16　管道支架重量换算表（沿墙安装保温双管托架）

管道支架重量换算表（沿墙安装保温双管托架）见表 2-26。

表 2-26

公称直径				15	20	25	32	40	50	70	80	100	125	150	200	250	300
类别	材料名称																
托架做法 保温管道	支撑角钢	规格		L40×4	L40×4	L40×4	L40×4	L40×4	L50×5	L50×5	L50×5	L63×6	L63×6	L90×8	L75×7	L90×8	L100×10
		重量	单位重量（kg）	1.31	1.31	1.38	1.40	1.45	2.34	2.49	2.60	4.29	4.63	9.53	7.90	12.37	18.75
			数量（个）	1	1	1	1	1	1	1	1	1	1	1	1	1	1
	固定角钢	规格										L40×4	L40×4	L50×5	L50×5	L50×5	L50×5
		重量	单位重量（kg/个）									1.16	1.16	1.80	2.70	4.17	5.55
			数量（个）									1	1	1	1	1	1
	斜撑角钢	规格													L75×7	L90×8	L100×10
		重量	单位重量（kg/个）												7.72	12.12	18.66
			数量（个）												1	1	1
	重量合计（kg）			1.31	1.31	1.38	1.40	1.45	2.34	2.49	2.60	5.45	5.79	11.33	18.32	28.66	42.96

2.1.4.17 管道支架重量换算表（沿墙安装不保温双管托架）

管道支架重量换算表（沿墙安装不保温双管托架）见表 2-27。

表 2-27

公称直径				15	20	25	32	40	50	70	80	100	125	150	200	250	300
类别	材料名称																
托架做法；不保温管道	支撑角钢	规格		L40×4	L40×4	L40×4	L40×4	L40×4	L50×5	L50×5	L50×5	L63×6	L63×6	L75×7	L63×6	L75×7	L90×8
		重量	单位重量（kg）	1.04	1.09	1.14	1.21	1.26	2.07	2.22	2.41	3.95	4.29	6.46	5.26	8.38	12.70
			数量（个）	1	1	1	1	1	1	1	1	1	1	1	1	1	1
	固定角钢	规格										L40×4	L40×4	L40×4	L50×5	L50×5	L50×5
		重量	单位重量（kg/个）									1.16	1.16	1.16	2.70	2.70	2.70
			数量（个）									1	1	1	1	1	1
	斜撑角钢	规格													L63×6	L75×7	L90×8
		重量	单位重量（kg/个）												4.97	7.94	11.18
			数量（个）												1	1	1
	重量合计（kg）			1.04	1.09	1.14	1.21	1.26	2.07	2.22	2.41	5.11	5.45	7.62	12.93	19.04	26.58

注：1. 膨胀螺栓按个数另行计算本表不包括其重量。

2. 本换算表中管卡的重量参照管卡大样重量换算表单独算量。

2.1.5 管道支架重量换算表

表 2-28～表 2-32 依据《室内管道支架及吊架》(03S402) 国标图集编制。

2.1.5.1 管道支架重量换算表（托架做法）

管道支架重量换算表（托架做法）见表 2-28。

表 2-28

类别	材料名称			25	32	40	50	65	80	100	125	150	200	250	300
不保温管道	角钢	规格		L40×4	L40×4	L40×4	L40×4	L50×4	L50×4	L56×4	L63×5	L75×5	L40×4	L40×4	L40×4
		重量	单位重量 (kg/m)	2.422	2.422	2.422	2.422	3.059	3.059	3.446	4.822	5.818	2.422	2.422	2.422
			数量 (m)	0.37	0.37	0.4	0.4	0.43	0.44	0.46	0.49	0.51	0.3	0.3	0.4
	槽钢	规格											[5	[5	[8
		重量	单位重量 (kg/m)										5.438	5.438	8.045
			数量 (m)										1.18	1.28	1.38
	钢板	规格		δ6 δ2	δ6 δ2	δ6 δ2	δ6 δ2	δ6 δ2	δ6 δ2	δ6 δ2	δ6 δ3	δ6 δ3	δ6 δ3	δ6 δ3	δ6 δ3
		重量	单位重量 (kg/m^2)	4.710 1.570	4.710 1.570	4.710 1.570	4.710 1.570	4.710 1.570	4.710 1.570	4.710 1.570	4.710 2.355	4.710 2.355	4.710 2.355	4.710 2.355	4.710 2.355
			数量 (m^2)	0.003 0.006	0.003 0.006	0.003 0.006	0.004 0.0125	0.004 0.0125	0.004 0.0125	0.009 0.021	0.0108 0.021	0.0135 0.03	0.028 0.03	0.06 0.0525	0.06 0.0525
	重量合计 (kg)			0.919	0.919	0.992	1.008	1.354	1.385	1.66	2.463	3.102	4.138	4.614	6.927
	管中距墙距离 (mm)			100	100	120	120	140	140	160	170	180	210	240	270

续表

公称直径				25	32	40	50	65	80	100	125	150	200	250	300
类别	材料名称														
保温管道 托架做法	角钢	规格		L40×4	L40×4	L40×4	L40×5	L50×5	L56×5	L63×5	L40×4	L40×4	L40×4	L40×4	L40×4
		重量	单位重量(kg/m)	2.422	2.422	2.422	2.976	3.770	4.251	4.822	2.422	2.422	2.422	2.422	2.422
			数量(m)	0.44	0.44	0.45	0.48	0.49	0.52	0.52	0.4	0.4	0.8	0.8	1.0
	槽钢	规格									[5	[5	[6.3	[8	[10
		重量	单位重量(kg/m)								5.438	5.438	6.634	8.045	10.007
			数量(m)								1.12	1.18	1.32	1.42	1.52
	钢板	规格		δ4 δ6	δ4 δ6	δ4 δ6	δ4 δ6	δ6	δ6	δ6	δ4 δ5 δ6	δ4 δ5 δ6	δ4 δ5 δ6	δ4 δ6	δ4 δ6
		重量	单位重量(kg/m^2)	31.40 47.10	31.40 47.10	31.40 47.10	31.40 47.10	47.10	47.10	47.10	31.40 39.25 47.10	31.40 39.25 47.10	31.40 39.25 47.10	31.40 47.10	31.40 47.10
			数量(m^2)	0.0292 0.003	0.0292 0.003	0.0312 0.003	0.039 0.004	0.053	0.053	0.058	0.013 0.0875 0.0108	0.013 0.126 0.0135	0.015 0.132 0.028	0.024 0.216	0.024 0.216
	重量合计(kg)			2.124	2.124	2.211	2.841	4.343	4.707	5.239	11.411	13.378	17.666	23.065	27.336
	管中距墙距离(mm)			150	150	150	180	180	200	200	220	240	280	310	340

2.1.5.2 管道支架重量换算表（根部做法）

管道支架重量换算表（根部做法）见表 2-29。

表 2-29

公称直径				15	20	25	32	40	50	65	80	100	125	150
名称			材料名称											
根部做法	膨胀螺栓		规格	M6×55	M6×55	M6×55	M6×55	M6×55	M10×85	M10×85	M10×85	M10×85	M12×125	M12×125
			数量（个）	1	1	1	1	1	1	1	1	1	1	1
	钢槽		规格	[8	[8	[8	[8	[8	[10	[10	[12	[12	[16	[16
		重量	单位重量（kg/m）	8.045	8.045	8.045	8.045	8.045	10.007	10.007	10.007	10.007	12.318	12.318
			数量（m）	0.08	0.08	0.08	0.08	0.08	0.1	0.1	0.1	0.1	0.12	0.12
	吊杆		规格	8	8	8	8	8	10	10	12	12	16	16
		重量	单位重量（kg/m）	0.395	0.395	0.395	0.395	0.395	0.617	0.617	0.888	0.888	1.58	1.58
			数量（m）	0.35	0.35	0.35	0.35	0.35	0.35	0.35	0.35	0.35	0.35	0.35
	螺母		规格	M8	M8	M8	M8	M8	M10	M10	M12	M12	M16	M16
		重量	单位重量（kg/个）	0.0072	0.0072	0.0072	0.0072	0.0072	0.0131	0.0131	0.0205	0.0205	0.0387	0.0387
			数量（个）	1	1	1	1	1	1	1	1	1	1	1
	垫片		规格	M8	M8	M8	M8	M8	M10	M10	M12	M12	M16	M16
		重量	单位重量（kg/个）	0.0020	0.0020	0.0020	0.0020	0.0020	0.0041	0.0041	0.0050	0.0050	0.0113	0.0113
			数量（个）	1	1	1	1	1	1	1	1	1	1	1
	重量合计（kg）			0.7472	0.7472	0.7472	0.7472	0.7472	1.2339	1.2339	1.3372	1.3372	2.081	2.081

2.1.5.3 管道支架重量换算表（吊杆做法）

管道支架重量换算表（吊杆做法）见表2-30。

表 2-30

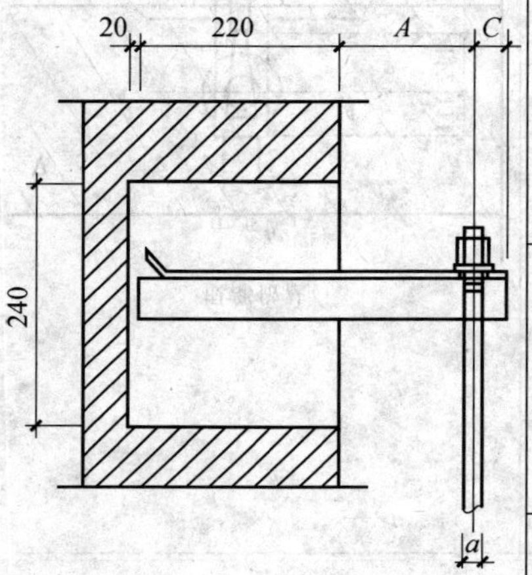

公称直径			15	20	25	32	40	50	65	80	100
类别	材料名称										
支撑角钢	规格		L50×5	L50×5	L50×5	L50×5	L50×5	L50×5	L63×6	L63×6	L63×6
	重量	单位重量（kg/m）	3.77	3.77	3.77	3.77	3.77	3.77	5.721	5.721	5.721
		数量（m）	0.31	0.32	0.32	0.33	0.34	0.34	0.35	0.37	0.38
吊杆	规格		M8	M8	M8	M8	M8	M10	M10	M12	M12
	重量	单位重量（kg/m）	0.395	0.395	0.395	0.395	0.395	0.617	0.617	0.888	0.888
		数量（m）	0.35	0.35	0.35	0.35	0.35	0.35	0.35	0.35	0.35
螺母	规格		M8	M8	M8	M8	M8	M10	M10	M12	M12
	重量	单位重量（kg/个）	0.0072	0.0072	0.0072	0.0072	0.0072	0.0131	0.0131	0.02052	0.02052
		数量（个）	1	1	1	1	1	1	1	1	1
垫片	规格		M8	M8	M8	M8	M8	M10	M10	M12	M12
	重量	单位重量（kg/个）	0.0008	0.0008	0.0008	0.0008	0.0008	0.0016	0.0016	0.0034	0.0034
		数量（个）	1	1	1	1	1	1	1	1	1
重量合计（kg）			1.315	1.3527	1.3527	1.3904	1.4281	1.5125	2.2331	2.4515	2.5087

2.1.5.4 管道支架重量换算表（吊卡做法）

管道支架重量换算表（吊卡做法）见表 2-31。

表 2-31

公称直径				15	20	25	32	40	50	65	80	100	125	150	200	250	300
类别	材料名称																
吊卡做法	六角头螺栓	规格		M8×40	M8×40	M8×40	M10×45	M10×45	M10×45	M12×50	M12×50	M12×50	M16×60	M16×60	M16×60	M20×70	M20×70
		重量	单位重量（kg/个）	0.0214	0.0214	0.0214	0.0381	0.0381	0.0381	0.0582	0.0582	0.0582	0.1221	0.1221	0.1221	0.230	0.230
			数量（个）	1	1	1	1	1	1	1	1	1	1	1	1	1	1
	扁钢管卡	规格		−25×4	−25×4	−25×4	−30×4	−30×4	−30×4	−40×4	−40×4	−40×4	−50×6	−50×6	−50×6	−60×8	−60×8
		重量	单位重量（kg/m）	0.78	0.78	0.78	0.94	0.94	0.94	1.26	1.26	1.26	2.36	2.36	2.36	3.77	3.77
			数量（m）	0.161	0.177	0.199	0.248	0.266	0.303	0.374	0.415	0.495	0.625	0.702	0.870	1.087	1.247
	螺母	规格		M8	M8	M8	M10	M10	M10	M12	M12	M12	M16	M16	M16	M20	M20
		重量	单位重量（kg/个）	0.0072	0.0072	0.0072	0.0131	0.0131	0.0131	0.0205	0.0205	0.0205	0.0387	0.0387	0.0387	0.078	0.078
			数量（个）	1	1	1	1	1	1	1	1	1	1	1	1	1	1
	垫片	规格		M8	M8	M8	M10	M10	M10	M12	M12	M12	M16	M16	M16	M20	M20
		重量	单位重量（kg/个）	0.0020	0.0020	0.0020	0.0041	0.0041	0.0041	0.0050	0.0050	0.0050	0.0113	0.0113	0.0113	0.0172	0.0172
			数量（个）	2	2	2	2	2	2	2	2	2	2	2	2	2	2
	重量合计（kg）			0.1582	0.1707	0.1878	0.2925	0.3094	0.3442	0.5599	0.6116	0.7124	1.6584	1.8401	2.2366	4.4408	5.044

2.1.5.5 管道支架重量换算表（固定U型卡做法）

管道支架重量换算表（固定U型卡做法）见表2-32。

表 2-32

公称直径				15	20	25	32	40	50	65	80	100	125	150	200	250	300
类别			材料名称														
固定U型卡做法 管卡 垫圈 螺母 支梁 R h H	圆钢管卡		规格	M8	M8	M8	M10	M10	M10	M12	M12	M12	M16	M16	M16	M20	M20
		重量	单位重量（kg/m）	0.395	0.395	0.395	0.617	0.617	0.617	0.888	0.888	0.888	1.58	1.58	1.58	2.47	2.47
			数量（m）	0.161	0.177	0.199	0.248	0.266	0.303	0.374	0.415	0.495	0.625	0.702	0.870	1.087	1.247
				0.0636	0.0699	0.0786	0.1530	0.1641	0.1870	0.3321	0.3685	0.4396	0.9875	1.1092	1.3746	2.6849	3.0801
	螺母		规格	M8	M8	M8	M10	M10	M10	M12	M12	M12	M16	M16	M16	M20	M20
		重量	单位重量（kg/个）	0.0072	0.0072	0.0072	0.0131	0.0131	0.0131	0.0205	0.0205	0.0205	0.0387	0.0387	0.0387	0.078	0.078
			数量（个）	2	2	2	2	2	2	2	2	2	2	2	2	2	2
				0.0144	0.0144	0.0144	0.0262	0.0262	0.0262	0.0410	0.0410	0.0410	0.0774	0.0774	0.0774	0.156	0.156
	大垫圈		规格	M8	M8	M8	M10	M10	M10	M12	M12	M12	M16	M16	M16	M20	M20
		重量	单位重量（kg/个）	0.0037	0.0037	0.0037	0.0082	0.0082	0.0082	0.0127	0.0127	0.0127	0.0315	0.0315	0.0315	0.0470	0.0470
			数量（个）	2	2	2	2	2	2	2	2	2	2	2	2	2	2
				0.0074	0.0074	0.0074	0.0164	0.0164	0.0164	0.0254	0.0254	0.0254	0.0630	0.0630	0.0630	0.0940	0.0940
	重量合计（kg）			0.0854	0.0917	0.1004	0.1956	0.2067	0.2296	0.3985	0.4349	0.5060	1.1279	1.2496	1.5150	2.9349	3.3301

注：膨胀螺栓按个数另行计算本表格不包括其重量。

2.1.6 空调通风管道支吊架重量换算表

2.1.6.1 空调通风管道支架重量换算表（托架）

表 2-33～表 2-34 依据《建筑设备施工安装通用图集——通风与空调工程》(91SB6-1)编制。

空调通风管道支架重量换算表（托架）见表 2-33。

表 2-33 空调通风管道支架重量换算表（托架）

管道尺寸			A 取值范围 B 取值范围	120～200 120～200	120～200 250～500	120～200 630～1000	120～200 1250～2000	250～500 120～200	250～500 250～500	250～500 630～1000	250～500 1250～2000
托架做法 200 150 A 150 B 水平支撑	水平支撑		规 格	L30×3	L30×3	L45×4	L63×4	L40×4	L45×4	L63×4	[5
		重量	单位重量(kg/m)					2.422			5.438
			数量(mm)	500+A	500+A	500+A	500+A	500+A	500+A	500+A	500+A
	扁钢		规 格	30×3	30×3	30×3	30×3	30×3	30×3	30×3	30×3
		重量	单位重量								
			数量(mm)	100+A+2B	100+A+2B	100+A+2B	100+A+2B	100+A+2B	100+A+2B	100+A+2B	100+A+2B
	螺母		规 格	M8	M8	M8	M8	M8	M8	M8	M8
		重量	单位重量(kg/个)	0.0072	0.0072	0.0072	0.0072	0.0072	0.0072	0.0072	0.0072
			数量(个)	2	2	2	2	2	2	2	2
		重量合计(kg)		0.0144	0.0144	0.0144	0.0144	0.0144	0.0144	0.0144	0.0144
	垫圈		规 格	8.5	8.5	8.5	8.5	8.5	8.5	8.5	8.5
		重量	单位重量(kg/个)	0.0037	0.0037	0.0037	0.0037	0.0037	0.0037	0.0037	0.0037
			数量(个)	2	2	2	2	2	2	2	2
		重量合计(kg)		0.0074	0.0074	0.0074	0.0074	0.0074	0.0074	0.0074	0.0074

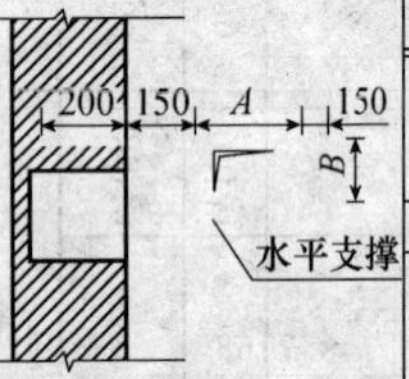

			A 取值范围 B 取值范围	630～1000 120～200	630～1000 250～500	630～1000 630～1000	630～1000 1250～2000	1250～2000 120～200	1250～2000 250～500	1250～2000 630～1000
	材料名称									
	水平支撑		规 格	L63×4	L70×4	[5	[6.3	[8	[8	[8
		重量	单位重量(kg/m)			5.438	6.634	8.045	8.045	8.045
			数量(mm)	500+A	500+A	500+A	500+A	500+A	500+A	500+A
	扁钢		规 格	30×3	30×3	30×3	30×3	30×3	30×3	30×3
		重量	单位重量							
			数量(mm)	100+A+2B	100+A+2B	100+A+2B	100+A+2B	100+A+2B	100+A+2B	100+A+2B
	螺母		规 格	M8	M8	M8	M8	M8	M8	M8
		重量	单位重量(kg/个)	0.0072	0.0072	0.0072	0.0072	0.0072	0.0072	0.0072
			数量(个)	2	2	2	2	2	2	2
		重量合计(kg)		0.0144	0.0144	0.0144	0.0144	0.0144	0.0144	0.0144
	垫圈		规 格	8.5	8.5	8.5	8.5	8.5	8.5	8.5
		重量	单位重量(kg/个)	0.0037	0.0037	0.0037	0.0037	0.0037	0.0037	0.0037
			数量(个)	2	2	2	2	2	2	2
		重量合计(kg)		0.0074	0.0074	0.0074	0.0074	0.0074	0.0074	0.0074

2.1.6.2 空调通风管道支架重量换算表(吊架)

表 2-34 空调通风管道支架重量换算表(吊架)

B 取值范围：120～200

管道尺寸	*A* 取值		120	160	200	250	320	400	500
类别	材料名称								
水平支撑	规格		L20×4	L20×4	L20×4	L30×4	L30×4	L30×4	L30×4
	重量	单位重量(kg)	1.145	1.145	1.145	1.786	1.786	1.786	1.786
		数量(m)	0.49	0.53	0.57	0.62	0.69	0.77	0.87
	重量合计(kg)		0.5611	0.6069	0.6527	1.1073	1.2323	1.3752	1.5538
吊杆	规格		Φ10	Φ10	Φ10	Φ10	Φ10	Φ10	Φ10
	重量	单位重量(kg/m)	0.617	0.617	0.617	0.617	0.617	0.617	0.617
		数量(m)	1.0	1.0	1.0	1.0	1.0	1.0	1.0
螺母	规格		M10	M10	M10	M10	M10	M10	M10
	重量	单位重量(kg/个)	0.0131	0.0131	0.0131	0.0131	0.0131	0.0131	0.0131
		数量(个)	4	4	4	4	4	4	4
	重量合计(kg)		0.0524	0.0524	0.0524	0.0524	0.0524	0.0524	0.0524
垫圈	规格		10.5	10.5	10.5	10.5	10.5	10.5	10.5
	重量	单位重量(kg/个)	0.0082	0.0082	0.0082	0.0082	0.0082	0.0082	0.0082
		数量(个)	4	4	4	4	4	4	4
	重量合计(kg)		0.0328	0.0328	0.0328	0.0328	0.0328	0.0328	0.0328
重量合计 (kg)			1.2633	1.3091	1.3549	1.8095	1.9345	2.0774	2.2560

吊架做法

A 取值			630	800	1000	1250	1600	2000
材料名称								
水平支撑	规格		L50×4	L50×4	L50×4	[5	[5	[5
	重量	单位重量(kg)	3.059	3.059	3.059	5.44	5.44	5.44
		数量(m)	1.00	1.17	1.37	1.62	1.97	2.37
	重量合计(kg)		3.059	3.5790	4.1908	8.8128	10.7168	12.8928
吊杆	规格		Φ10	Φ10	Φ10	Φ10	Φ10	Φ10
	重量	单位重量(kg/m)	0.617	0.617	0.617	0.617	0.617	0.617
		数量(m)	1.0	1.0	1.0	1.0	1.0	1.0
螺母	规格		M10	M10	M10	M10	M10	M10
	重量	单位重量(kg/个)	0.0131	0.0131	0.0131	0.0131	0.0131	0.0131
		数量(个)	4	4	4	4	4	4
	重量合计(kg)		0.0524	0.0524	0.0524	0.0524	0.0524	0.0524
垫圈	规格		10.5	10.5	10.5	10.5	10.5	10.5
	重量	单位重量(kg/个)	0.0082	0.0082	0.0082	0.0082	0.0082	0.0082
		数量(个)	4	4	4	4	4	4
	重量合计(kg)		0.0328	0.0328	0.0328	0.0328	0.0328	0.0328
重量合计 (kg)			3.7612	4.2812	4.8930	9.5150	11.4150	13.5950

* 吊杆的长度按 0.5m 计算，如有变化根据单位重量另行计算。

B 取值范围：250～500　　续表

管道尺寸	*A* 取值		120	160	200	250	320	400	500
类　别	材料名称								
吊架做法	水平支撑	规　格	L25×4	L25×4	L25×4	L36×4	L36×4	L36×4	L36×4
	水平支撑 重量	单位重量(kg)	1.459	1.459	1.459	2.163	2.163	2.163	2.163
	水平支撑 重量	数量(mm)	0.49	0.53	0.57	0.62	0.69	0.77	0.87
	水平支撑	重量合计(kg)	0.7149	0.7733	0.8316	1.3411	1.4925	1.6655	1.8818
	吊杆	规　格	Φ10	Φ10	Φ10	Φ10	Φ10	Φ10	Φ10
	吊杆 重量	单位重量(kg/m)	0.617	0.617	0.617	0.617	0.617	0.617	0.617
	吊杆 重量	数量(m)	1.0	1.0	1.0	1.0	1.0	1.0	1.0
	螺母	规　格	M10	M10	M10	M10	M10	M10	M10
	螺母 重量	单位重量(kg/个)	0.0131	0.0131	0.0131	0.0131	0.0131	0.0131	0.0131
	螺母 重量	数量(个)	4	4	4	4	4	4	4
	螺母	重量合计(kg)	0.0524	0.0524	0.0524	0.0524	0.0524	0.0524	0.0524
	垫圈	规　格	10.5	10.5	10.5	10.5	10.5	10.5	10.5
	垫圈 重量	单位重量(kg/个)	0.0082	0.0082	0.0082	0.0082	0.0082	0.0082	0.0082
	垫圈 重量	数量(个)	4	4	4	4	4	4	4
	垫圈	重量合计(kg)	0.0328	0.0328	0.0328	0.0328	0.0328	0.0328	0.0328
	重量合计(kg)		1.4171	1.4755	1.5338	2.0433	2.1947	2.3677	2.5840

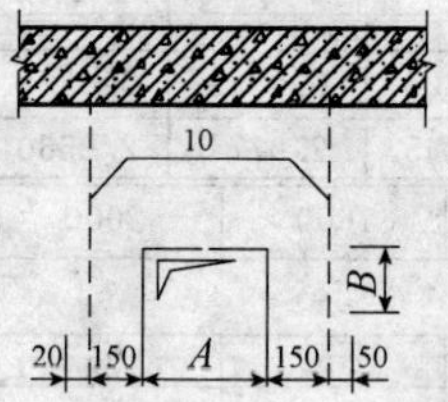

管道尺寸	*A* 取值		630	800	1000	1250	1600	2000
类　别	材料名称							
吊架做法	水平支撑	规　格	L56×4	L56×4	L56×4	[5	[5	[5
	水平支撑 重量	单位重量(kg)	3.446	3.446	3.446	5.44	5.44	5.44
	水平支撑 重量	数量(mm)	1.00	1.17	1.37	1.62	1.97	2.37
	水平支撑	重量合计(kg)	3.446	4.0318	4.7210	8.8128	10.7168	12.8928
	吊杆	规　格	Φ10	Φ10	Φ10	Φ10	Φ10	Φ10
	吊杆 重量	单位重量(kg/m)	0.617	0.617	0.617	0.617	0.617	0.617
	吊杆 重量	数量(m)	1.0	1.0	1.0	1.0	1.0	1.0
	螺母	规　格	M10	M10	M10	M10	M10	M10
	螺母 重量	单位重量(kg/个)	0.0131	0.0131	0.0131	0.0131	0.0131	0.0131
	螺母 重量	数量(个)	4	4	4	4	4	4
	螺母	重量合计(kg)	0.0524	0.0524	0.0524	0.0524	0.0524	0.0524
	垫圈	规　格	10.5	10.5	10.5	10.5	10.5	10.5
	垫圈 重量	单位重量(kg/个)	0.0082	0.0082	0.0082	0.0082	0.0082	0.0082
	垫圈 重量	数量(个)	4	4	4	4	4	4
	垫圈	重量合计(kg)	0.0328	0.0328	0.0328	0.0328	0.0328	0.0328
	重量合计（kg）		4.1482	4.7340	5.4232	9.5150	11.4190	13.5950

* 吊杆的长度按 0.5m 计算，如有变化根据单位重量另行计算。

B 取值范围：630～1000　　续表

管道尺寸	*A* 取值			120	160	200	250	320	400	500
类　别	材料名称									
	水平支撑	规　格		L36×4	L36×4	L36×4	L45×4	L45×4	L45×4	L45×4
	水平支撑	重量	单位重量（kg）	2.163	2.163	2.163	2.736	2.736	2.736	2.736
	水平支撑	重量	数量（mm）	0.49	0.53	0.57	0.62	0.69	0.77	0.87
	水平支撑	重量合计(kg)		1.0599	1.1464	1.2329	1.6963	1.8878	2.1067	2.3803
	吊杆	规　格		Φ10	Φ10	Φ10	Φ10	Φ10	Φ10	Φ10
	吊杆	重量	单位重量（kg/m）	0.617	0.617	0.617	0.617	0.617	0.617	0.617
	吊杆	重量	数量（m）	1.0	1.0	1.0	1.0	1.0	1.0	1.0
	螺母	规　格		M10	M10	M10	M10	M10	M10	M10
	螺母	重量	单位重量（kg/个）	0.0131	0.0131	0.0131	0.0131	0.0131	0.0131	0.0131
	螺母	重量	数量（个）	4	4	4	4	4	4	4
	螺母	重量合计(kg)		0.0524	0.0524	0.0524	0.0524	0.0524	0.0524	0.0524
	垫圈	规　格		10.5	10.5	10.5	10.5	10.5	10.5	10.5
	垫圈	重量	单位重量（kg/个）	0.0082	0.0082	0.0082	0.0082	0.0082	0.0082	0.0082
	垫圈	重量	数量（个）	4	4	4	4	4	4	4
吊架做法	垫圈	重量合计(kg)		0.0328	0.0328	0.0328	0.0328	0.0328	0.0328	0.0328
	重量合计(kg)			1.7621	1.8486	1.9351	2.3985	2.5900	2.8089	3.0825

管道尺寸	*A* 取值			630	800	1000	1250	1600	2000
	材料名称								
	水平支撑	规　格		L63×4	L63×4	L63×4	[6.3	[6.3	[6.3
	水平支撑	重量	单位重量（kg）	3.907	3.907	3.907	6.63	6.63	6.63
	水平支撑	重量	数量（mm）	1.00	1.17	1.37	1.62	1.97	2.37
	水平支撑	重量合计(kg)		3.9070	4.5712	5.3526	10.7406	13.0611	15.7131
	吊杆	规　格		Φ10	Φ10	Φ10	Φ10	Φ10	Φ10
	吊杆	重量	单位重量（kg/m）	0.617	0.617	0.617	0.617	0.617	0.617
	吊杆	重量	数量（m）	1.0	1.0	1.0	1.0	1.0	1.0
	螺母	规　格		M10	M10	M10	M10	M10	M10
	螺母	重量	单位重量（kg/个）	0.0131	0.0131	0.0131	0.0131	0.0131	0.0131
	螺母	重量	数量（个）	4	4	4	4	4	4
	螺母	重量合计(kg)		0.0524	0.0524	0.0524	0.0524	0.0524	0.0524
	垫圈	规　格		10.5	10.5	10.5	10.5	10.5	10.5
	垫圈	重量	单位重量（kg/个）	0.0082	0.0082	0.0082	0.0082	0.0082	0.0082
	垫圈	重量	数量（个）	4	4	4	4	4	4
	垫圈	重量合计(kg)		0.0328	0.0328	0.0328	0.0328	0.0328	0.0328
	重量合计（kg）			4.6092	5.2734	6.0548	11.4428	13.7633	16.4153

* 吊杆的长度按 0.5m 计算，如有变化根据单位重量另行计算。

B 取值范围：1250～2000 续表

管道尺寸	A 取值			120	160	200	250	320	400	500
类　别	材料名称									
	水平支撑	规　格		L50×4	L50×4	L50×4	L63×5	L63×5	L63×5	L63×5
	水平支撑	重量	单位重量(kg)	3.059	3.059	3.059	4.822	4.822	4.822	4.822
	水平支撑	重量	数量(mm)	0.49	0.53	0.57	0.62	0.69	0.77	0.87
	水平支撑	重量合计(kg)		1.4989	1.6213	1.7436	2.9896	3.3272	3.7129	4.1951
	吊杆	规　格		Φ10	Φ10	Φ10	Φ10	Φ10	Φ10	Φ10
	吊杆	重量	单位重量(kg/m)	0.617	0.617	0.617	0.617	0.617	0.617	0.617
	吊杆	重量	数量(m)	1.0	1.0	1.0	1.0	1.0	1.0	1.0
	螺母	规　格		M10	M10	M10	M10	M10	M10	M10
	螺母	重量	单位重量(kg/个)	0.0131	0.0131	0.0131	0.0131	0.0131	0.0131	0.0131
	螺母	重量	数量(个)	4	4	4	4	4	4	4
	螺母	重量合计(kg)		0.0524	0.0524	0.0524	0.0524	0.0524	0.0524	0.0524
	垫圈	规　格		10.5	10.5	10.5	10.5	10.5	10.5	10.5
	垫圈	重量	单位重量(kg/个)	0.0082	0.0082	0.0082	0.0082	0.0082	0.0082	0.0082
	垫圈	重量	数量(个)	4	4	4	4	4	4	4
吊架做法	垫圈	重量合计(kg)		0.0328	0.0328	0.0328	0.0328	0.0328	0.0328	0.0328
	重量合计(kg)			2.2011	2.3235	2.4458	3.6918	4.0294	4.4151	4.8973

管道尺寸	A 取值			630	800	1000	1250	1600	2000
类　别	材料名称								
吊架做法	水平支撑	规　格		[5	[5	[5	[6.3	[6.3	[6.3
	水平支撑	重量	单位重量(kg)	5.44	5.44	5.44	6.63	6.63	6.63
	水平支撑	重量	数量(mm)	1.00	1.17	1.37	1.62	1.97	2.37
	水平支撑	重量合计(kg)		5.44	6.3648	7.4528	10.7406	13.0611	15.7131
	吊杆	规　格		Φ10	Φ10	Φ10	Φ10	Φ10	Φ10
	吊杆	重量	单位重量(kg/m)	0.617	0.617	0.617	0.617	0.617	0.617
	吊杆	重量	数量(m)	1.0	1.0	1.0	1.0	1.0	1.0
	螺母	规　格		M10	M10	M10	M10	M10	M10
	螺母	重量	单位重量(kg/个)	0.0131	0.0131	0.0131	0.0131	0.0131	0.0131
	螺母	重量	数量(个)	4	4	4	4	4	4
	螺母	重量合计(kg)		0.0524	0.0524	0.0524	0.0524	0.0524	0.0524
	垫圈	规　格		10.5	10.5	10.5	10.5	10.5	10.5
	垫圈	重量	单位重量(kg/个)	0.0082	0.0082	0.0082	0.0082	0.0082	0.0082
	垫圈	重量	数量(个)	4	4	4	4	4	4
	垫圈	重量合计(kg)		0.0328	0.0328	0.0328	0.0328	0.0328	0.0328
	重量合计（kg）			6.1422	7.0670	8.1550	11.4428	13.7633	16.4153

* 吊杆的长度按 0.5m 计算，如有变化根据单位重量另行计算。

2.2 阀门及法兰分析表

2.2.1 常用阀门型号表示及内容分析表

阀门产品的型号由 7 个单元组成，各单元表示的意义为：

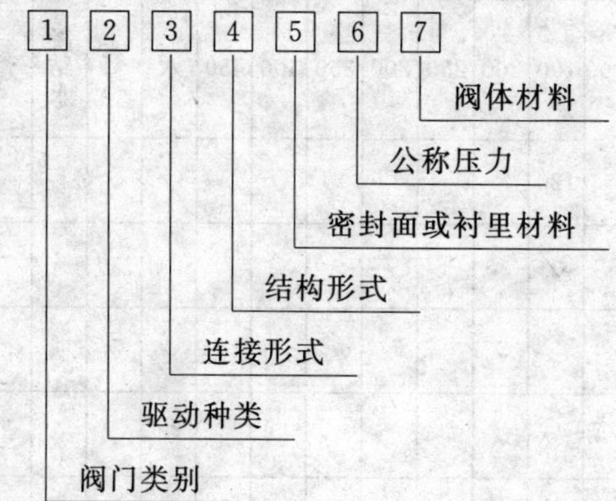

常用阀门型号分析表见表 2-35。

表 2-35

阀门产品的型号由 7 个单元组成，各单元表示的意义如下							
1. 类别	2. 驱动种类	3. 连接形式	4. 结构形式		5. 密封面或衬里材料	6. 公称压力	7. 阀体材料
Z—闸阀 J—截止阀 L—节流阀 Q—球阀 H—止回阀 A—安全阀 Y—减压阀 X—旋塞阀 D—蝶阀 G—隔膜阀 S—疏水器	3—蜗轮 4—正齿轮 5—伞齿轮 6—气动 7—液动 8—电磁 9—电动 注：对于手轮、手柄、扳手驱动式自动的阀门则省略本单元。	1—内螺纹 2—外螺纹 4—法兰 6—焊接 7—对夹 8—卡箍 9—卡套	截止阀、节流阀 1—直通式 4—直角式 5—直流式 8—波纹管式 6—平衡直通式 7—平衡角式	闸阀 0—楔式明杆弹性闸板 1—楔式明杆单闸板 2—楔式明杆双闸板 5—楔式暗杆单闸板 6—楔式暗杆双闸板 3—平行式明杆单闸板 4—平行式明杆双闸板	T—铜合金 H—不锈钢 B—巴氏合金 D—渗氮钢 Y—硬质合金 P—渗硼钢 X—橡胶 N—尼龙塑料 F—氟塑料 C—搪瓷 J—衬胶 Q—衬铅	直接用数字表明阀门的工作压力，用一位、二位或三位数字表示。	Z—灰铸铁 K—可锻铸铁 G—高硅铸铁 Q—球墨铸铁 C—铸钢 T—铜与铜合金 I—铬钼合金钢 P—铬镍不锈钢 R—铬镍钼耐酸钢 V—铬镍钒合金钢 注：公称压力 $P_g \leqslant$ 1.6MPa 的灰铸铁阀体和 $P_g \leqslant 2.5$MPa 的碳素钢阀体则省略本单元。
			止回阀 1—升降直通式 2—升降立式 4—旋启式单瓣 5—旋启式多瓣 6—旋启式双瓣	球阀 1—浮球直通式 4—浮球三通式 L 5—浮球三通式 T 7—固定球直通式 L 8—固定球三通式 L			
			旋塞 3—填料直通式 4—填料三通式 5—填料四通式 7—油密封直通式 8—油密封三通式				

2.2.2 常用阀门适用范围一览表

常用阀门适用范围一览表见表 2-36。

表 2-36

阀门名称	型号	使用温度								适用介质								直径范围
		<100	100	200	250	300	350	400	450	水	蒸气	凝结水	氨气	氢气	煤气	油	空气	公称直径
内螺纹暗杆楔式闸阀	Z15T-10		120							✓	✓							15～70
	Z15W-10		✓												✓	✓		15～70
明杆楔式单闸板闸阀	Z41T-10			✓						✓	✓							50～450
	Z41W-10			✓						✓	✓							50～450
	Z41H-16C							✓		✓	✓					✓		200～400
	Z41H-25							✓			✓					✓		70～400
	Z41H-25Q						✓			✓	✓					✓		50～200
暗杆楔式单闸板闸阀	Z45T-10			✓						✓	✓							50～700
	Z45W-10		✓												✓	✓		50～400
明杆平行式双闸板闸阀	Z44T-10			✓						✓	✓							40～400
	Z44W-10		✓												✓	✓		50～400
内螺纹截止阀	J11X-10	✓								✓								15～70
	J11W-10	✓								✓								15～70
	J11T-16			✓						✓	✓							15～70
	J11W-16		✓							✓					✓	✓		15～70
法兰截止阀	J41X-10	✓								✓								25～70
	J41T-16			✓						✓	✓					✓		15～150
	J41W-16		✓							✓					✓	✓		15～150
	J41T-25					✓				✓	✓							25～80
	J41H-25					✓				✓	✓							25～80

续表

阀门名称	型号	使用温度								适用介质								直径范围
		<100	100	200	250	300	350	400	450	水	蒸气	凝结水	氨气	氢气	煤气	油	空气	公称直径
内螺纹升降止回阀	H11T-16			✓						✓	✓							15～70
	H11W-16		✓													✓		15～70
法兰旋启式止回阀	H44X-10	✓								✓								50～600
	H44T-10			✓						✓	✓							50～600
	H44W-10		✓													✓		50～800
	H44H-25				✓						✓					✓		200～500
法兰升降式止回阀	H41T-16			✓						✓	✓							25～150
	H41W-16		✓													✓		25～150
	H41H-25					✓					✓					✓		25～150
	H41H-25K					✓				✓	✓							25～80
内螺纹旋塞阀	X13W-10		✓												✓	✓		15～50
	X13T-10			✓						✓	✓					✓		15～50
法兰旋塞阀	X43W-8		✓												✓	✓		100～150
	X43W-10		✓												✓	✓		25～150
	X43T-10			✓						✓	✓					✓		25～150
法兰三通旋塞阀	X44W-6		✓												✓	✓		25～100
外螺纹弹簧式安全阀	A27W-10T		120														✓	15～20
外螺纹弹簧式带扳手安全阀	A27H-10K			✓						✓	✓						✓	10～40
弹簧式带扳手安全阀	A47H-16			✓						✓	✓						✓	40～100
	A47H-16C						✓			✓	✓						✓	40～80
	A47H-40						✓				✓						✓	40～80

续表

阀门名称	型　号	使　用　温　度								适　用　介　质								直径范围
		<100	100	200	250	300	350	400	450	水	蒸气	凝结水	氨气	氢气	煤气	油	空气	公称直径
外螺纹弹簧封闭式安全阀	A21H-16C			√						√			√	√			√	10～25
	A21H-40			√						√			√	√			√	15～25
弹簧封闭式安全阀	A41H-40					√				√			√			√	√	32～80
活塞式减压阀	Y43H-10			√							√						√	40～50
	Y43H-16					√					√						√	65～100
	Y43H-16Q					√					√						√	20～200
	Y43H-25								√		√						√	25～200
波纹管式减压阀	Y44T-10			√						√	√						√	20～25
热动力式疏水器	S19H-10			√								√						15～25
	S19H-16			√								√						15～50
	S19H-25			√								√						15～50
脉冲式疏水器	S18H-25			√								√						15～50
倒吊桶式疏水器	S15H-16			√								√						15～50
	S15H-16			√								√						50～80
自由浮球式疏水器	S41H-16			√								√						15～50

2.2.3　常用阀门涂色标识一览表

常用阀门涂色标识一览表见表 2-37。

表 2-37

类别	1. 阀门材质	2. 衬里材质	3. 密封面材质
识别涂色	黑　色——灰铸铁、可锻铸铁 银　色——球墨铸铁 中灰色——碳素钢 天蓝色——耐酸钢、不锈钢 中蓝色——合金钢 注：1. 耐酸钢、不锈钢阀体可不涂色。 2. 铜合金阀体不涂色	红　色——搪瓷 绿　色——橡胶及硬橡胶 蓝　色——塑料 黄　色——铅锑合金 铝白色——铝	大红色——铜合金 淡黄色——锡基轴承合金（巴氏合金） 天蓝色——耐酸钢、不锈钢 天蓝色——渗氢钢、渗硼铜 天蓝色——硬质合金 深黄色——蒙乃尔合金 紫红色——塑料 中绿色——橡胶 黑　色——铸铁 注：1. 当阀座初启闭杆材质不同时，按底硬度材料涂料。 2. 止回阀的识别颜色涂在阀盖顶部，安全阀、疏水器涂在阀罩或阀帽上。

2.2.4 平焊法兰及螺栓、螺母重量表

平焊法兰及螺栓、螺母重量表见表 2-38。

表 2-38 管道适用平焊法兰及螺栓重量表

管道		法兰理论重量（kg）				单头螺栓配置								螺母配置			
公称直径	外径	管道压力				0.6MPa		1.0MPa		1.6MPa		2.5MPa		六角螺母（粗制）GB/T 41—2000		六角螺母 GB/T 5782—2000	
		0.6MPa	1.0MPa	1.6MPa	2.5MPa	数量×直径×长度	重量(kg)	数量×直径×长度	重量(kg)	数量×直径×长度	重量(kg)	数量×直径×长度	重量(kg)	数量×直径×厚度	重量(kg)	数量×直径×厚度	重量(kg)
10	14	0.313	0.458	0.547	0.634	4×10×40	0.14008	4×12×40	0.19716	4×12×50	0.23268	4×12×50	0.23268	1000×6×5	2.32	1000×1.6×5	0.075
15	18	0.335	0.511	0.711	0.804	4×10×40	0.14008	4×12×40	0.19716	4×12×50	0.23268	4×12×50	0.23268	1000×8×5	5.67	1000×2×5	0.119
20	25	0.536	0.748	0.867	0.985	4×10×50	0.16472	4×12×50	0.23268	4×12×50	0.23268	4×12×60	0.2682	1000×10×5	10.99	1000×2.5×5	0.22
25	32	0.641	0.890	1.174	1.174	4×10×50	0.16472	4×12×50	0.23268	4×12×60	0.2682	4×12×60	0.2682	1000×12×5	16.32	1000×3×5	0.393
32	38	1.097	1.400	1.600	1.960	4×10×50	0.16472	4×16×60	0.4884	4×16×60	0.4884	4×16×60	0.4884	1000×14×5	25.28	1000×4×5	0.844
40	45	1.219	1.710	2.000	2.600	4×10×50	0.16472	4×16×60	0.4884	4×16×60	0.4884	4×16×70	0.5516	1000×16×5	34.12	1000×5×5	1.24
50	57	1.348	2.090	2.610	2.710	4×10×50	0.16472	4×16×60	0.4884	4×16×70	0.5516	4×16×70	0.5516	1000×18×5	44.19	1000×6×5	2.317
65	73	1.670	2.840	3.450	3.220	4×10×50	0.16472	4×16×60	0.4884	4×16×70	0.5516	8×16×70	1.1032	1000×20×5	61.91	1000×8×5	5.674
80	89	2.480	3.240	3.710	4.060	4×10×60	0.18936	4×16×60	0.4884	8×16×70	1.1032	8×16×80	1.2296	1000×22×5	75.94	1000×10×5	10.99
100	108	2.890	4.010	4.800	6.000	4×16×60	0.4884	8×16×70	1.1032	8×16×80	1.2296	8×20×80	2.0368	1000×24×5	111.9	1000×12×5	16.32
125	133	3.940	5.400	6.470	8.260	4×16×60	0.4884	8×16×70	1.1032	8×16×80	1.2296	8×22×90	2.7152	1000×27×5	168	1000×14×5	25.28
150	159	4.470	6.120	7.920	10.400	8×16×60	0.9768	8×20×80	2.0368	8×20×80	2.0368	8×22×90	2.7152	1000×30×5	234.2	1000×16×5	34.12
175	194	5.540	7.440	8.810	11.900	8×16×70	1.1032	8×20×80	2.0368	8×20×80	2.0368	12×22×100	4.4304	1000×36×5	370.9	1000×18×5	44.19
200	219	6.070	8.240	10.100	14.500	8×16×70	1.1032	8×20×80	2.0368	12×20×90	3.3504	12×22×100	4.4304	1000×42×5	598.6	1000×20×5	61.91
225	245	6.600	9.300	11.700	17.000	8×16×70	1.1032	8×20×80	2.0368	12×20×90	3.3504	12×27×100	7.3116	1000×48×5	957.3	1000×22×5	75.94
250	273	8.030	10.700	15.700	19.900	12×16×70	1.6548	12×20×80	3.0552	12×22×90	4.0728	12×27×100	7.3116	1000×56×5	1420	1000×24×5	111.9
300	325	10.300	12.900	18.100	26.800	12×20×80	3.0552	12×20×80	3.0552	12×22×90	4.0728	16×27×110	10.4688	1000×64×5	1912	1000×27×5	168
350	377	12.590	15.900	23.300	34.350	12×20×80	3.0552	16×22×90	5.4304	16×22×100	5.9072	16×30×120	14.0048	1000×72×5	2584	1000×30×5	234.2
400	426	15.200	21.800	31.000	44.900	16×20×80	4.0736	16×22×90	5.4304	16×27×110	10.4688	16×30×130	14.8928	1000×80×5	3393	1000×36×5	370.9
450	478	17.590	24.400	40.200	51.920	16×20×80	4.0736	20×22×90	6.788	20×27×120	13.986	20×30×130	18.616	1000×90×5	4872	1000×42×5	598.6
500	529	20.670	27.700	55.100	67.300	16×20×90	4.4672	20×22×90	6.788	20×30×130	18.616	20×36×150	31.32	1000×100×5	6732	1000×48×5	957.3
600	630	26.570	39.400	80.300		20×20×90	5.584	20×27×110	13.086	20×36×140	29.72						

2.3 管道及套管穿墙（板）堵洞体积速查表

2.3.1 采暖或给水立管穿板

堵洞体积计算表（采暖或给水立管穿板）见表2-39。

表2-39

序号	管道名称	公称通径（mm）		留洞尺寸（mm）	墙厚（cm）	堵洞体积（m^3）				备注
		管道	套管	长×宽		堵管道洞	管道外径（mm）	堵套管洞	套管外径（mm）	
1	采暖及给水立管	DN25	DN40	100×100	18.0	0.0016	33.5	0.0015	48.0	套管采用焊接钢管
		DN25	DN40	100×100	15.0	0.0014	33.5	0.0012	48.0	
		DN25	DN40	100×100	13.0	0.0012	33.5	0.0011	48.0	
		DN25	DN40	100×100	12.0	0.0011	33.5	0.0010	48.0	
		DN25	DN40	100×100	10.0	0.0009	33.5	0.0008	48.0	
		DN25	DN40	100×100	8.0	0.0007	33.5	0.0007	48.0	
2	采暖及给水立管	DN32	DN50	150×150	18.0	0.0038	42.3	0.0035	60.0	套管采用焊接钢管
		DN32	DN50	150×150	15.0	0.0032	42.3	0.0030	60.0	
		DN32	DN50	150×150	13.0	0.0027	42.3	0.0026	60.0	
		DN32	DN50	150×150	12.0	0.0025	42.3	0.0024	60.0	
		DN32	DN50	150×150	10.0	0.0021	42.3	0.0020	60.0	
		DN32	DN50	150×150	8.0	0.0017	42.3	0.0016	60.0	
3	采暖及给水立管	DN40	DN65	150×150	18.0	0.0037	48.0	0.0032	75.5	套管采用焊接钢管
		DN40	DN65	150×150	15.0	0.0031	48.0	0.0027	75.5	
		DN40	DN65	150×150	13.0	0.0027	48.0	0.0023	75.5	
		DN40	DN65	150×150	12.0	0.0025	48.0	0.0022	75.5	
		DN40	DN65	150×150	10.0	0.0021	48.0	0.0018	75.5	
		DN40	DN65	150×150	8.0	0.0017	48.0	0.0014	75.5	
4	采暖及给水立管	DN50	DN80	150×150	18.0	0.0035	60.0	0.0029	88.5	套管采用焊接钢管
		DN50	DN80	150×150	15.0	0.0030	60.0	0.0025	88.5	
		DN50	DN80	150×150	13.0	0.0026	60.0	0.0021	88.5	
		DN50	DN80	150×150	12.0	0.0024	60.0	0.0020	88.5	
		DN50	DN80	150×150	10.0	0.0020	60.0	0.0016	88.5	
		DN50	DN80	150×150	8.0	0.0016	60.0	0.0013	88.5	

续表

序号	管道名称	公称通径（mm）		留洞尺寸（mm）	墙厚（cm）	堵洞体积（m³）				备注
		管道	套管	长×宽		堵管道洞	管道外径（mm）	堵套管洞	套管外径（mm）	
5	采暖及给水立管	DN70	DN100	200×200	18.0	0.0064	75.50	0.0054	114.0	套管采用焊接钢管
		DN70	DN100	200×200	15.0	0.0053	75.50	0.0045	114.0	
		DN70	DN100	200×200	13.0	0.0046	75.50	0.0039	114.0	
		DN70	DN100	200×200	12.0	0.0043	75.50	0.0036	114.0	
		DN70	DN100	200×200	10.0	0.0036	75.50	0.0030	114.0	
		DN70	DN100	200×200	8.0	0.0028	75.50	0.0024	114.0	
6	采暖及给水立管	DN80	DN125	200×200	18.0	0.0061	88.50	0.0044	140.0	套管采用焊接钢管
		DN80	DN125	200×200	15.0	0.0053	88.50	0.0037	140.0	
		DN80	DN125	200×200	13.0	0.0046	88.50	0.0032	140.0	
		DN80	DN125	200×200	12.0	0.0043	88.50	0.0030	140.0	
		DN80	DN125	200×200	10.0	0.0036	88.50	0.0025	140.0	
		DN80	DN125	200×200	8.0	0.0028	88.50	0.0020	140.0	
7	采暖及给水立管	DN100	DN150	200×200	18.0	0.0054	114.0	0.0034	165.0	套管采用焊接钢管
		DN100	DN150	200×200	15.0	0.0045	114.0	0.0028	165.0	
		DN100	DN150	200×200	13.0	0.0039	114.0	0.0024	165.0	
		DN100	DN150	200×200	12.0	0.0036	114.0	0.0022	165.0	
		DN100	DN150	200×200	10.0	0.0030	114.0	0.0019	165.0	
		DN100	DN150	200×200	8.0	0.0024	114.0	0.0015	165.0	
8	采暖及给水立管	DN125	DN200	350×300	18.0	0.0161	140.0	0.0121	219.0	套管按无缝钢管考虑
		DN125	DN200	350×300	15.0	0.0134	140.0	0.0101	219.0	
		DN125	DN200	350×300	13.0	0.0116	140.0	0.0088	219.0	
		DN125	DN200	350×300	12.0	0.0108	140.0	0.0081	219.0	
		DN125	DN200	350×300	10.0	0.0090	140.0	0.0067	219.0	
		DN125	DN200	350×300	8.0	0.0072	140.0	0.0054	219.0	
9	采暖及给水立管	DN150	DN250	450×350	18.0	0.0245	165.0	0.0178	273.0	套管按无缝钢管考虑
		DN150	DN250	450×350	15.0	0.0204	165.0	0.0148	273.0	
		DN150	DN250	450×350	13.0	0.0177	165.0	0.0129	273.0	
		DN150	DN250	450×350	12.0	0.0163	165.0	0.0119	273.0	
		DN150	DN250	450×350	10.0	0.0136	165.0	0.0099	273.0	
		DN150	DN250	450×350	8.0	0.0109	165.0	0.0079	273.0	

公式：堵管道洞＝留洞体积（长×宽×墙厚）－管道所占体积（管道外径/2×管道外径/2×Π×墙厚）
堵套管洞＝留洞体积（长×宽×墙厚）－套管所占体积（套管外径/2×套管外径/2×Π×墙厚）

2.3.2 排水立管穿板

堵洞体积计算表（排水立管穿板）见表2-40。

表 2-40

序号	管道名称	公称通径（mm）		留洞尺寸（mm）	墙厚（cm）	堵洞体积（m³）				备注
		管道	套管	长×宽		堵管道洞	管道外径（mm）	堵套管洞	套管外径（mm）	
1	排水立管	DN50	DN80	150×150	18.0	0.0035	60.0	0.0029	88.5	排水管按铸铁管考虑，套管按焊接钢管考虑
		DN50	DN80	150×150	15.0	0.0030	60.0	0.0025	88.5	
		DN50	DN80	150×150	13.0	0.0026	60.0	0.0021	88.5	
		DN50	DN80	150×150	12.0	0.0024	60.0	0.0020	88.5	
		DN50	DN80	150×150	10.0	0.0020	60.0	0.0016	88.5	
		DN50	DN80	150×150	8.0	0.0016	60.0	0.0013	88.5	
2	排水立管	DN70	DN100	200×200	18.0	0.0064	75.5	0.0054	114.0	排水管按铸铁管考虑，套管按焊接钢管考虑
		DN70	DN100	200×200	15.0	0.0053	75.5	0.0045	114.0	
		DN70	DN100	200×200	13.0	0.0046	75.5	0.0039	114.0	
		DN70	DN100	200×200	12.0	0.0043	75.5	0.0036	114.0	
		DN70	DN100	200×200	10.0	0.0036	75.5	0.0030	114.0	
		DN70	DN100	200×200	8.0	0.0028	75.5	0.0024	114.0	
3	排水立管	DN80	DN125	200×200	18.0	0.0061	85.5	0.0044	140.0	排水管按铸铁管考虑，套管按焊接钢管考虑
		DN80	DN125	200×200	15.0	0.0053	85.5	0.0037	140.0	
		DN80	DN125	200×200	13.0	0.0046	85.5	0.0032	140.0	
		DN80	DN125	200×200	12.0	0.0043	85.5	0.0030	140.0	
		DN80	DN125	200×200	10.0	0.0036	85.5	0.0025	140.0	
		DN80	DN125	200×200	8.0	0.0028	85.5	0.0020	140.0	
4	排水立管	DN100	DN150	200×200	18.0	0.0054	114.0	0.0034	165.0	排水管按铸铁管考虑，套管按焊接钢管考虑
		DN100	DN150	200×200	15.0	0.0045	114.0	0.0028	165.0	
		DN100	DN150	200×200	13.0	0.0039	114.0	0.0024	165.0	
		DN100	DN150	200×200	12.0	0.0036	114.0	0.0022	165.0	
		DN100	DN150	200×200	10.0	0.0030	114.0	0.0019	165.0	
		DN100	DN150	200×200	8.0	0.0024	114.0	0.0015	165.0	

续表

序号	管道名称	公称通径（mm）		留洞尺寸（mm）	墙厚（cm）	堵洞体积（m^3）				备　注
		管道	套管	长×宽		堵管道洞	管道外径（mm）	堵套管洞	套管外径（mm）	
5	排水立管	DN125	DN200	425×325	18.0	0.0221	140.0	0.0181	219.0	排水管按铸铁管考虑，套管按无缝钢管考虑
		DN125	DN200	425×325	15.0	0.0184	140.0	0.0151	219.0	
		DN125	DN200	425×325	13.0	0.0160	140.0	0.0131	219.0	
		DN125	DN200	425×325	12.0	0.0147	140.0	0.0121	219.0	
		DN125	DN200	425×325	10.0	0.0123	140.0	0.0100	219.0	
		DN125	DN200	425×325	8.0	0.0098	140.0	0.0080	219.0	
6	排水立管	DN150	DN250	450×350	18.0	0.0265	165.0	0.0178	273.0	排水管按铸铁管考虑，套管按无缝钢管考虑
		DN150	DN250	450×350	15.0	0.0221	165.0	0.0148	273.0	
		DN150	DN250	450×350	13.0	0.0191	165.0	0.0129	273.0	
		DN150	DN250	450×350	12.0	0.0177	165.0	0.0119	273.0	
		DN150	DN250	450×350	10.0	0.0147	165.0	0.0099	273.0	
		DN150	DN250	450×350	8.0	0.0118	165.0	0.0079	273.0	
7	排水立管	DN200	DN300	500×400	18.0	0.0332	219.0	0.0211	325.0	排水管按铸铁管考虑，套管按无缝钢管考虑
		DN200	DN300	500×400	15.0	0.0277	219.0	0.0176	325.0	
		DN200	DN300	500×400	13.0	0.0240	219.0	0.0152	325.0	
		DN200	DN300	500×400	12.0	0.0222	219.0	0.0141	325.0	
		DN200	DN300	500×400	10.0	0.0185	219.0	0.0117	325.0	
		DN200	DN300	500×400	8.0	0.0148	219.0	0.0094	325.0	
8	排水立管	DN250	DN350	550×450	18.0	0.0418	140.0	0.0296	325.0	排水管按铸铁管考虑，套管按无缝钢管考虑
		DN250	DN350	550×450	15.0	0.0348	140.0	0.0247	325.0	
		DN250	DN350	550×450	13.0	0.0302	140.0	0.0214	325.0	
		DN250	DN350	550×450	12.0	0.0279	140.0	0.0198	325.0	
		DN250	DN350	550×450	10.0	0.0232	140.0	0.0165	325.0	
		DN250	DN350	550×450	8.0	0.0186	140.0	0.0132	325.0	

公式：堵管道洞＝留洞体积（长×宽×墙厚）－管道所占体积（管道外径/2×管道外径/2×Ⅱ×墙厚）

堵套管洞－留洞体积（长×宽×墙厚）－套管所占体积（套管外径/2×套管外径/2×Ⅱ×墙厚）

2.3.3 给水支管或采暖支管及套管穿混凝土墙、砖墙

堵洞体积计算表（给水支管或采暖支管及套管穿混凝土墙、砖墙）见表2-41。

表 2-41

序号	管道名称	公称通径（mm）		留洞尺寸（mm）	混凝土墙厚（cm）	堵洞体积（m^3）				备注
		管道	套管	长×宽		堵管道洞	管道外径（mm）	堵套管洞	套管外径（mm）	
1	给水支管或采暖支管	DN25	DN40	100×100	20.0	0.0018	33.5	0.0016	48.0	套管采用焊接钢管
		DN25	DN40	100×100	18.0	0.0016	33.5	0.0015	48.0	
		DN25	DN40	100×100	16.0	0.0015	33.5	0.0013	48.0	
		DN25	DN40	100×100	10.0	0.0009	33.5	0.0008	48.0	
		DN25	DN40	100×100	8.0	0.0007	33.5	0.0007	48.0	
2	给水支管或采暖支管	DN32	DN50	150×130	20.0	0.0036	42.3	0.0033	60.0	套管采用焊接钢管
		DN32	DN50	150×130	18.0	0.0033	42.3	0.0030	60.0	
		DN32	DN50	150×130	16.0	0.0029	42.3	0.0027	60.0	
		DN32	DN50	150×130	10.0	0.0018	42.3	0.0017	60.0	
		DN32	DN50	150×130	8.0	0.0014	42.3	0.0013	60.0	
3	给水支管或采暖支管	DN40	DN70	150×130	20.0	0.0035	48.0	0.0030	75.5	套管采用焊接钢管
		DN40	DN70	150×130	18.0	0.0032	48.0	0.0027	75.5	
		DN40	DN70	150×130	16.0	0.0028	48.0	0.0024	75.5	
		DN40	DN70	150×130	10.0	0.0018	48.0	0.0015	75.5	
		DN40	DN70	150×130	8.0	0.0014	48.0	0.0012	75.5	

续表

序号	管道名称	公称通径（mm）		留洞尺寸（mm）	砖墙墙厚（cm）		堵洞体积（m^3）				备注
		管道	套管	长×宽			堵管道洞	管道外径（mm）	堵套管洞	套管外径（mm）	
1	给水支管或采暖支管	DN25	DN40	100×100	11.5	半砖	0.0010	33.5	0.0009	48.0	套管采用焊接钢管
		DN25	DN40	100×100	24.0	一砖	0.0022	33.5	0.0020	48.0	
		DN25	DN40	100×100	36.5	一砖半	0.0033	33.5	0.0030	48.0	
		DN25	DN40	100×100	49.0	二砖	0.0045	33.5	0.0040	48.0	
		DN25	DN40	100×100	61.5	二砖半	0.0056	33.5	0.0050	48.0	
		DN25	DN40	100×100	74.0	三砖	0.0067	33.5	0.0061	48.0	
		DN25	DN40	100×100	86.5	三砖半	0.0079	33.5	0.0071	48.0	
		DN25	DN40	100×100	99.9	四砖	0.0091	33.5	0.0082	48.0	
2	给水支管或采暖支管	DN32	DN50	150×130	11.5	半砖	0.0021	42.3	0.0019	60.0	套管采用焊接钢管
		DN32	DN50	150×130	24.0	一砖	0.0043	42.3	0.0040	60.0	
		DN32	DN50	150×130	36.5	一砖半	0.0066	42.3	0.0061	60.0	
		DN32	DN50	150×130	49.0	二砖	0.0089	42.3	0.0082	60.0	
		DN32	DN50	150×130	61.5	二砖半	0.0111	42.3	0.0103	60.0	
		DN32	DN50	150×130	74.0	三砖	0.0134	42.3	0.0123	60.0	
		DN32	DN50	150×130	86.5	三砖半	0.0157	42.3	0.0144	60.0	
		DN32	DN50	150×130	99.9	四砖	0.0181	42.3	0.0167	60.0	
3	给水支管或采暖支管	DN40	DN70	150×130	11.5	半砖	0.0020	48.0	0.0017	75.5	套管采用焊接钢管
		DN40	DN70	150×130	24.0	一砖	0.0042	48.0	0.0036	75.5	
		DN40	DN70	150×130	36.5	一砖半	0.0065	48.0	0.0055	75.5	
		DN40	DN70	150×130	49.0	二砖	0.0087	48.0	0.0074	75.5	
		DN40	DN70	150×130	61.5	二砖半	0.0109	48.0	0.0092	75.5	
		DN40	DN70	150×130	74.0	三砖	0.0131	48.0	0.0111	75.5	
		DN40	DN70	150×130	86.5	三砖半	0.0153	48.0	0.0130	75.5	
		DN40	DN70	150×130	99.9	四砖	0.0177	48.0	0.0150	75.5	

公式：堵管道洞＝留洞体积（长×宽×墙厚）－管道所占体积（管道外径/2×管道外径/2×Π×墙厚）

堵套管洞＝留洞体积（长×宽×墙厚）－套管所占体积（套管外径/2×套管外径/2×Π×墙厚）

2.3.4 排水支管及套管穿砖墙

堵洞体积计算表（排水支管及套管穿砖墙）见表 2-42。

表 2-42

序号	管道名称	公称通径(mm)		留洞尺寸(mm)	砖墙厚(cm)		堵洞体积(m^3)				备注
		管道	套管	长×宽			堵管道洞	管道外径(mm)	堵套管洞	套管外径(mm)	
1	排水支管	DN80	DN125	250×200	11.5	半砖	0.0050	88.5	0.0040	140.0	套管采用焊接钢管
		DN80	DN125	250×200	24.0	一砖	0.0105	88.5	0.0083	140.0	
		DN80	DN125	250×200	36.5	一砖半	0.0160	88.5	0.0126	140.0	
		DN80	DN125	250×200	49.0	二砖	0.0215	88.5	0.0170	140.0	
		DN80	DN125	250×200	61.5	二砖半	0.0270	88.5	0.0213	140.0	
		DN80	DN125	250×200	74.0	三砖	0.0325	88.5	0.0256	140.0	
		DN80	DN125	250×200	86.5	三砖半	0.0379	88.5	0.0299	140.0	
		DN80	DN125	250×200	99.9	四砖	0.0438	88.5	0.0346	140.0	
2	排水支管	DN100	DN150	300×250	11.5	半砖	0.0075	114.0	0.0062	165.0	套管采用焊接钢管
		DN100	DN150	300×250	24.0	一砖	0.0156	114.0	0.0129	165.0	
		DN100	DN150	300×250	36.5	一砖半	0.0237	114.0	0.0196	165.0	
		DN100	DN150	300×250	49.0	二砖	0.0318	114.0	0.0263	165.0	
		DN100	DN150	300×250	61.5	二砖半	0.0399	114.0	0.0330	165.0	
		DN100	DN150	300×250	74.0	三砖	0.0480	114.0	0.0397	165.0	
		DN100	DN150	300×250	86.5	三砖半	0.0561	114.0	0.0464	165.0	
		DN100	DN150	300×250	99.9	四砖	0.0647	114.0	0.0536	165.0	
3	排水支管	DN125	DN200	350×300	11.5	半砖	0.0103	140.0	0.0077	219.0	套管采用无缝钢管
		DN125	DN200	350×300	24.0	一砖	0.0215	140.0	0.0162	219.0	
		DN125	DN200	350×300	36.5	一砖半	0.0327	140.0	0.0246	219.0	
		DN125	DN200	350×300	49.0	二砖	0.0439	140.0	0.0330	219.0	
		DN125	DN200	350×300	61.5	二砖半	0.0551	140.0	0.0414	219.0	
		DN125	DN200	350×300	74.0	三砖	0.0663	140.0	0.0498	219.0	
		DN125	DN200	350×300	86.5	三砖半	0.0775	140.0	0.0583	219.0	
		DN125	DN200	350×300	99.9	四砖	0.0895	140.0	0.0673	219.0	
4	排水支管	DN150	DN250	450×350	11.5	半砖	0.0157	165.0	0.0114	273.0	套管采用无缝钢管
		DN150	DN250	450×350	24.0	一砖	0.0327	165.0	0.0238	273.0	
		DN150	DN250	450×350	36.5	一砖半	0.0497	165.0	0.0361	273.0	
		DN150	DN250	450×350	49.0	二砖	0.0667	165.0	0.0485	273.0	
		DN150	DN250	450×350	61.5	二砖半	0.0837	165.0	0.0609	273.0	
		DN150	DN250	450×350	74.0	三砖	0.1007	165.0	0.0733	273.0	
		DN150	DN250	450×350	86.5	三砖半	0.1178	165.0	0.0856	273.0	
		DN150	DN250	450×350	99.9	四砖	0.1360	165.0	0.0989	273.0	
5	排水支管	DN200	DN300	500×400	11.5	半砖	0.0187	219.0	0.0047	325.0	套管采用无缝钢管
		DN200	DN300	500×400	24.0	一砖	0.0390	219.0	0.0390	325.0	
		DN200	DN300	500×400	36.5	一砖半	0.0593	219.0	0.0593	325.0	
		DN200	DN300	500×400	49.0	二砖	0.0796	219.0	0.0796	325.0	
		DN200	DN300	500×400	61.5	二砖半	0.0998	219.0	0.0998	325.0	
		DN200	DN300	500×400	74.0	三砖	0.1201	219.0	0.1201	325.0	
		DN200	DN300	500×400	86.5	三砖半	0.1404	219.0	0.1404	325.0	
		DN200	DN300	500×400	99.9	四砖	0.1622	219.0	0.1622	325.0	

续表

序号	管道名称	公称通径（mm）		留洞尺寸（mm）	混凝土墙厚（cm）	堵洞体积（m^3）				备 注
		管道	套管	长×宽		堵管道洞	管道外径（mm）	堵套管洞	套管外径（mm）	
1	排水支管	DN80	DN125	250×200	20.0	0.0088	88.5	0.0069	140.0	套管采用焊接钢管
		DN80	DN125	250×200	18.0	0.0079	88.5	0.0062	140.0	
		DN80	DN125	250×200	16.0	0.0070	88.5	0.0055	140.0	
		DN80	DN125	250×200	10.0	0.0044	88.5	0.0035	140.0	
		DN80	DN125	250×200	8.0	0.0035	88.5	0.0028	140.0	
2	排水支管	DN100	DN150	300×250	20.0	0.0130	114.0	0.0107	165.0	套管采用焊接钢管
		DN100	DN150	300×250	18.0	0.0117	114.0	0.0097	165.0	
		DN100	DN150	300×250	16.0	0.0104	114.0	0.0086	165.0	
		DN100	DN150	300×250	10.0	0.0065	114.0	0.0054	165.0	
		DN100	DN150	300×250	8.0	0.0052	114.0	0.0043	165.0	
3	排水支管	DN125	DN200	350×300	20.0	0.0179	140.0	0.0135	219.0	套管采用无缝钢管
		DN125	DN200	350×300	18.0	0.0161	140.0	0.0121	219.0	
		DN125	DN200	350×300	16.0	0.0143	140.0	0.0108	219.0	
		DN125	DN200	350×300	10.0	0.0090	140.0	0.0067	219.0	
		DN125	DN200	350×300	8.0	0.0072	140.0	0.0054	219.0	
4	排水支管	DN150	DN250	450×350	20.0	0.0272	165.0	0.0198	273.0	套管采用无缝钢管
		DN150	DN250	450×350	18.0	0.0245	165.0	0.0178	273.0	
		DN150	DN250	450×350	16.0	0.0218	165.0	0.0158	273.0	
		DN150	DN250	450×350	10.0	0.0136	165.0	0.0099	273.0	
		DN150	DN250	450×350	8.0	0.0109	165.0	0.0079	273.0	
5	排水支管	DN200	DN300	500×400	20.0	0.0325	219.0	0.0081	325.0	套管采用无缝钢管
		DN200	DN300	500×400	18.0	0.0292	219.0	0.0292	325.0	
		DN200	DN300	500×400	16.0	0.0260	219.0	0.0260	325.0	
		DN200	DN300	500×400	10.0	0.0162	219.0	0.0162	325.0	
		DN200	DN300	500×400	8.0	0.0130	219.0	0.0130	325.0	

公式：堵管道洞＝留洞体积（长×宽×墙厚）－管道所占体积（管道外径/2×管道外径/2×Π×墙厚）
堵套管洞＝留洞体积（长×宽×墙厚）－套管所占体积（套管外径/2×套管外径/2×Π×墙厚）

2.3.5　采暖或排水主干管穿混凝土墙

堵洞体积计算表（采暖或排水主干管穿混凝土墙）见表2-43。

表 2-43

序号	管道名称	公称通径（mm）		留洞尺寸（mm）	混凝土墙厚（cm）	堵洞体积（m³）				备　注
		管道	套管	长×宽		堵管道洞	管道外径（mm）	堵套管洞	套管外径（mm）	
1	采暖或排水主干管	DN80	DN125	300×250	20.0	0.0138	88.5	0.0129	140.0	套管采用焊接钢管
		DN80	DN125	300×250	18.0	0.0124	88.5	0.0107	140.0	
		DN80	DN125	300×250	16.0	0.0110	88.5	0.0095	140.0	
		DN80	DN125	300×250	10.0	0.0069	88.5	0.0060	140.0	
		DN80	DN125	300×250	8.0	0.0055	88.5	0.0048	140.0	
2	采暖或排水主干管	DN100	DN150	350×300	20.0	0.0190	114.0	0.0167	165.0	套管采用焊接钢管
		DN100	DN150	350×300	18.0	0.0171	114.0	0.0151	165.0	
		DN100	DN150	350×300	16.0	0.0152	114.0	0.0134	165.0	
		DN100	DN150	350×300	10.0	0.0095	114.0	0.0084	165.0	
		DN100	DN150	350×300	8.0	0.0076	114.0	0.0067	165.0	
3	采暖或排水主干管	DN125	DN200	350×300	20.0	0.0179	140.0	0.0135	219.0	套管采用无缝钢管
		DN125	DN200	350×300	18.0	0.0161	140.0	0.0121	219.0	
		DN125	DN200	350×300	16.0	0.0143	140.0	0.0108	219.0	
		DN125	DN200	350×300	10.0	0.0090	140.0	0.0067	219.0	
		DN125	DN200	350×300	8.0	0.0072	140.0	0.0054	219.0	
4	采暖或排水主干管	DN150	DN250	450×350	20.0	0.0272	165.0	0.0198	273.0	套管采用无缝钢管
		DN150	DN250	450×350	18.0	0.0245	165.0	0.0178	273.0	
		DN150	DN250	450×350	16.0	0.0218	165.0	0.0158	273.0	
		DN150	DN250	450×350	10.0	0.0136	165.0	0.0099	273.0	
		DN150	DN250	450×350	8.0	0.0109	165.0	0.0079	273.0	
5	采暖或排水主干管	DN200	DN300	500×400	20.0	0.0325	219.0	0.0081	325.0	套管采用无缝钢管
		DN200	DN300	500×400	18.0	0.0292	219.0	0.0292	325.0	
		DN200	DN300	500×400	16.0	0.0260	219.0	0.0260	325.0	
		DN200	DN300	500×400	10.0	0.0162	219.0	0.0162	325.0	
		DN200	DN300	500×400	8.0	0.0130	219.0	0.0130	325.0	

公式：堵管道洞＝留洞体积（长×宽×墙厚）－管道所占体积（管道外径/2×管道外径/2×Π×墙厚）

堵套管洞＝留洞体积（长×宽×墙厚）－套管所占体积（套管外径/2×套管外径/2×Π×墙厚）

2.3.6 管道及套管穿基础墙

堵洞体积计算表（给水引入管或采暖引入管及套管穿基础砖墙）见表 2-44。

表 2-44

<table>
<tr><th rowspan="2">序号</th><th rowspan="2">管道名称</th><th colspan="2">公称通径
(mm)</th><th>留洞尺寸
(mm)</th><th rowspan="2" colspan="2">砖墙厚
(cm)</th><th colspan="4">堵洞体积
(m^3)</th><th rowspan="2">备 注</th></tr>
<tr><th>管道</th><th>套管</th><th>长×宽</th><th>堵管道洞</th><th>管道外径
(mm)</th><th>堵套管洞</th><th>套管外径
(mm)</th></tr>
<tr><td rowspan="8">1</td><td rowspan="8">给水引入管或采暖引入管</td><td>DN100</td><td>DN150</td><td>300×200</td><td>11.5</td><td>半砖</td><td>0.0057</td><td>114.0</td><td>0.0044</td><td>165.0</td><td rowspan="8">套管采用焊接钢管</td></tr>
<tr><td>DN100</td><td>DN150</td><td>300×200</td><td>24.0</td><td>一砖</td><td>0.0120</td><td>114.0</td><td>0.0093</td><td>165.0</td></tr>
<tr><td>DN100</td><td>DN150</td><td>300×200</td><td>36.5</td><td>一砖半</td><td>0.0182</td><td>114.0</td><td>0.0141</td><td>165.0</td></tr>
<tr><td>DN100</td><td>DN150</td><td>300×200</td><td>49.0</td><td>二砖</td><td>0.0244</td><td>114.0</td><td>0.0189</td><td>165.0</td></tr>
<tr><td>DN100</td><td>DN150</td><td>300×200</td><td>61.5</td><td>二砖半</td><td>0.0306</td><td>114.0</td><td>0.0238</td><td>165.0</td></tr>
<tr><td>DN100</td><td>DN150</td><td>300×200</td><td>74.0</td><td>三砖</td><td>0.0369</td><td>114.0</td><td>0.0286</td><td>165.0</td></tr>
<tr><td>DN100</td><td>DN150</td><td>300×200</td><td>86.5</td><td>三砖半</td><td>0.0431</td><td>114.0</td><td>0.0334</td><td>165.0</td></tr>
<tr><td>DN100</td><td>DN150</td><td>300×200</td><td>99.9</td><td>四砖</td><td>0.0497</td><td>114.0</td><td>0.0386</td><td>165.0</td></tr>
</table>

公式：堵管道洞＝留洞体积（长×宽×墙厚）－管道所占体积（管道外径/2×管道外径/2×Π×墙厚）
堵套管洞＝留洞体积（长×宽×墙厚）－套管所占体积（套管外径/2×套管外径/2×Π×墙厚）

堵洞体积计算表（给水引入管或采暖引入管及套管穿基础混凝土墙）见表 2-45。

表 2-45

<table>
<tr><th rowspan="2">序号</th><th rowspan="2">管道名称</th><th colspan="2">公称通径
(mm)</th><th>留洞尺寸
(mm)</th><th rowspan="2">混凝土墙厚
(cm)</th><th colspan="4">堵洞体积
(m^3)</th><th rowspan="2">备 注</th></tr>
<tr><th>管道</th><th>套管</th><th>长×宽</th><th>堵管道洞</th><th>管道外径
(mm)</th><th>堵套管洞</th><th>套管外径
(mm)</th></tr>
<tr><td rowspan="5">1</td><td rowspan="5">给水引入管或采暖引入管</td><td>DN100</td><td>DN150</td><td>300×200</td><td>20.0</td><td>0.0100</td><td>114.0</td><td>0.0077</td><td>165.0</td><td rowspan="5">套管采用焊接钢管</td></tr>
<tr><td>DN100</td><td>DN150</td><td>300×200</td><td>18.0</td><td>0.0090</td><td>114.0</td><td>0.0070</td><td>165.0</td></tr>
<tr><td>DN100</td><td>DN150</td><td>300×200</td><td>16.0</td><td>0.0080</td><td>114.0</td><td>0.0062</td><td>165.0</td></tr>
<tr><td>DN100</td><td>DN150</td><td>300×200</td><td>10.0</td><td>0.0050</td><td>114.0</td><td>0.0039</td><td>165.0</td></tr>
<tr><td>DN100</td><td>DN150</td><td>300×200</td><td>8.0</td><td>0.0040</td><td>114.0</td><td>0.0031</td><td>165.0</td></tr>
</table>

公式：堵管道洞＝留洞体积（长×宽×墙厚）－管道所占体积（管道外径/2×管道外径/2×Π×墙厚）
堵套管洞－留洞体积（长×宽×墙厚）－套管所占体积（套管外径/2×套管外径/2×Π×墙厚）

堵洞体积计算表（排水排出管及套管穿基础混凝土墙）见表 2-46。

表 2-46

序号	管道名称	公称通径(mm)		留洞尺寸(mm)	混凝土墙厚(cm)	堵洞体积(m^3)				备注
		管道	套管	长×宽		堵管道洞	管道外径(mm)	堵套管洞	套管外径(mm)	
1	排水排出管	DN80	DN125	300×300	20.0	0.0168	88.5	0.0149	140.0	套管采用焊接钢管
		DN80	DN125	300×300	18.0	0.0151	88.5	0.0134	140.0	
		DN80	DN125	300×300	16.0	0.0134	88.5	0.0119	140.0	
		DN80	DN125	300×300	10.0	0.0084	88.5	0.0075	140.0	
		DN80	DN125	300×300	8.0	0.0067	88.5	0.0060	140.0	
2	排水排出管	DN100	DN150	400×300	20.0	0.0220	114.0	0.0197	165.0	套管采用焊接钢管
		DN100	DN150	400×300	18.0	0.0198	114.0	0.0178	165.0	
		DN100	DN150	400×300	16.0	0.0176	114.0	0.0158	165.0	
		DN100	DN150	400×300	10.0	0.0110	114.0	0.0099	165.0	
		DN100	DN150	400×300	8.0	0.0088	114.0	0.0079	165.0	
3	排水排出管	DN125	DN200	425×325	20.0	0.0245	140.0	0.0201	219.0	套管采用无缝钢管
		DN125	DN200	450×325	18.0	0.0221	140.0	0.0181	219.0	
		DN125	DN200	450×325	16.0	0.0196	140.0	0.0161	219.0	
		DN125	DN200	450×325	10.0	0.0123	140.0	0.0100	219.0	
		DN125	DN200	450×325	8.0	0.0098	140.0	0.0080	219.0	
4	排水排出管	DN150	DN250	450×350	20.0	0.0272	165.0	0.0198	273.0	套管采用无缝钢管
		DN150	DN250	450×350	18.0	0.0245	165.0	0.0178	273.0	
		DN150	DN250	450×350	16.0	0.0218	165.0	0.0158	273.0	
		DN150	DN250	450×350	10.0	0.0136	165.0	0.0099	273.0	
		DN150	DN250	450×350	8.0	0.0109	165.0	0.0079	273.0	
5	排水排出管	DN200	DN300	500×400	20.0	0.0325	219.0	0.0081	325.0	套管采用无缝钢管
		DN200	DN300	500×400	18.0	0.0292	219.0	0.0292	325.0	
		DN200	DN300	500×400	16.0	0.0260	219.0	0.0260	325.0	
		DN200	DN300	500×400	10.0	0.0162	219.0	0.0162	325.0	
		DN200	DN300	500×400	8.0	0.0130	219.0	0.0130	325.0	

2.3.7 矩形风管穿混凝土墙

堵洞体积计算表（矩形风管穿混凝土墙）见表 2-47。

表 2-47

风管规格（宽度×高度）(mm)	孔洞尺寸（宽度×高度）(mm)	混凝土墙厚 (cm)	堵洞体积 (m^3)	备注
120×120	220×220	20.0	0.0068	
		18.0	0.0061	
		15.0	0.0051	
		13.0	0.0044	
		12.0	0.0041	
		10.0	0.0034	
		8.0	0.0027	
160×120	260×220	20.0	0.0076	
		18.0	0.0068	
		15.0	0.0057	
		13.0	0.0049	
		12.0	0.0046	
		10.0	0.0038	
		8.0	0.0030	
160×160	260×260	20.0	0.0084	
		18.0	0.0076	
		15.0	0.0063	
		13.0	0.0055	
		12.0	0.0050	
		10.0	0.0042	
		8.0	0.0034	
200×120	300×220	20.0	0.0084	
		18.0	0.0076	
		15.0	0.0063	
		13.0	0.0055	
		12.0	0.0050	
		10.0	0.0042	
		8.0	0.0034	

续表

风管规格（宽度×高度）（mm）	孔洞尺寸（宽度×高度）（mm）	混凝土墙厚（cm）	堵洞体积（m³）	备　注
200×160	300×260	20.0	0.0092	
		18.0	0.0083	
		15.0	0.0069	
		13.0	0.0060	
		12.0	0.0055	
		10.0	0.0046	
		8.0	0.0037	
200×200	300×300	20.0	0.0100	
		18.0	0.0090	
		15.0	0.0075	
		13.0	0.0065	
		12.0	0.0060	
		10.0	0.0050	
		8.0	0.0040	
250×120	350×220	20.0	0.0094	
		18.0	0.0085	
		15.0	0.0071	
		13.0	0.0061	
		12.0	0.0056	
		10.0	0.0047	
		8.0	0.0038	
250×160	350×260	20.0	0.0102	
		18.0	0.0092	
		15.0	0.0077	
		13.0	0.0066	
		12.0	0.0061	
		10.0	0.0051	
		8.0	0.0041	
250×200	350×300	20.0	0.0110	
		18.0	0.0099	
		15.0	0.0083	
		13.0	0.0072	
		12.0	0.0066	
		10.0	0.0055	
		8.0	0.0044	

续表

风管规格（宽度×高度）（mm）	孔洞尺寸（宽度×高度）（mm）	混凝土墙厚（cm）	堵洞体积（m^3）	备　注
250×250	350×350	20.0	0.0120	
		18.0	0.0108	
		15.0	0.0090	
		13.0	0.0078	
		12.0	0.0072	
		10.0	0.0060	
		8.0	0.0048	
320×160	420×260	20.0	0.0116	
		18.0	0.0104	
		15.0	0.0087	
		13.0	0.0075	
		12.0	0.0070	
		10.0	0.0058	
		8.0	0.0046	
320×200	420×300	20.0	0.0124	
		18.0	0.0112	
		15.0	0.0093	
		13.0	0.0081	
		12.0	0.0074	
		10.0	0.0062	
		8.0	0.0050	
320×250	420×350	20.0	0.0134	
		18.0	0.0121	
		15.0	0.0101	
		13.0	0.0087	
		12.0	0.0080	
		10.0	0.0067	
		8.0	0.0054	
320×320	420×420	20.0	0.0148	
		18.0	0.0133	
		15.0	0.0111	
		13.0	0.0096	
		12.0	0.0089	
		10.0	0.0074	
		8.0	0.0059	

续表

风管规格（宽度×高度）（mm）	孔洞尺寸（宽度×高度）（mm）	混凝土墙厚（cm）	堵洞体积（m^3）	备　注
400×200	500×300	20.0	0.0140	
		18.0	0.0126	
		15.0	0.0105	
		13.0	0.0091	
		12.0	0.0084	
		10.0	0.0070	
		8.0	0.0056	
400×250	500×350	20.0	0.0150	
		18.0	0.0135	
		15.0	0.0113	
		13.0	0.0098	
		12.0	0.0090	
		10.0	0.0075	
		8.0	0.0060	
400×320	500×420	20.0	0.0164	
		18.0	0.0148	
		15.0	0.0123	
		13.0	0.0107	
		12.0	0.0098	
		10.0	0.0082	
		8.0	0.0066	
400×400	500×500	20.0	0.0180	
		18.0	0.0162	
		15.0	0.0135	
		13.0	0.0117	
		12.0	0.0108	
		10.0	0.0090	
		8.0	0.0072	
500×200	600×300	20.0	0.0160	
		18.0	0.0144	
		15.0	0.0120	
		13.0	0.0104	
		12.0	0.0096	
		10.0	0.0080	
		8.0	0.0064	

续表

风管规格（宽度×高度）（mm）	孔洞尺寸（宽度×高度）（mm）	混凝土墙厚（cm）	堵洞体积（m^3）	备　注
500×250	600×350	20.0	0.0170	
		18.0	0.0153	
		15.0	0.0128	
		13.0	0.0111	
		12.0	0.0102	
		10.0	0.0085	
		8.0	0.0068	
500×320	600×420	20.0	0.0184	
		18.0	0.0166	
		15.0	0.0138	
		13.0	0.0120	
		12.0	0.0110	
		10.0	0.0092	
		8.0	0.0074	
500×400	600×500	20.0	0.0200	
		18.0	0.0180	
		15.0	0.0150	
		13.0	0.0130	
		12.0	0.0120	
		10.0	0.0100	
		8.0	0.0080	
500×500	600×600	20.0	0.0220	
		18.0	0.0198	
		15.0	0.0165	
		13.0	0.0143	
		12.0	0.0132	
		10.0	0.0110	
		8.0	0.0088	
630×250	730×350	20.0	0.0196	
		18.0	0.0176	
		15.0	0.0147	
		13.0	0.0127	
		12.0	0.0118	
		10.0	0.0098	
		8.0	0.0078	

续表

风管规格（宽度×高度）(mm)	孔洞尺寸（宽度×高度）(mm)	混凝土墙厚 (cm)	堵洞体积 (m^3)	备注
630×320	730×420	20.0	0.0204	
		18.0	0.0183	
		15.0	0.0153	
		13.0	0.0132	
		12.0	0.0122	
		10.0	0.0102	
		8.0	0.0081	
630×400	730×500	20.0	0.0163	
		18.0	0.0147	
		15.0	0.0122	
		13.0	0.0106	
		12.0	0.0098	
		10.0	0.0082	
		8.0	0.0065	
630×500	730×600	20.0	0.0246	
		18.0	0.0221	
		15.0	0.0185	
		13.0	0.0160	
		12.0	0.0148	
		10.0	0.0123	
		8.0	0.0098	
630×630	730×730	20.0	0.0272	
		18.0	0.0245	
		15.0	0.0204	
		13.0	0.0177	
		12.0	0.0163	
		10.0	0.0136	
		8.0	0.0109	
800×320	900×420	20.0	0.0244	
		18.0	0.0220	
		15.0	0.0183	
		13.0	0.0159	
		12.0	0.0146	
		10.0	0.0122	
		8.0	0.0098	

续表

风管规格（宽度×高度）(mm)	孔洞尺寸（宽度×高度）(mm)	混凝土墙厚 (cm)	堵洞体积 (m^3)	备注
800×400	900×500	20.0	0.0260	
		18.0	0.0234	
		15.0	0.0195	
		13.0	0.0169	
		12.0	0.0156	
		10.0	0.0130	
		8.0	0.0104	
800×500	900×600	20.0	0.0280	
		18.0	0.0252	
		15.0	0.0210	
		13.0	0.0182	
		12.0	0.0168	
		10.0	0.0140	
		8.0	0.0112	
800×630	900×730	20.0	0.0306	
		18.0	0.0275	
		15.0	0.0230	
		13.0	0.0199	
		12.0	0.0184	
		10.0	0.0153	
		8.0	0.0122	
800×800	900×900	20.0	0.0340	
		18.0	0.0306	
		15.0	0.0255	
		13.0	0.0221	
		12.0	0.0204	
		10.0	0.0170	
		8.0	0.0136	
1000×320	1100×420	20.0	0.0284	
		18.0	0.0256	
		15.0	0.0213	
		13.0	0.0185	
		12.0	0.0170	
		10.0	0.0142	
		8.0	0.0114	

续表

风管规格（宽度×高度）(mm)	孔洞尺寸（宽度×高度）(mm)	混凝土墙厚 (cm)	堵洞体积 (m^3)	备　注
1000×400	1100×500	20.0	0.0300	
		18.0	0.0270	
		15.0	0.0225	
		13.0	0.0195	
		12.0	0.0180	
		10.0	0.0150	
		8.0	0.0120	
1000×500	1100×600	20.0	0.0320	
		18.0	0.0288	
		15.0	0.0240	
		13.0	0.0208	
		12.0	0.0192	
		10.0	0.0160	
		8.0	0.0128	
1000×630	1100×730	20.0	0.0346	
		18.0	0.0311	
		15.0	0.0260	
		13.0	0.0225	
		12.0	0.0208	
		10.0	0.0173	
		8.0	0.0138	
1000×800	1100×900	20.0	0.0380	
		18.0	0.0342	
		15.0	0.0285	
		13.0	0.0247	
		12.0	0.0228	
		10.0	0.0190	
		8.0	0.0152	
1000×1000	1100×1100	20.0	0.0420	
		18.0	0.0378	
		15.0	0.0315	
		13.0	0.0273	
		12.0	0.0252	
		10.0	0.0210	
		8.0	0.0168	

续表

风管规格（宽度×高度）(mm)	孔洞尺寸（宽度×高度）(mm)	混凝土墙厚 (cm)	堵洞体积 (m^3)	备 注
1250×400	1350×500	20.0	0.0350	
		18.0	0.0315	
		15.0	0.0263	
		13.0	0.0228	
		12.0	0.0210	
		10.0	0.0175	
		8.0	0.0140	
1250×500	1350×600	20.0	0.0370	
		18.0	0.0333	
		15.0	0.0278	
		13.0	0.0241	
		12.0	0.0222	
		10.0	0.0185	
		8.0	0.0148	
1250×630	1350×730	20.0	0.0396	
		18.0	0.0356	
		15.0	0.0297	
		13.0	0.0257	
		12.0	0.0238	
		10.0	0.0198	
		8.0	0.0158	
1250×800	1350×900	20.0	0.0430	
		18.0	0.0387	
		15.0	0.0323	
		13.0	0.0280	
		12.0	0.0258	
		10.0	0.0215	
		8.0	0.0172	
1250×1000	1350×1100	20.0	0.0470	
		18.0	0.0423	
		15.0	0.0353	
		13.0	0.0306	
		12.0	0.0282	
		10.0	0.0235	
		8.0	0.0188	

续表

风管规格（宽度×高度）（mm）	孔洞尺寸（宽度×高度）（mm）	混凝土墙厚（cm）	堵洞体积（m³）	备　注
1600×500	1700×600	20.0	0.0440	
		18.0	0.0396	
		15.0	0.0330	
		13.0	0.0286	
		12.0	0.0264	
		10.0	0.0220	
		8.0	0.0176	
1600×630	1700×730	20.0	0.0466	
		18.0	0.0419	
		15.0	0.0350	
		13.0	0.0303	
		12.0	0.0280	
		10.0	0.0233	
		8.0	0.0186	
1600×800	1700×900	20.0	0.0500	
		18.0	0.0450	
		15.0	0.0375	
		13.0	0.0325	
		12.0	0.0300	
		10.0	0.0250	
		8.0	0.0200	
1600×1000	1700×1100	20.0	0.0540	
		18.0	0.0486	
		15.0	0.0405	
		13.0	0.0351	
		12.0	0.0324	
		10.0	0.0270	
		8.0	0.0216	
1600×1250	1700×1350	20.0	0.0590	
		18.0	0.0531	
		15.0	0.0443	
		13.0	0.0384	
		12.0	0.0354	
		10.0	0.0295	
		8.0	0.0236	

续表

风管规格（宽度×高度）(mm)	孔洞尺寸（宽度×高度）(mm)	混凝土墙厚 (cm)	堵洞体积 (m^3)	备注
2000×800	2100×900	20.0	0.0580	
		18.0	0.0522	
		15.0	0.0435	
		13.0	0.0377	
		12.0	0.0348	
		10.0	0.0290	
		8.0	0.0232	
2000×1000	2100×1100	20.0	0.0620	
		18.0	0.0558	
		15.0	0.0465	
		13.0	0.0403	
		12.0	0.0372	
		10.0	0.0310	
		8.0	0.0248	
2000×1250	2100×1350	20.0	0.0670	
		18.0	0.0603	
		15.0	0.0503	
		13.0	0.0436	
		12.0	0.0402	
		10.0	0.0335	
		8.0	0.0268	

2.3.8 矩形风管穿砖墙

堵洞体积计算表（矩形风管穿砖墙）见表 2-48。

表 2-48

风管规格（宽度×高度）(mm)	孔洞尺寸（宽度×高度）(mm)	砖墙厚 (cm)		堵洞体积 (m^3)	备注
120×120	220×220	11.5	半砖	0.0039	
		24.0	一砖	0.0082	
		36.5	一砖半	0.0124	
		49.0	二砖	0.0167	
		61.5	二砖半	0.0209	
		74.0	三砖	0.0252	
		86.5	三砖半	0.0294	
		99.9	四砖	0.0340	

续表

风管规格（宽度×高度）（mm）	孔洞尺寸（宽度×高度）（mm）	砖墙厚（cm）		堵洞体积（m^3）	备 注
160×120	260×220	11.5	半砖	0.0044	
		24.0	一砖	0.0091	
		36.5	一砖半	0.0139	
		49.0	二砖	0.0186	
		61.5	二砖半	0.0234	
		74.0	三砖	0.0281	
		86.5	三砖半	0.0329	
		99.9	四砖	0.0380	
160×160	260×260	11.5	半砖	0.0048	
		24.0	一砖	0.0101	
		36.5	一砖半	0.0153	
		49.0	二砖	0.0206	
		61.5	二砖半	0.0258	
		74.0	三砖	0.0311	
		86.5	三砖半	0.0363	
		99.9	四砖	0.0420	
200×120	300×220	11.5	半砖	0.0048	
		24.0	一砖	0.0101	
		36.5	一砖半	0.0153	
		49.0	二砖	0.0206	
		61.5	二砖半	0.0258	
		74.0	三砖	0.0311	
		86.5	三砖半	0.0363	
		99.9	四砖	0.0420	
200×160	300×260	11.5	半砖	0.0053	
		24.0	一砖	0.0110	
		36.5	一砖半	0.0168	
		49.0	二砖	0.0225	
		61.5	二砖半	0.0283	
		74.0	三砖	0.0340	
		86.5	三砖半	0.0398	
		99.9	四砖	0.0460	

续表

风管规格（宽度×高度）（mm）	孔洞尺寸（宽度×高度）（mm）	砖墙厚（cm）		堵洞体积（m^3）	备 注
200×200	300×300	11.5	半砖	0.0058	
		24.0	一砖	0.0120	
		36.5	一砖半	0.0183	
		49.0	二砖	0.0245	
		61.5	二砖半	0.0308	
		74.0	三砖	0.0370	
		86.5	三砖半	0.0433	
		99.9	四砖	0.0500	
250×120	350×220	11.5	半砖	0.0054	
		24.0	一砖	0.0113	
		36.5	一砖半	0.0172	
		49.0	二砖	0.0230	
		61.5	二砖半	0.0289	
		74.0	三砖	0.0348	
		86.5	三砖半	0.0407	
		99.9	四砖	0.0470	
250×160	350×260	11.5	半砖	0.0059	
		24.0	一砖	0.0122	
		36.5	一砖半	0.0186	
		49.0	二砖	0.0250	
		61.5	二砖半	0.0314	
		74.0	三砖	0.0377	
		86.5	三砖半	0.0441	
		99.9	四砖	0.0509	
250×200	350×300	11.5	半砖	0.0063	
		24.0	一砖	0.0132	
		36.5	一砖半	0.0201	
		49.0	二砖	0.0270	
		61.5	二砖半	0.0338	
		74.0	三砖	0.0407	
		86.5	三砖半	0.0476	
		99.9	四砖	0.0549	

续表

风管规格（宽度×高度）(mm)	孔洞尺寸（宽度×高度）(mm)	砖墙厚（cm）		堵洞体积（m³）	备　注
250×250	350×350	11.5	半砖	0.0069	
		24.0	一砖	0.0144	
		36.5	一砖半	0.0219	
		49.0	二砖	0.0294	
		61.5	二砖半	0.0369	
		74.0	三砖	0.0444	
		86.5	三砖半	0.0519	
		99.9	四砖	0.0599	
320×160	420×260	11.5	半砖	0.0067	
		24.0	一砖	0.0139	
		36.5	一砖半	0.0212	
		49.0	二砖	0.0284	
		61.5	二砖半	0.0357	
		74.0	三砖	0.0429	
		86.5	三砖半	0.0502	
		99.9	四砖	0.0579	
320×200	420×300	11.5	半砖	0.0071	
		24.0	一砖	0.0149	
		36.5	一砖半	0.0226	
		49.0	二砖	0.0304	
		61.5	二砖半	0.0381	
		74.0	三砖	0.0459	
		86.5	三砖半	0.0536	
		99.9	四砖	0.0619	
320×250	420×350	11.5	半砖	0.0077	
		24.0	一砖	0.0161	
		36.5	一砖半	0.0245	
		49.0	二砖	0.0328	
		61.5	二砖半	0.0412	
		74.0	三砖	0.0496	
		86.5	三砖半	0.0580	
		99.9	四砖	0.0669	

续表

风管规格（宽度×高度）（mm）	孔洞尺寸（宽度×高度）（mm）	砖墙厚（cm）		堵洞体积（m³）	备　注
320×320	420×420	11.5	半砖	0.0085	
		24.0	一砖	0.0178	
		36.5	一砖半	0.0270	
		49.0	二砖	0.0363	
		61.5	二砖半	0.0455	
		74.0	三砖	0.0548	
		86.5	三砖半	0.0640	
		99.9	四砖	0.0739	
400×200	500×300	11.5	半砖	0.0081	
		24.0	一砖	0.0168	
		36.5	一砖半	0.0256	
		49.0	二砖	0.0343	
		61.5	二砖半	0.0431	
		74.0	三砖	0.0518	
		86.5	三砖半	0.0606	
		99.9	四砖	0.0699	
400×250	500×350	11.5	半砖	0.0086	
		24.0	一砖	0.0180	
		36.5	一砖半	0.0274	
		49.0	二砖	0.0368	
		61.5	二砖半	0.0461	
		74.0	三砖	0.0555	
		86.5	三砖半	0.0649	
		99.9	四砖	0.0749	
400×320	500×420	11.5	半砖	0.0094	
		24.0	一砖	0.0197	
		36.5	一砖半	0.0299	
		49.0	二砖	0.0402	
		61.5	二砖半	0.0504	
		74.0	三砖	0.0607	
		86.5	三砖半	0.0709	
		99.9	四砖	0.0819	

续表

风管规格（宽度×高度）(mm)	孔洞尺寸（宽度×高度）(mm)	砖墙厚（cm）		堵洞体积（m^3）	备　注
400×400	500×500	11.5	半砖	0.0104	
		24.0	一砖	0.0216	
		36.5	一砖半	0.0329	
		49.0	二砖	0.0441	
		61.5	二砖半	0.0554	
		74.0	三砖	0.0666	
		86.5	三砖半	0.0779	
		99.9	四砖	0.0899	
500×200	600×300	11.5	半砖	0.0092	
		24.0	一砖	0.0192	
		36.5	一砖半	0.0292	
		49.0	二砖	0.0392	
		61.5	二砖半	0.0492	
		74.0	三砖	0.0592	
		86.5	三砖半	0.0692	
		99.9	四砖	0.0799	
500×250	600×350	11.5	半砖	0.0098	
		24.0	一砖	0.0204	
		36.5	一砖半	0.0310	
		49.0	二砖	0.0417	
		61.5	二砖半	0.0523	
		74.0	三砖	0.0629	
		86.5	三砖半	0.0735	
		99.9	四砖	0.0849	
500×320	600×420	11.5	半砖	0.0106	
		24.0	一砖	0.0221	
		36.5	一砖半	0.0336	
		49.0	二砖	0.0451	
		61.5	二砖半	0.0566	
		74.0	三砖	0.0681	
		86.5	三砖半	0.0796	
		99.9	四砖	0.0919	

续表

风管规格（宽度×高度）（mm）	孔洞尺寸（宽度×高度）（mm）	砖墙厚（cm）		堵洞体积（m^3）	备注
500×400	600×500	11.5	半砖	0.0115	
		24.0	一砖	0.0240	
		36.5	一砖半	0.0365	
		49.0	二砖	0.0490	
		61.5	二砖半	0.0615	
		74.0	三砖	0.0740	
		86.5	三砖半	0.0865	
		99.9	四砖	0.0999	
500×500	600×600	11.5	半砖	0.0127	
		24.0	一砖	0.0264	
		36.5	一砖半	0.0402	
		49.0	二砖	0.0539	
		61.5	二砖半	0.0677	
		74.0	三砖	0.0814	
		86.5	三砖半	0.0952	
		99.9	四砖	0.1099	
630×250	730×350	11.5	半砖	0.0113	
		24.0	一砖	0.0235	
		36.5	一砖半	0.0358	
		49.0	二砖	0.0480	
		61.5	二砖半	0.0603	
		74.0	三砖	0.0725	
		86.5	三砖半	0.0848	
		99.9	四砖	0.0979	
630×320	730×420	11.5	半砖	0.0121	
		24.0	一砖	0.0252	
		36.5	一砖半	0.0383	
		49.0	二砖	0.0515	
		61.5	二砖半	0.0646	
		74.0	三砖	0.0777	
		86.5	三砖半	0.0908	
		99.9	四砖	0.1049	

续表

风管规格（宽度×高度）(mm)	孔洞尺寸（宽度×高度）(mm)	砖墙厚（cm）		堵洞体积（m³）	备注
630×400	730×500	11.5	半砖	0.0130	
		24.0	一砖	0.0271	
		36.5	一砖半	0.0412	
		49.0	二砖	0.0554	
		61.5	二砖半	0.0695	
		74.0	三砖	0.0836	
		86.5	三砖半	0.0977	
		99.9	四砖	0.1129	
630×500	730×600	11.5	半砖	0.0141	
		24.0	一砖	0.0295	
		36.5	一砖半	0.0449	
		49.0	二砖	0.0603	
		61.5	二砖半	0.0756	
		74.0	三砖	0.0910	
		86.5	三砖半	0.1064	
		99.9	四砖	0.1229	
630×630	730×730	11.5	半砖	0.0156	
		24.0	一砖	0.0326	
		36.5	一砖半	0.0496	
		49.0	二砖	0.0666	
		61.5	二砖半	0.0836	
		74.0	三砖	0.1006	
		86.5	三砖半	0.1176	
		99.9	四砖	0.1359	
800×320	900×420	11.5	半砖	0.0140	
		24.0	一砖	0.0293	
		36.5	一砖半	0.0445	
		49.0	二砖	0.0598	
		61.5	二砖半	0.0750	
		74.0	三砖	0.0903	
		86.5	三砖半	0.1055	
		99.9	四砖	0.1219	

续表

风管规格（宽度×高度）（mm）	孔洞尺寸（宽度×高度）（mm）	砖墙厚（cm）		堵洞体积（m^3）	备注
800×400	900×500	11.5	半砖	0.0150	
		24.0	一砖	0.0312	
		36.5	一砖半	0.0475	
		49.0	二砖	0.0637	
		61.5	二砖半	0.0800	
		74.0	三砖	0.0962	
		86.5	三砖半	0.1125	
		99.9	四砖	0.1299	
800×500	900×600	11.5	半砖	0.0161	
		24.0	一砖	0.0336	
		36.5	一砖半	0.0511	
		49.0	二砖	0.0686	
		61.5	二砖半	0.0861	
		74.0	三砖	0.1036	
		86.5	三砖半	0.1211	
		99.9	四砖	0.1399	
800×630	900×730	11.5	半砖	0.0176	
		24.0	一砖	0.0367	
		36.5	一砖半	0.0558	
		49.0	二砖	0.0750	
		61.5	二砖半	0.0941	
		74.0	三砖	0.1132	
		86.5	三砖半	0.1323	
		99.9	四砖	0.1528	
800×800	900×900	11.5	半砖	0.0196	
		24.0	一砖	0.0408	
		36.5	一砖半	0.0621	
		49.0	二砖	0.0833	
		61.5	二砖半	0.1046	
		74.0	三砖	0.1258	
		86.5	三砖半	0.1471	
		99.9	四砖	0.1698	

续表

风管规格（宽度×高度）（mm）	孔洞尺寸（宽度×高度）（mm）	砖墙厚（cm）		堵洞体积（m^3）	备　注
1000×320	1100×420	11.5	半砖	0.0163	
		24.0	一砖	0.0341	
		36.5	一砖半	0.0518	
		49.0	二砖	0.0696	
		61.5	二砖半	0.0873	
		74.0	三砖	0.1051	
		86.5	三砖半	0.1228	
		99.9	四砖	0.1419	
1000×400	1100×500	11.5	半砖	0.0173	
		24.0	一砖	0.0360	
		36.5	一砖半	0.0548	
		49.0	二砖	0.0735	
		61.5	二砖半	0.0923	
		74.0	三砖	0.1110	
		86.5	三砖半	0.1298	
		99.9	四砖	0.1499	
1000×500	1100×600	11.5	半砖	0.0184	
		24.0	一砖	0.0384	
		36.5	一砖半	0.0584	
		49.0	二砖	0.0784	
		61.5	二砖半	0.0984	
		74.0	三砖	0.1184	
		86.5	三砖半	0.1384	
		99.9	四砖	0.1598	
1000×630	1100×730	11.5	半砖	0.0199	
		24.0	一砖	0.0415	
		36.5	一砖半	0.0631	
		49.0	二砖	0.0848	
		61.5	二砖半	0.1064	
		74.0	三砖	0.1280	
		86.5	三砖半	0.1496	
		99.9	四砖	0.1728	

续表

风管规格（宽度×高度）(mm)	孔洞尺寸（宽度×高度）(mm)	砖墙厚（cm）		堵洞体积（m³）	备　注
1000×800	1100×900	11.5	半砖	0.0219	
		24.0	一砖	0.0456	
		36.5	一砖半	0.0694	
		49.0	二砖	0.0931	
		61.5	二砖半	0.01169	
		74.0	三砖	0.1406	
		86.5	三砖半	0.1644	
		99.9	四砖	0.1898	
1000×1000	1100×1100	11.5	半砖	0.0242	
		24.0	一砖	0.0504	
		36.5	一砖半	0.0767	
		49.0	二砖	0.1029	
		61.5	二砖半	0.1292	
		74.0	三砖	0.1554	
		86.5	三砖半	0.1817	
		99.9	四砖	0.2098	
1250×400	1350×500	11.5	半砖	0.0201	
		24.0	一砖	0.0420	
		36.5	一砖半	0.0639	
		49.0	二砖	0.0858	
		61.5	二砖半	0.1076	
		74.0	三砖	0.1295	
		86.5	三砖半	0.1514	
		99.9	四砖	0.1748	
1250×500	1350×600	11.5	半砖	0.0213	
		24.0	一砖	0.0444	
		36.5	一砖半	0.0675	
		49.0	二砖	0.0907	
		61.5	二砖半	0.1138	
		74.0	三砖	0.1369	
		86.5	三砖半	0.1600	
		99.9	四砖	0.1848	

续表

风管规格（宽度×高度）(mm)	孔洞尺寸（宽度×高度）(mm)	砖墙厚（cm）		堵洞体积（m^3）	备 注
1250×630	1350×730	11.5	半砖	0.0228	
		24.0	一砖	0.0475	
		36.5	一砖半	0.0723	
		49.0	二砖	0.0970	
		61.5	二砖半	0.1218	
		74.0	三砖	0.1465	
		86.5	三砖半	0.1713	
		99.9	四砖	0.1978	
1250×800	1350×900	11.5	半砖	0.0247	
		24.0	一砖	0.0516	
		36.5	一砖半	0.0785	
		49.0	二砖	0.1054	
		61.5	二砖半	0.1322	
		74.0	三砖	0.1591	
		86.5	三砖半	0.1860	
		99.9	四砖	0.2148	
1250×1000	1350×1100	11.5	半砖	0.0270	
		24.0	一砖	0.0564	
		36.5	一砖半	0.0858	
		49.0	二砖	0.1152	
		61.5	二砖半	0.1445	
		74.0	三砖	0.1739	
		86.5	三砖半	0.2033	
		99.9	四砖	0.2348	
1600×500	1700×600	11.5	半砖	0.0253	
		24.0	一砖	0.0528	
		36.5	一砖半	0.0803	
		49.0	二砖	0.1078	
		61.5	二砖半	0.1353	
		74.0	三砖	0.1628	
		86.5	三砖半	0.1903	
		99.9	四砖	0.2198	

续表

风管规格（宽度×高度）(mm)	孔洞尺寸（宽度×高度）(mm)	砖墙厚（cm）		堵洞体积（m³）	备注
1600×630	1700×730	11.5	半砖	0.0268	
		24.0	一砖	0.0559	
		36.5	一砖半	0.0850	
		49.0	二砖	0.1142	
		61.5	二砖半	0.1433	
		74.0	三砖	0.1724	
		86.5	三砖半	0.2015	
		99.9	四砖	0.2328	
1600×800	1700×900	11.5	半砖	0.0288	
		24.0	一砖	0.0600	
		36.5	一砖半	0.0912	
		49.0	二砖	0.1225	
		61.5	二砖半	0.1538	
		74.0	三砖	0.1850	
		86.5	三砖半	0.2163	
		99.9	四砖	0.2498	
1600×1000	1700×1100	11.5	半砖	0.0311	
		24.0	一砖	0.0648	
		36.5	一砖半	0.0986	
		49.0	二砖	0.1323	
		61.5	二砖半	0.1661	
		74.0	三砖	0.1998	
		86.5	三砖半	0.2336	
		99.9	四砖	0.2697	
1600×1250	1700×1350	11.5	半砖	0.0339	
		24.0	一砖	0.0708	
		36.5	一砖半	0.1077	
		49.0	二砖	0.1446	
		61.5	二砖半	0.1814	
		74.0	三砖	0.2183	
		86.5	三砖半	0.2552	
		99.9	四砖	0.2947	

续表

风管规格（宽度×高度）(mm)	孔洞尺寸（宽度×高度）(mm)	砖墙厚（cm）		堵洞体积（m^3）	备　注
2000×800	2100×900	11.5	半砖	0.0334	
		24.0	一砖	0.0696	
		36.5	一砖半	0.1059	
		49.0	二砖	0.1421	
		61.5	二砖半	0.1784	
		74.0	三砖	0.2146	
		86.5	三砖半	0.2509	
		99.9	四砖	0.2897	
2000×1000	2100×1100	11.5	半砖	0.0357	
		24.0	一砖	0.0744	
		36.5	一砖半	0.1132	
		49.0	二砖	0.1519	
		61.5	二砖半	0.1907	
		74.0	三砖	0.2294	
		86.5	三砖半	0.2682	
		99.9	四砖	0.3097	
2000×1250	2100×1350	11.5	半砖	0.0385	
		24.0	一砖	0.0804	
		36.5	一砖半	0.1223	
		49.0	二砖	0.1642	
		61.5	二砖半	0.2060	
		74.0	三砖	0.2479	
		86.5	三砖半	0.2898	
		99.9	四砖	0.3347	

2.3.9 圆形风管穿混凝土墙

堵洞体积计算表（圆形风管穿混凝土墙）见表 2-49。

表 2-49

风管规格（直径 D）	孔洞尺寸（直径 D）	混凝土墙厚（cm）	堵洞体积（m^3）	备 注
100	300	20.0	0.012560	
		18.0	0.011304	
		15.0	0.009420	
		13.0	0.008164	
		12.0	0.007536	
		10.0	0.006280	
		8.0	0.005024	
120	320	20.0	0.013816	
		18.0	0.012434	
		15.0	0.010362	
		13.0	0.008980	
		12.0	0.008290	
		10.0	0.006908	
		8.0	0.005526	
140	340	20.0	0.015072	
		18.0	0.013565	
		15.0	0.011304	
		13.0	0.009797	
		12.0	0.009043	
		10.0	0.007536	
		8.0	0.006029	
160	360	20.0	0.016328	
		18.0	0.014695	
		15.0	0.012246	
		13.0	0.010613	
		12.0	0.009797	
		10.0	0.008164	
		8.0	0.006531	
180	380	20.0	0.017584	
		18.0	0.015826	
		15.0	0.013188	
		13.0	0.011430	
		12.0	0.010550	
		10.0	0.008792	
		8.0	0.007034	

续表

风管规格（直径 D）	孔洞尺寸（直径 D）	混凝土墙厚（cm）	堵洞体积（m^3）	备注
200	400	20.0	0.018840	
		18.0	0.016956	
		15.0	0.014130	
		13.0	0.012246	
		12.0	0.011304	
		10.0	0.009420	
		8.0	0.007536	
220	420	20.0	0.020096	
		18.0	0.018086	
		15.0	0.015072	
		13.0	0.013062	
		12.0	0.012058	
		10.0	0.010048	
		8.0	0.008038	
250	450	20.0	0.021980	
		18.0	0.019782	
		15.0	0.016485	
		13.0	0.014287	
		12.0	0.013188	
		10.0	0.010990	
		8.0	0.008792	
280	480	20.0	0.023864	
		18.0	0.021478	
		15.0	0.017898	
		13.0	0.015512	
		12.0	0.014318	
		10.0	0.011932	
		8.0	0.009546	
320	520	20.0	0.026376	
		18.0	0.023738	
		15.0	0.019782	
		13.0	0.017144	
		12.0	0.015826	
		10.0	0.013188	
		8.0	0.010550	

续表

风管规格（直径 D）	孔洞尺寸（直径 D）	混凝土墙厚（cm）	堵洞体积（m^3）	备　注
360	560	20.0	0.028888	
		18.0	0.025999	
		15.0	0.021666	
		13.0	0.018777	
		12.0	0.017333	
		10.0	0.014444	
		8.0	0.011555	
400	600	20.0	0.031400	
		18.0	0.028260	
		15.0	0.023550	
		13.0	0.020410	
		12.0	0.018840	
		10.0	0.015700	
		8.0	0.012560	
450	650	20.0	0.034540	
		18.0	0.031086	
		15.0	0.025905	
		13.0	0.022451	
		12.0	0.020724	
		10.0	0.017270	
		8.0	0.013816	
500	700	20.0	0.037680	
		18.0	0.033912	
		15.0	0.028260	
		13.0	0.024492	
		12.0	0.022608	
		10.0	0.018840	
		8.0	0.015072	
560	760	20.0	0.041448	
		18.0	0.037303	
		15.0	0.031086	
		13.0	0.026941	
		12.0	0.024869	
		10.0	0.020724	
		8.0	0.016579	

续表

风管规格（直径 D）	孔洞尺寸（直径 D）	混凝土墙厚（cm）	堵洞体积（m^3）	备　注
630	830	20.0	0.045844	
		18.0	0.041260	
		15.0	0.034383	
		13.0	0.029799	
		12.0	0.027506	
		10.0	0.022922	
		8.0	0.018338	
700	900	20.0	0.050240	
		18.0	0.045216	
		15.0	0.037680	
		13.0	0.032656	
		12.0	0.030144	
		10.0	0.025120	
		8.0	0.020096	
800	1000	20.0	0.056520	
		18.0	0.050868	
		15.0	0.042390	
		13.0	0.036738	
		12.0	0.033912	
		10.0	0.028260	
		8.0	0.022608	
900	1100	20.0	0.062800	
		18.0	0.056520	
		15.0	0.047100	
		13.0	0.040820	
		12.0	0.037680	
		10.0	0.031400	
		8.0	0.025120	
1000	1200	20.0	0.069080	
		18.0	0.062172	
		15.0	0.051810	
		13.0	0.044902	
		12.0	0.041448	
		10.0	0.034540	
		8.0	0.027632	

续表

风管规格（直径 D）	孔洞尺寸（直径 D）	混凝土墙厚（cm）	堵洞体积（m^3）	备 注
1120	1320	20.0	0.076616	
		18.0	0.068954	
		15.0	0.057462	
		13.0	0.049800	
		12.0	0.045970	
		10.0	0.038308	
		8.0	0.030646	
1250	1450	20.0	0.084780	
		18.0	0.076302	
		15.0	0.063585	
		13.0	0.055107	
		12.0	0.050868	
		10.0	0.042390	
		8.0	0.033912	
1400	1600	20.0	0.094200	
		18.0	0.084780	
		15.0	0.070650	
		13.0	0.061230	
		12.0	0.056520	
		10.0	0.047100	
		8.0	0.037680	
1600	1800	20.0	0.106760	
		18.0	0.096084	
		15.0	0.080070	
		13.0	0.069394	
		12.0	0.064056	
		10.0	0.053380	
		8.0	0.042704	
1800	2000	20.0	0.119320	
		18.0	0.107388	
		15.0	0.089490	
		13.0	0.077558	
		12.0	0.071592	
		10.0	0.059660	
		8.0	0.047728	

续表

风管规格（直径 D）	孔洞尺寸（直径 D）	混凝土墙厚（cm）	堵洞体积（m^3）	备注
2000	2200	20.0	0.131880	
		18.0	0.118692	
		15.0	0.098910	
		13.0	0.085722	
		12.0	0.079128	
		10.0	0.065940	
		8.0	0.052752	

2.3.10 圆形风管穿砖墙

堵洞体积计算表（圆形风管穿砖墙）见表 2-50。

表 2-50

风管规格（直径）（mm）	孔洞尺寸（直径）（mm）	砖墙厚（cm）		堵洞体积（m^3）	备注
100	300	11.5	半砖	0.007222	
		24.0	一砖	0.015072	
		36.5	一砖半	0.022922	
		49.0	二砖	0.030772	
		61.5	二砖半	0.038622	
		74.0	三砖	0.046472	
		86.5	三砖半	0.054322	
		99.9	四砖	0.062737	
120	320	11.5	半砖	0.007944	
		24.0	一砖	0.016579	
		36.5	一砖半	0.025214	
		49.0	二砖	0.033849	
		61.5	二砖半	0.042484	
		74.0	三砖	0.051119	
		86.5	三砖半	0.059754	
		99.9	四砖	0.069011	
140	340	11.5	半砖	0.008666	
		24.0	一砖	0.018086	
		36.5	一砖半	0.027506	
		49.0	二砖	0.036926	
		61.5	二砖半	0.046346	
		74.0	三砖	0.055766	
		86.5	三砖半	0.065186	
		99.9	四砖	0.075285	

续表

风管规格（直径）(mm)	孔洞尺寸（直径）(mm)	砖墙厚 (cm)		堵洞体积 (m^3)	备 注
160	360	11.5	半砖	0.009389	
		24.0	一砖	0.019594	
		36.5	一砖半	0.029799	
		49.0	二砖	0.040004	
		61.5	二砖半	0.050209	
		74.0	三砖	0.060414	
		86.5	三砖半	0.070619	
		99.9	四砖	0.081558	
180	380	11.5	半砖	0.010111	
		24.0	一砖	0.021101	
		36.5	一砖半	0.032091	
		49.0	二砖	0.043081	
		61.5	二砖半	0.054071	
		74.0	三砖	0.065061	
		86.5	三砖半	0.076051	
		99.9	四砖	0.087832	
200	400	11.5	半砖	0.010833	
		24.0	一砖	0.022608	
		36.5	一砖半	0.034383	
		49.0	二砖	0.046158	
		61.5	二砖半	0.057933	
		74.0	三砖	0.069708	
		86.5	三砖半	0.081483	
		99.9	四砖	0.094106	
220	420	11.5	半砖	0.011555	
		24.0	一砖	0.024115	
		36.5	一砖半	0.036675	
		49.0	二砖	0.049235	
		61.5	二砖半	0.061795	
		74.0	三砖	0.074355	
		86.5	三砖半	0.086915	
		99.9	四砖	0.100380	

续表

风管规格（直径）(mm)	孔洞尺寸（直径）(mm)	砖墙厚 (cm)		堵洞体积 (m^3)	备 注
250	450	11.5	半砖	0.012639	
		24.0	一砖	0.026376	
		36.5	一砖半	0.040114	
		49.0	二砖	0.053851	
		61.5	二砖半	0.067589	
		74.0	三砖	0.081326	
		86.5	三砖半	0.095064	
		99.9	四砖	0.109790	
280	480	11.5	半砖	0.013722	
		24.0	一砖	0.028637	
		36.5	一砖半	0.043552	
		49.0	二砖	0.058467	
		61.5	二砖半	0.073382	
		74.0	三砖	0.088297	
		86.5	三砖半	0.103212	
		99.9	四砖	0.119201	
320	520	11.5	半砖	0.015166	
		24.0	一砖	0.031651	
		36.5	一砖半	0.048136	
		49.0	二砖	0.064621	
		61.5	二砖半	0.081106	
		74.0	三砖	0.097591	
		86.5	三砖半	0.114076	
		99.9	四砖	0.131748	
360	560	11.5	半砖	0.016611	
		24.0	一砖	0.034666	
		36.5	一砖半	0.052721	
		49.0	二砖	0.070776	
		61.5	二砖半	0.088831	
		74.0	三砖	0.106886	
		86.5	三砖半	0.124941	
		99.9	四砖	0.144296	

续表

风管规格（直径）(mm)	孔洞尺寸（直径）(mm)	砖墙厚 (cm)		堵洞体积 (m^3)	备 注
400	600	11.5	半砖	0.018055	
		24.0	一砖	0.037680	
		36.5	一砖半	0.057305	
		49.0	二砖	0.076930	
		61.5	二砖半	0.096555	
		74.0	三砖	0.116180	
		86.5	三砖半	0.135805	
		99.9	四砖	0.156843	
450	650	11.5	半砖	0.019861	
		24.0	一砖	0.041448	
		36.5	一砖半	0.063036	
		49.0	二砖	0.084623	
		61.5	二砖半	0.106211	
		74.0	三砖	0.127798	
		86.5	三砖半	0.149386	
		99.9	四砖	0.172527	
500	700	11.5	半砖	0.021666	
		24.0	一砖	0.045216	
		36.5	一砖半	0.068766	
		49.0	二砖	0.092316	
		61.5	二砖半	0.115866	
		74.0	三砖	0.139416	
		86.5	三砖半	0.162966	
		99.9	四砖	0.188212	
560	760	11.5	半砖	0.023833	
		24.0	一砖	0.049738	
		36.5	一砖半	0.075643	
		49.0	二砖	0.101548	
		61.5	二砖半	0.127453	
		74.0	三砖	0.153358	
		86.5	三砖半	0.179263	
		99.9	四砖	0.207033	

续表

风管规格（直径）(mm)	孔洞尺寸（直径）(mm)	砖墙厚 (cm)		堵洞体积 (m^3)	备 注
630	830	11.5	半砖	0.026360	
		24.0	一砖	0.055013	
		36.5	一砖半	0.083665	
		49.0	二砖	0.112318	
		61.5	二砖半	0.140970	
		74.0	三砖	0.169623	
		86.5	三砖半	0.198275	
		99.9	四砖	0.228991	
700	900	11.5	半砖	0.028888	
		24.0	一砖	0.060288	
		36.5	一砖半	0.091688	
		49.0	二砖	0.123088	
		61.5	二砖半	0.154488	
		74.0	三砖	0.185888	
		86.5	三砖半	0.217288	
		99.9	四砖	0.250949	
800	1000	11.5	半砖	0.032499	
		24.0	一砖	0.067824	
		36.5	一砖半	0.103149	
		49.0	二砖	0.138474	
		61.5	二砖半	0.173799	
		74.0	三砖	0.209124	
		86.5	三砖半	0.244449	
		99.9	四砖	0.282317	
900	1100	11.5	半砖	0.036110	
		24.0	一砖	0.075360	
		36.5	一砖半	0.114610	
		49.0	二砖	0.153860	
		61.5	二砖半	0.193110	
		74.0	三砖	0.232360	
		86.5	三砖半	0.271610	
		99.9	四砖	0.313686	

续表

风管规格（直径）（mm）	孔洞尺寸（直径）（mm）	砖墙厚（cm）		堵洞体积（m³）	备 注
1000	1200	11.5	半砖	0.039721	
		24.0	一砖	0.082896	
		36.5	一砖半	0.126071	
		49.0	二砖	0.169246	
		61.5	二砖半	0.212421	
		74.0	三砖	0.255596	
		86.5	三砖半	0.298771	
		99.9	四砖	0.345055	
1120	1320	11.5	半砖	0.044054	
		24.0	一砖	0.091939	
		36.5	一砖半	0.139824	
		49.0	二砖	0.187709	
		61.5	二砖半	0.235594	
		74.0	三砖	0.283479	
		86.5	三砖半	0.331364	
		99.9	四砖	0.382697	
1250	1450	11.5	半砖	0.048749	
		24.0	一砖	0.101736	
		36.5	一砖半	0.154724	
		49.0	二砖	0.207711	
		61.5	二砖半	0.260699	
		74.0	三砖	0.313686	
		86.5	三砖半	0.366674	
		99.9	四砖	0.423476	
1400	1600	11.5	半砖	0.054165	
		24.0	一砖	0.113040	
		36.5	一砖半	0.171915	
		49.0	二砖	0.230790	
		61.5	二砖半	0.289665	
		74.0	三砖	0.348540	
		86.5	三砖半	0.407415	
		99.9	四砖	0.470529	

续表

风管规格（直径）(mm)	孔洞尺寸（直径）(mm)	砖墙厚 (cm)		堵洞体积 (m^3)	备　注
1600	1800	11.5	半砖	0.061387	
		24.0	一砖	0.128112	
		36.5	一砖半	0.194837	
		49.0	二砖	0.261562	
		61.5	二砖半	0.328287	
		74.0	三砖	0.395012	
		86.5	三砖半	0.461737	
		99.9	四砖	0.533266	
1800	2000	11.5	半砖	0.068609	
		24.0	一砖	0.143184	
		36.5	一砖半	0.217759	
		49.0	二砖	0.292334	
		61.5	二砖半	0.366909	
		74.0	三砖	0.441484	
		86.5	三砖半	0.516059	
		99.9	四砖	0.596003	
2000	2200	11.5	半砖	0.075831	
		24.0	一砖	0.158256	
		36.5	一砖半	0.240681	
		49.0	二砖	0.323106	
		61.5	二砖半	0.405531	
		74.0	三砖	0.487956	
		86.5	三砖半	0.570381	
		99.9	四砖	0.658741	

2.4　表面积速查表

2.4.1　管道表面积速查表

管道表面积速查表 2-51。

表 2-51

规格	DN15	20	25	32	40	50	70	80	100	125	150
类别	dn22	27	34	42	48	60	76	89	108	133	159
表面积	0.0669	0.0842	0.1053	0.1329	0.1508	0.1885	0.2374	0.2781	0.3581	0.4398	0.5184
	0.0691	0.0848	0.1068	0.1319	0.1508	0.1885	0.2398	0.2796	0.3393	0.4178	0.4995

续表

规格 类别	DN200 dN219	 245	250 273	300 325	350 377	400 426	450 478	500 529	600 631	700 720
表面积	0.6880 0.6880	 0.7697	0.8577 0.8577	1.0210 1.0210	1.1844 1.1844	1.3383 1.3383	1.5017 1.5017	1.6650 1.6619	1.9823 1.9823	2.2620 2.2620

注：DN 表示公称直径。

dn 表示公称外径。

2.4.2 公称直径与无缝钢管外径对应关系表

公称直径与无缝钢管外径对应关系表见表 2-52。

表 2-52

公称直径（mm）	15	20	25	32	40	50	70	80	100	150	200
无缝钢管外径（mm）	20	25	32	38	45	57	76	89	108	159	219

2.4.3 铸铁散热器表面积速查表

铸铁散热器表面积速查表见表 2-53。

表 2-53

名　称	型 号	散热面积（m^2）/片（刷漆表面积）	备　注
柱翼型定向对流铸铁散热器	TDD1-6-5	0.43	进出口中心距 600
	TDD1-5-5	0.40	进出口中心距 500
	TDD1-4-5	0.37	进出口中心距 400
三柱型铸铁散热器	745 型	0.21	进出口中心距 600
	645 型	0.18	进出口中心距 500
	445 型	0.14	进出口中心距 300
板翼型铸铁散热器	660 型	0.50	进出口中心距 600
	560 型	0.41	进出口中心距 500
凹凸板型铸铁散热器	660 型	0.26	进出口中心距 600
	560 型	0.21	进出口中心距 500
四柱型铸铁散热器	813 型	0.28	进出口中心距 600
	760 型	0.231	进出口中心型 600
	460 型	0.126	进出口中心距 300
铸铁辐射对流散热器	TFD 型Ⅰ型	0.34	
	TFD 型Ⅱ型	0.28	
	TFD 型Ⅲ型	0.30	

2.5 铸铁散热器腿片、支架分析及拉条重量速查表

2.5.1 铸铁散热器腿片、支架分析及拉条数量速查表

铸铁散热器腿片、支架分析及拉条数量速查表见表2-54。

表2-54

散热器类型	每组片数	腿片	固定卡（个）	下托钩（个）	拉条（个）
铸铁柱式散热器	3～12	2	1	2	—
	13～15	2	1	3	—
	16～20	3	2	3	—
	21～24	3	2	4	4
	25片及以上	4	2	4	4

2.5.2 铸铁散热器拉条重量速查表

铸铁散热器拉条重量速查表见表2-55。

表2-55

材料名称 \ 散热器片数			20	21	22	23	24	25	26	27	28
扁钢	规格		40×4	40×4	40×4	40×4	40×4	40×4	40×4	40×4	40×4
	重量	单位重量（kg/个）	0.116	0.116	0.116	0.116	0.116	0.116	0.116	0.116	0.116
		数量（个）	4	4	4	4	4	4	4	4	4
圆钢	规格		ϕ10	ϕ10	ϕ10	ϕ10	ϕ10	ϕ10	ϕ10	ϕ10	ϕ10
	重量	单位重量（kg/个）	0.617	0.617	0.617	0.617	0.617	0.617	0.617	0.617	0.617
		数量（个）	3.76	3.94	4.12	4.3	4.48	4.66	4.84	5.02	5.2
螺母	规格		M10	M10	M10	M10	M10	M10	M10	M10	M10
	重量	单位重量（kg/个）	0.0131	0.0131	0.0131	0.0131	0.0131	0.0131	0.0131	0.0131	0.0131
		数量（个）	4	4	4	4	4	4	4	4	4
垫圈	规格		10.5	10.5	10.5	10.5	10.5	10.5	10.5	10.5	10.5
	重量	单位重量（kg/个）	0.0041	0.0041	0.0041	0.0041	0.0041	0.0041	0.0041	0.0041	0.0041
		数量（个）	4	4	4	4	4	4	4	4	4
重量合计（kg）			2.852	2.964	3.075	3.186	3.297	3.408	3.519	3.630	3.741

2.6 通风空调常用风管分析表

2.6.1 矩形风管规格系列选用表

矩形风管规格系列选用表［91SB6-1（2005）图集］见表2-56。

表 2-56

高度 B(mm) \ 宽度 A(mm)	120	160	200	250	320	400	500	630	800	1000	1250	1600	2000
120	○	○	○	○									
160		○	○	○	○								
200			○	○	○	○	○						
250				○	○	○	○	○					
320					○	○	○	○	○	○			
400						○	○	○	○	○	○		
500							○	○	○	○	○	○	
630								○	○	○	○	○	
800									○	○	○	○	○
1000										○	○	○	○
1250												○	○

2.6.2 圆形风管规格系列选用表

圆形风管规格系列选用表见表 2-57。

表 2-57

圆形风管规格系列选用表（直径 D）			
基本系列	辅助系列	基本系列	辅助系列
100	80	500	480
	90	560	530
120	110	630	600
140	130	700	670
160	150	800	750
180	170	900	850
200	190	1000	950
220	210	1120	1060
250	240	1250	1180
280	260	1400	1320
320	300	1600	1500
360	340	1800	1700
400	380	2000	1900
450	420		

2.6.3 材料耐火等级的分类与辨识表

材料耐火等级的分类与辨识见表 2-58。

表 2-58

耐火等级	耐火程度	氧指数	耐火识别（侧面点燃）
A	不燃	＞32	点不着
B_1	难燃	28＞32	点着后自己慢慢熄灭
B_2	可燃	25＞28	点着
B	易燃	＞25	点着后自己越烧越大

2.6.4 金属风管系统严密性检验计算表

金属风管系统严密性检验计算见表 2-59。

表 2-59

系统类别	漏光检测	漏风检测	备注	允许漏风量
低压系统	5%	—	不小于一个系统	$\leqslant 0.1056P^{0.65}$
中压系统	5%	20%	不小于一个系统	$\leqslant 0.0352P^{0.65}$
高压系统	—	100%	不小于一个系统	$\leqslant 0.0117P^{0.65}$

注：1. 系统风管严密性检验的被抽检系统，应全数合格，则视为通过；如有不合格时，则应再加倍抽查，直至全数合格。

2. 净化空调系统风管的严密性检验，1～5 级的系统按高压系统风管的规定执行；6～9 级的系统风管必须通过工艺性的检测或验证。

3. 表中允许漏风量 [m^3/（h·m^2）]：P 指风管系统的工作压力（Pa）。

4. 低压、中压圆形金属风管、复合材料风管以及采用非法兰形式的非金属风管的允许漏风量，应为矩形风管规定值的 50%。

5. 砖、混凝土风道的允许漏风量不应大于矩形低压系统风管规定值的 1.5 倍。

6. 排烟、除尘、低温送风系统按中压系统风管的规定，1～5 级净化空调系统按高压系统风管的规定。

2.6.5 风管板厚及法兰规格速查表

2.6.5.1 钢板风管板厚及法兰规格速查表

钢板风管板厚及法兰规格速查表见表 2-60。

表 2-60

圆形风管直径或矩形风管大边长（mm）	钢板风管和配件的钢板最小厚度（mm）						钢板风管法兰用料的最小规格			
	中、低压系统		高压系统		除尘风管	输送油烟、水蒸气及腐蚀性气体	圆形风管		矩形风管	
	圆形	矩形	圆形	矩形			用料规格（mm）	螺栓规格	用料规格（mm）	螺栓规格
≤140	0.50	0.50	0.50	0.75	1.50	2.00	—20×4	M6	L25×3	M6
＞140～280	0.50	0.50	0.50	0.75	1.50	2.00	—25×4	M6	L25×3	M6
＞280～320	0.50	0.50	0.50	0.75	1.50	2.00	L25×3	M6	L25×3	M6
＞320～450	0.60	0.60	0.75	0.75	1.50	2.00	L25×3	M6	L25×3	M6
＞450～630	0.75	0.60	0.75	0.75	2.00	2.00	L25×3	M6	L25×3	M6
＞630～1000	0.75	0.75	0.75	1.00	2.00	2.00	L30×4	M8	L30×4	M8
＞1000～1250	1.00	1.00	1.00	1.00	2.00	2.00	L30×4	M8	L30×4	M8

续表

圆形风管直径或矩形风管大边长（mm）	钢板风管和配件的钢板最小厚度（mm）						钢板风管法兰用料的最小规格			
	中、低压系统		高压系统		除尘风管	输送油烟、水蒸气及腐蚀性气体	圆形风管		矩形风管	
	圆形	矩形	圆形	矩形			用料规格（mm）	螺栓规格	用料规格（mm）	螺栓规格
＞1250～1500	1.20	1.00	1.20	1.00	按设计	3.00	L40×4	M8	L40×4	M8
＞1500～2000	1.20	1.00	1.20	1.00	按设计	3.00	L40×4	M8	L40×4	M8
＞2000～2500	按设计	1.20	按设计	按设计	按设计	按设计	L40×4	M8	L40×4	M8
＞2500～4000	按设计	1.20	按设计	按设计	按设计	按设计	—	—	L50×5	M10

2.6.5.2　不锈钢板风管板厚及法兰规格速查表

不锈钢板风管板厚及法兰规格速查表见表 2-61。

表 2-61

风管和配件板材厚度		风管法兰用料规格	
圆形风管直径或矩形风管大边长（mm）	厚度（mm）	不锈钢法兰规格（mm）	螺栓规格
≤280	0.50	－25×4	M6
＞280～500	0.50	－30×4	
＞500～1000	0.75	－35×4	
＞1000～2000	1.00	－40×4	M8
＞2000～4000	1.20	－50×4	

2.6.5.3　铝板风管板厚及法兰规格速查表

铝板风管板厚及法兰规格速查表见表 2-62。

表 2-62

圆形风管直径或矩形风管大边长（mm）	厚　度（mm）	法兰规格		螺栓规格
		扁铝	角铝	
≤320	1.00	－30×6	L30×4	M6
＞320～630	1.50	－35×8	L35×4	M8
＞630～2000	2.00	－40×10	L40×6	
＞2000～4000	按设计	－40×12	L50×8	

2.6.5.4　有机玻璃钢板风管板厚及法兰规格速查表

有机玻璃钢板风管板厚及法兰规格速查表见表 2-63。

表 2-63

圆形风管直径或矩形风管大边长（mm）	厚度（mm）	玻璃钢法兰规格	螺栓规格
≤200	2.50	－30×4	M8
＞200～400	3.20	－30×4	
＞400～630	4.00	－40×6	
＞630～1000	4.80	－40×6	
＞1000～2000	6.20	－50×8	M10

2.6.5.5　无机玻璃钢板风管板厚及法兰规格速查表

无机玻璃钢板风管板厚及法兰规格速查表见表 2-64。

表 2-64

圆形风管直径或矩形风管大边长（mm）	厚度（mm）	玻璃钢法兰规格	螺栓规格
≤300	3.20	−27×5	M6
>300～500	4.00	−36×6	M8
>500～1000	5.00	−45×8	
>1000～1500	6.00	−49×10	M10
>1500～2000	7.00	−53×15	
>2000	8.00	−52×20	

2.6.5.6　硬聚氯乙烯板风管和附件板材厚度速查表

硬聚氯乙烯板风管和附件板材厚度速查表见表 2-65。

表 2-65

圆形直径或矩形大边长（mm）	板材厚度（mm）		加固圈		圆形风管法兰规格				矩形风管法兰规格			
	圆形	矩形	规格（mm）	间距（mm）	法兰宽×厚（mm）	螺栓孔径（mm）	螺栓数量	螺栓规格	法兰宽×厚（mm）	螺栓孔径（mm）	螺栓间距（mm）	螺栓规格
≤160			—	—	35×6	7.5	6	M6	35×6	7.5	≤120	M6
≤180	3	3	—	—	35×6	7.5	6		35×8	9.5		M8
≤320	3	3	—	—	35×8	9.5	8～12	M8	35×8	9.5		
>320～400	4	4	—	—	35×8	9.5	8～12		35×8	9.5		
>400～500	4	4	—	—	35×10	9.5	12～14		35×10	9.5		
>500～630	4	5	−40×5	圆形 800 矩形 400	40×10	9.5	16～22		40×10	9.5		M10
>630～800	5	5	−40×5		40×10	9.5	16～22		40×10	9.5		
>800～1000	5	6	−50×6		45×12	11.5	24～38	M10	45×12	11.5		
>1000～1250	6	6	−50×6		45×12	11.5	24～38		45×12	11.5		
>1250～1400	6	8	−60×8		45×12	11.5	24～38		50×15	11.5		
>1400～1600	6	8	−60×8		50×15	11.5	40～44		50×15	11.5		
>1600～2000	6	8	−80×10		60×15	11.5	46～48		60×18	11.5		
>2000	—	—	—	—	按设计				按设计			

2.6.5.7　薄钢板（共板）法兰矩形风管及附件速查表

薄钢板（共板）法兰矩形风管及附件速查表见表 2-66。

表 2-66

板厚规格		法兰角工艺尺寸				支吊架最小尺寸		
风管厚度(mm) 风管大边尺寸(mm)	中、低压系统	法兰最小尺寸(mm)		角板连接厚度(mm)	法兰夹卡厚度(mm)	最大间距(m)	吊杆尺寸(mm)	托架尺寸(mm)
80～320	0.5	高 30	宽 9.5	1.2	1.0	3	Φ8	L30×3
340～400	0.6						Φ8	L30×3
450～630	0.6						Φ8	L40×4
670～1000	0.75						Φ8	L40×4
1120～1200	1.0						Φ8	L40×4
1250～1600	1.0						Φ10	L50×4

2.6.5.8 矩形风管法兰尺寸速查表

矩形风管法兰尺寸速查表见表 2-67。

表 2-67 mm

序号	风管规格		法兰尺寸及用料规格												法兰个重(mm)	配用螺栓规格	配合铆钉规格
	A	B	A1	B1	角钢规格	螺孔					铆孔						
						Φ_1	a	a_1	b_1	孔数(个)	Φ_2	a_2	b_2	孔数(个)			
1	120	120	122	122	L25×4	7.5	2.8	151	151	4	4.5	42	42	8	0.86	M6×20	Φ4×8
2	160	120	162	122				191	151	6		82	42		0.98		
3		160		162					191	8			82		1.09		
4	200	120	202	122				231	151	6		122	42		1.09		
5		160		162					191	8			82		1.21		
6		200		202					231				122		1.33		
7	250	120	252	122				281	151	6		172	42	10	1.24		
8		160		162					191	8			82		1.36		
9		200		202					231				122		1.47		
10		250		252					281				172	12	1.62		
11	320	160	322	162				351	191			242	82	10	1.56		
12		200		202					231	10			122		1.68		
13		250		252					281				172		1.82		
14		320		322					351	12			242	12	2.03		
15	400	200	402	202				531	231	10		322	122		1.91		
16		250		252					281				172	14	2.06		
17		320		322					351	12			242		2.26		
18		400		402					431				322	16	2.49		
19	500	200	502	202		9.5			231			422	122	14	2.20	M8×25	
20		250		252					281				172	16	2.35		

续表

序号	风管规格		法兰尺寸及用料规格			螺孔					铆孔				法兰个重（mm）	配用螺栓规格	配合铆钉规格
	A	B	A1	B1	角钢规格	Φ_1	a	a_1	b_1	孔数（个）	Φ_2	a_2	b_2	孔数（个）			
21		320		322					351	14			242	16	2.55		
22	500	400	502	402				531	431			422	322	18	2.79		
23		500		502					531	16			422	20	3.07		
24		250		252	L25×4		2.8		281	14	4.5		172	18	2.73		Φ4×8
25		320		322					351	16			242		2.93		
26	630	400	632	402				661	431			552	322	20	3.17		
27		500		502					531	18			422	22	3.46		
28		630		632					661	20			552	24	3.84		
29		320		322					356	18			242	20	4.01		
30		400		402					436				322	22	4.24		
31	800	500	802	502				836	536	20		722	422	24	4.53		
32		630		632					666	22			552	26	4.91		
33		800		802					836	24			722	28	5.92		
34		320	1002	322					356	20			242	22	4.72		
35		400		402					436				322	24	4.96		
36	1000	500		502	L30×4	9.5	13	1036	536	22		922	422	26	5.52	M8×25	
37		630		632					666	24			552	28	5.63		
38		800		802					836	26			722	30	6.64		
39		1000		1002					1036	28			922	32	7.35		
40		400		402					436	22	5.5		322	28	5.85		Φ5×10
41		500		502					536	24			422	30	6.14		
42	1250	630		632				1286	666	26		1172	552	32	6.52		
43		800		802					836	28			722	34	7.53		
44		1000		1002					1036	30			922	36	8.24		
45		500		502					546				422	34	9.61		
46		630		632					676	32			552	36	9.99		
47	1600	800		802				1646	846	34		1522	722	38	11.00		
48		1000		1002	L40×4		18		1046	36			922	40	11.71		
49		1250		1252					1296	38			1172	44	12.60		
50		800		802					846				722		12.93		
51	2000	1000		1002				2046	1046	40		1922	922	46	13.64		
52		1250		1252					1296	42			1172	50	14.53		

2.6.6 风管重量速查表

风管重量速查表见表 2-68。

表 2-68

不保（冷）温矩形风管重量表（kg/6m）

B \ A	120	160	200	250	320	400	500	630	800	1000	1250	1600	2000
120	12	13	15	27	32	37	45	72	88	108	158	198	244
160		15	17	30	35	40	48	76	92	111	162	203	249
200			19	32	37	43	50	80	96	115	167	207	253
250				36	41	47	54	84	101	120	173	213	259
320					46	52	59	91	108	127	181	221	267
400						58	65	99	115	134	190	230	276
500							72	108	125	144	202	242	288
630								121	137	156	217	257	303
800									154	173	236	276	323
1000										192	259	300	346
1250											288	328	374
1600												369	415
2000													461

不保温(冷)圆形风管重量表(kg/6m)

ϕ	重量	ϕ	重量
100	8	500	57
120	9	560	84
140	11	630	95
160	12	700	106
180	14	800	121
200	15	900	136
220	25	1000	151
250	28	1120	169
280	32	1250	226
320	36	1400	253
360	41	1600	290
400	45	1800	326
450	51	2000	362

保温（冷）矩形风管重量表（kg/6m）

B \ A	120	160	200	250	320	400	500	630	800	1000	1250	1600	2000
120	63	71	79	97	112	130	151	197	238	286	372	463	567
160		79	86	106	121	138	160	207	248	296	383	473	577
200			94	114	130	147	168	216	257	305	396	484	588
250				125	140	158	179	228	269	317	406	497	600
320					156	173	194	245	286	334	424	515	619
400						190	212	264	305	353	445	536	639
500							233	288	329	377	471	562	665
630								320	360	408	505	595	699
800									401	449	549	639	743
1000										497	600	691	795
1250											665	756	860
1600												847	950
2000													1054

保温(冷)圆形风管重量表(kg/6m)

ϕ	重量	ϕ	重量
100	22	500	116
120	26	560	151
140	30	630	170
160	34	700	188
180	37	800	215
200	41	900	241
220	53	1000	267
250	60	1120	299
280	67	1250	371
320	76	1400	415
360	85	1600	474
400	94	1800	533
450	105	2000	591

注：1. 重量计算依据：薄钢板重量按 800kg/m³，风管钢板厚度和法兰按图集；风管长 6m，分两节设 4 组法兰。保冷（温）层重量以 30mm 厚岩棉毡，密度 200kg/m³，计算公式以 mm 计。g 为风管法兰角钢单位重量 kg/m，b 为法兰宽，δ 为风管厚度。

不保冷（温）矩形风管 $G=0.096(A+B)\delta+0.08g(A+B+2b)$；不保冷（温）圆形风管 $G=0.1508\phi\delta+0.0126\times g(b+\phi)$。

保冷（温）矩形风管 $G=0.096(A+B)\delta+0.072(A+B+60)+0.08g(A+B+2b)$；保冷（温）圆形风管 $G=0.1508\phi\delta+0.113(30+\phi+0.126\times g(b+\phi)$。

3 安装工程定额消耗量分析及速查表

材料消耗量分析及速查表是依据《全国统一安装工程基础定额》的标准整理列出的，方便计价人员迅速快捷的查找，准确计价。

3.1 消耗量分析表

3.1.1 给排水、采暖、燃气工程

消耗量分析表（给排水、采暖、燃气工程）见表3-1。

表 3-1

工程名称	分　项　名　称	主材名称	单位	定额消耗量
室外管道、室内管道、燃气管道	室外镀锌钢管(螺纹连接)	镀锌钢管	10m	(10.15m)
	室内镀锌钢管(螺纹连接)			(10.20m)
	室外焊接钢管(螺纹连接)；室外钢管(焊接)	焊接钢管		(10.15m)
	室内焊接钢管(螺纹连接)；室内钢管(焊接)			(10.20m)
	室外承插铸铁给水管(青铅接口、膨胀水泥接口、石棉水泥接口、胶圈接口) 室内承插铸铁给水管(青铅接口、膨胀水泥接口、石棉水泥接口)； 室内承插铸铁雨水管(石棉水泥接口、水泥接口)	承插铸铁给水管		(10.00m)
	室外承插铸铁排水管(石棉水泥接口、水泥接口)DN50	承插铸铁排水管		(8.80m)
	室外承插铸铁排水管(石棉水泥接口、水泥接口)DN75			(9.30m)
	室外承插铸铁排水管(石棉水泥接口、水泥接口)DN100			(8.90m)
	室外承插铸铁排水管(石棉水泥接口、水泥接口)DN150			(9.60m)
	室外承插铸铁排水管(石棉水泥接口、水泥接口)DN200			(9.80m)
	室外承插铸铁排水管(石棉水泥接口、水泥接口)DN250			(10.13m)
		铸铁管接头零件		(2.10个)
	室内柔性抗震铸铁排水管(柔性接口)DN50	柔性抗震铸铁排水管		(8.80m)
	室内柔性抗震铸铁排水管(柔性接口)DN75			(9.30m)
	室内柔性抗震铸铁排水管(柔性接口)DN100			(8.90m)
	室内柔性抗震铸铁排水管(柔性接口)DN150			(9.60m)
	室内柔性抗震铸铁排水管(柔性接口)DN200			(9.80m)
	室内承插塑料排水管(零件粘接)DN50	承插塑料排水管		(9.67m)
		承插塑料排水管管件		(9.02个)
	室内承插塑料排水管(零件粘接)DN75	承插塑料排水管		(9.63m)
		承插塑料排水管管件		(10.76个)
	室内承插塑料排水管(零件粘接)DN100	承插塑料排水管		(8.52m)
		承插塑料排水管管件		(11.38个)
	室内承插塑料排水管(零件粘接)DN150	承插塑料排水管		(9.47m)
		承插塑料排水管管件		(6.98个)
	承插煤气铸铁管(柔性机械接口)	活动法兰铸铁管		(10.00m)
	承插煤气铸铁管(柔性机械接口)DN100	压兰 DN100		(4.666片)
	承插煤气铸铁管(柔性机械接口)DN150	压兰 DN150		(3.811片)

续表

工程名称	分 项 名 称	主材名称	单位	定额消耗量
室外管道、室内管道、燃气管道	承插煤气铸铁管(柔性机械接口)DN200	压兰 DN200	10m	(3.811 片)
	承插煤气铸铁管(柔性机械接口)DN300	压兰 DN300		(4.223 片)
	承插煤气铸铁管(柔性机械接口)DN400	压兰 DN400		(3.368 片)
	管道支架	型钢	100kg	(106.00kg)
法兰	铸铁法兰(螺纹连接)	铸铁法兰	副	(1.00 副)
	碳钢法兰(焊接)	碳钢法兰		(2.00 副)
伸缩器	螺纹连接法兰式套筒伸缩器	螺纹套筒伸缩器	个	(1.00 个)
	螺纹连接法兰式套筒伸缩器(DN50)	螺纹法兰套筒伸缩器		
	焊接法兰式套筒伸缩器	法兰套筒伸缩器		
阀门	螺纹阀	螺纹阀门		(1.01 个)
	螺纹法兰阀；焊接法兰阀；法兰阀(带短管甲乙)青铅接口；法兰阀(带短管甲乙)石棉水泥接口；法兰阀(带短管甲乙)膨胀水泥接口	法兰阀门		(1.00 个)
	自动排气阀	自动排气阀		
	手动放风阀	手动放风阀		(1.01 个)
	螺纹浮球阀	螺纹浮球阀		(1.00 个)
	法兰浮球阀	法兰浮球阀		
	法兰液压式水位控制阀	法兰水位控制阀液压式		
浮标液面计、水塔及水池浮漂水位标尺	浮标液面计 FQ-Ⅱ	浮标液面计 FQ-Ⅱ	组	(1.00 组)
低压器具、水表组成	减压器(螺纹连接)	螺纹减压阀		(1.00 个)
	减压阀(焊接)	法兰减压阀		
	疏水器(螺纹连接)	螺纹疏水器		
	疏水器(焊接)	法兰疏水器		
	螺纹水表	螺纹水表		
	焊接法兰水表(带旁通管及止回阀)	法兰水表		
卫生器具	搪瓷浴盆	搪瓷浴盆	10 组	(10.00 个)
	玻璃钢浴盆	玻璃钢浴盆		
	塑料浴盆	塑料浴盆		
	冷水、冷热水带喷头	浴盆水嘴		(10.10 个)
	冷热水			(20.20 个)
	净身盆	净身盆		(10.10 个)

续表

工程名称	分 项 名 称	主材名称	单位	定额消耗量
卫生器具	洗脸盆	洗脸盆	10组	(10.10个)
	立式冷热水洗脸盆	立式洗脸盆铜连接件		(10.10套)
	理发用冷热水洗脸盆	理发用洗脸盆铜连接件		
	肘式开关洗脸盆	肘式开关阀门		
	脚踏开关洗脸盆、化验盆	脚踏式开关阀门		
	洗手盆	洗手盆		(10.10个)
	洗涤盆	洗涤盆		
	肘式开关洗涤盆	肘式开关(带弯管)		(10.10套)
	脚踏开关洗涤盆	脚踏开关(带弯管)		
		洗手喷头(带弯管)		
	回转龙头洗涤盆	回转龙头		(10.10个)
	回转混合龙头洗涤盆	回转混合龙头 DN15		(10.10套)
	化验盆	化验盆		(10.10个)
	鹅颈水嘴化验盆	鹅颈水嘴		
	钢管组成淋浴器	莲蓬喷头		(10.00个)
	铜管冷水淋浴器	单管成品淋浴器		(10.00套)
	铜管冷热水淋浴器	双管成品淋浴器		
	蹲式大便器	瓷蹲式大便器		(10.10个)
	瓷蹲式大便器高水箱	瓷蹲式大便器高水箱		
		瓷蹲式大便器高水箱配件		(10.10套)
	瓷蹲式大便器低水箱	瓷蹲式大便器低水箱		(10.10个)
		瓷蹲式大便器低水箱配件		(10.10套)
	手压阀冲洗蹲便器	大便器手压阀 DN25		(10.10个)
	践踏阀冲洗蹲便器	大便器脚踏阀		
	低水箱坐便器	低水箱坐便器		
		坐式低水箱		
		低水箱配件		(10.10套)
	带水箱坐便器	带水箱坐便器		(10.10个)
		坐式带水箱		

续表

工程名称	分项名称	主材名称	单位	定额消耗量
卫生器具	带水箱坐便器	带水箱配件	10组	(10.10套)
	连体水箱坐便器	连体坐便器		(10.10个)
		连体进水阀配件		(10.10套)
		连体排水阀配件		
	自闭冲洗阀坐便器	自闭式冲洗坐便器		(10.10个)
	自闭冲洗阀坐便器	自闭式冲洗坐便配件		(10.10套)
	坐式大便器	坐便器桶盖		(10.10套)
	挂斗小便器	挂斗式小便器		(10.10个)
	自动冲洗挂斗二联小便器			(20.20个)
	自动冲洗挂斗三联小便器			(30.30个)
	自动冲洗挂斗小便器；自动冲洗立式小便器	瓷高水箱420×240×280		(10.10个)
		瓷高水箱440×240×280		
	立式小便器	立式小便器		(10.10个)
	自动冲洗立式二联小便器			(20.20个)
	自动冲洗立式三联小便器			(30.30个)
	大便槽自动冲洗水箱	铁制自动冲洗水箱		(10.00个)
	小便槽自动冲洗水箱	铁制自动冲洗水箱8.4L		
		铁制自动冲洗水箱10.9L		
		铁制自动冲洗水箱16.1L		
		铁制自动冲洗水箱20.7L		
		铁制自动冲洗水箱25.9L		
	水龙头	铜水嘴	10个	(10.10个)
	排水栓	排水栓带堵链	10组	(10.00套)
	地漏	地漏	10个	(10.00个)
	地面扫除口	地面扫除口		
	开水炉	蒸汽间断式开水炉	台	(1.00台)
	电热水器	电热水器		

续表

工程名称	分项名称	主材名称	单位	定额消耗量
卫生器具	电开水炉	电开水炉	台	(1.00台)
	容积式热交换器	容器式水加热器		
	蒸汽-水加热器	蒸汽式水加热器		
	小型冷热水混合器	小型冷热水混合器		
	大型冷热水混合器	大型冷热水混合器		
	消毒器	湿式消毒器 250×400		
		湿式消毒器 900×900		
		干式消毒器 700×1600		
	消毒锅	消毒锅 1#		
		消毒锅 2#		
		消毒锅 3#		
		消毒锅 4#		
	饮水器	饮水器	套	(1.00套)
散热器	铸铁散热器　长翼型	铸铁散热器　长翼型	10片	(10.10片)
	铸铁散热器　圆翼型	铸铁散热器　圆翼型		
	铸铁散热器　M132	铸铁散热器　M132		
	铸铁散热器　柱型	铸铁散热器　柱型		(6.91片)
	光排管散热器	焊接钢管	10m	(10.3m)
	钢制闭式散热器	钢制闭式散热器	片	(1.00片)
	钢制板式散热器	钢制板式散热器	组	
	钢制壁式散热器	钢制壁式散热器		
	钢制柱式散热器	钢制柱式散热器		
	暖风机	暖风机	台	(1.00台)
	热空气幕	热空气幕		
水箱	矩形水箱	矩形水箱	个	(1.00个)
	圆形钢板水箱	圆形钢板水箱		
燃气附件	铸铁抽水缸(机械接口)	铸铁抽水缸	个	(1.00个)
		压兰		(2.00片)
	碳钢抽水缸	碳钢抽水缸		(1.00个)
	调长器	调长器		(1.00个)

续表

工程名称	分项名称	主材名称	单位	定额消耗量
燃气附件	民用燃气表	燃气计量表	块	(1.00块)
		燃气表接头		(1.01套)
	工业用罗茨表	工业用罗茨表		(1.00块)
	开水炉	燃气开水炉	台	(1.00台)
	采暖炉	箱式采暖炉	台	(1.00台)
		红外线采暖炉 YHRQ型		
		辐射采暖炉		
	沸水器	容积式沸水器		
		自动沸水器		
		消毒器		
	快速热水器	快速热水器　直排式		
		快速热水器　平衡式		
		快速热水器　烟道式		
	人工煤气灶具	单眼灶　JZ-1		
		双眼灶　JZ-2		
		自动点火灶　JZR-83		
		水煤气，半水煤气灶炉　SB-2		
		发生炉煤气灶炉　F-1		
	民用液化石油气灶具　单眼灶	液化石油气灶炉		(2.00台)
	民用液化石油气灶具　双眼灶、三眼灶、自动点火灶；公用炊事用具			(1.00台)
	民用天然气灶具；公用炊事用具	天然气灶炉		
	公用炊事用具	人工煤气灶炉		
	单双气嘴	气嘴 XW15 型单嘴外螺纹	10个	(1.00个)
		气嘴 XW15 型双嘴外螺纹		
		气嘴 XW15 型单嘴内螺纹		
		气嘴 XW15 型双嘴内螺纹		

3.1.2　电气工程

消耗量分析表(电气工程)见表 3-2。

表 3-2

工程名称	分　项　名　称	主材名称	单位	定额消耗量
水位电器信号装置	机械式	浮球	套	(1.0 个)
	电子式	硬塑料管 Φ15		(3.0 根)
	液位式			
铁构件制作、安装及箱、盒制作	一般构件制作	圆钢 Φ10～14	100kg	(8.0kg)
	轻型构件制作；箱盒制作	普通钢板 δ1.0～1.5		(104.0kg)
	一般构件制作	角钢(综合)		(75.0kg)
	轻型构件安装；箱盒制作			(4.6kg)
	网门、保护网制作、安装		m^2	(31.0kg)
小型直流电机检查接线；小型交流同步电机检查接线；小型防爆式电机检查接线；小型立式电机检查接线；电磁调速电动机检查接线	检查接线功率在 0～13kW 之间用 Φ25；在 13～30kW 之间用 Φ40(立式电机接线检查为 0～60kW 之间)；30～200kW 之间用 Φ50(立式电机接线检查为 60～200kW 之间)	金属软管活接头	台	(2.04 套)
		金属软管		(1.25m)
桥架安装	钢制桥架、玻璃钢桥架、铝合金桥架、组合式桥架	桥架	10m	(10.05m)
	钢制托盘式宽＋高在 100 以下；玻璃钢托盘式；铝合金托盘式	盖板		5.025
	钢制梯式			(6.03m)
	钢制槽式；钢制托盘式宽＋高在 150～1500 之间；玻璃钢槽式宽＋高在 200～1000 之间；铝合金槽式宽＋高在 100～800 之间			(10.05m)
	钢制槽式宽＋高在 400～600 之间	隔板		(6.03m)
	钢制槽式宽＋高在 600～1000 之间；钢制托盘式宽＋高在 800～1500 之间；玻璃钢槽式宽＋高在 600～800 之间；玻璃钢托盘式宽＋高在 500～800 之间；铝合金托盘式宽＋高在 520～800 之间			(10.05m)
	玻璃钢槽式宽＋高在 800～1000 之间；玻璃钢托盘式宽＋高在 800～1000 之间；铝合金托盘式宽＋高在 800～1000 之间			(15.075m)
	钢制槽式宽＋高在 1000～1200 之间			(20.10m)
	钢制槽式宽＋高在 1200～1500 之间			(30.15m)
	组合式桥架	组合式桥架	100 片	(100 片)
	桥架支撑架	支撑架	100kg	(100.5kg)

续表

工程名称	分 项 名 称	主材名称	单位	定额消耗量
户内热缩式电力电缆终端头制作、安装；户外电力电缆终端头制作、安装；浇筑式电力电缆中间头制作、安装；热缩式电力电缆中间头制作、安装	1kV 以下终端头及 10kV 以下终端头	户内热缩式终端头 35～400mm²		(1.02 套)
	10kV 以下热缩式	户外热塑头 35～400mm²		(1.02 套)
	10kV 以下浇筑式	户外终端盒头 35～400mm²	个	(1.02 套)
	1kV 以下浇筑式中间头及 10kV 以下浇筑式中间头	电缆中间接头盒 35～400mm²		(1.02 套)
	1kV 以下热缩式中间头及 10kV 以下热缩式中间头	热缩式电缆中间接头 35～400mm²		(1.02 套)
配管、配线	按实际规格	电线管	100m	(103.0m)
	按实际规格	钢管		(103.0m)
	按实际规格	镀锌钢管		(103.0m)
	砖、混凝土结构暗配	可挠性金属套管（10＃～101＃）		(106.0m)
	吊棚内暗敷设			(108.0m)
	砖、混凝土结构明配、暗配管；钢索配管公称口径（15mm、20mm）			(106.7m)
	砖、混凝土结构明配、暗配管；钢索配管公称口径（25mm、32mm）	塑料管		(106.42m)
	砖、混凝土结构明配、暗配管公称口径（40mm、50mm）			(107.36m)
	砖、混凝土结构明配、暗配管公称口径（70mm）			(116.0m)
	砖、混凝土结构明配、暗配管公称口径（80mm、100mm）			(119.18m)
	刚性阻燃管	刚性阻燃管	100m	(110.0m)
	半硬质阻燃管暗敷设；半硬质阻燃管埋地敷设	半硬塑料管		106.0m)
	半硬质阻燃管暗敷设（钢模板）			(0.9m)
	半硬质阻燃管暗敷设（砖、混凝土结构）			(0.93m)
	半硬质阻燃管暗敷设（砖、混凝土结构；钢模板）			(0.95m)
	半硬质阻燃管暗敷设（砖、混凝土结构；钢模板）	套接管		(1.2m)
	半硬质阻燃管暗敷设（砖、混凝土结构；钢模板）			(1.24m)
	半硬质阻燃管暗敷设（砖、混凝土结构；钢模板）			(2.0m)
	半硬质阻燃管暗敷设（砖、混凝土结构；钢模板）			(2.07m)
	金属软管敷设	金属软管	10m	(10.3m)
	照明线路铝芯（2.5mm²）；铜芯（1.5mm²、2.5mm²）			(116.0m)
	照明线路铝芯（4mm²）；铜芯（4mm²）			(110.0m)
	动力线路铝芯（2.5～70mm²）；			(105.0m)
	动力线路铝芯（95～240mm²）	绝缘导线	100m 单线	(104.0m)
	鼓形绝缘子配线（2.5mm²）木结构			(110.82m)
	鼓形绝缘子配线（2.5mm²）顶棚内			(110.58m)
	鼓形绝缘子配线（2.5mm²）砖、混凝土结构			(109.77m)

续表

工程名称	分项名称	主材名称	单位	定额消耗量
配管、配线	鼓形绝缘子配线（2.5mm²）沿钢支架	绝缘导线	100m单线	(106.58m)
	鼓形绝缘子配线（2.5mm²）沿钢索			(104.75m)
	鼓形绝缘子配线（6mm²）木结构			(107.5m)
	鼓形绝缘子配线（6mm²）顶棚内			(107.78m)
	鼓形绝缘子配线（6mm²）砖、混凝土结构			(105.54m)
	鼓形绝缘子配线（6mm²）沿钢支架			(106.18m)
	鼓形绝缘子配线（6mm²）沿钢索			(104.16m)
	针式绝缘子配线；蝶式绝缘子配线(6～240mm²)			(108.0m)
	木槽板配线（二线 2.5mm²）		100m	(226.00m)
	木槽板配线（三线 2.5mm²）			(335.94m)
	木槽板配线（二线 6mm²）			(212.76m)
	木槽板配线（三线 6mm²）			(316.60m)
	木槽板配线（二线 16mm²）			(208.69m)
	木槽板配线（二线 16mm²）			(312.53m)
	木槽板配线（二线 35mm²）			(206.65m)
	木槽板配线（二线 35mm²）			(310.49m)
	木槽板配线	木槽板 38～76		(105.0m)
	塑料槽板配线(二线 2.5mm²)(木结构;砖、混凝土结构)	绝缘导线		(226.0m)
	塑料槽板配线(二线 6.0mm²)(木结构;砖、混凝土结构)			(212.76m)
	塑料槽板配线(二线 2.5mm²)(木结构;砖、混凝土结构)			(335.94m)
	塑料槽板配线(二线 6.0mm²)(木结构;砖、混凝土结构)			(316.6m)
	塑料槽板配线	塑料槽板 38～63		(105.0m)
	塑料护套线明敷设（二芯、三芯 2.5mm²）	塑料护套线		(110.96m)
	塑料护套线明敷设（二芯、三芯 6.0、10.0mm²）			(104.85m)
	塑料护套线明敷设之沿钢索敷设（二芯、三芯 2.5mm²）			(107.91m)
	瓷夹板配线中木结构；砖、混凝土结构；砖、混凝土结构粘接（二线 2.5mm²）	绝缘导线	100m线路	(219.89m)
	瓷夹板配线中木结构；砖、混凝土结构；砖、混凝土结构粘接（二线 4mm²、6.0mm²）			(206.65m)
	瓷夹板配线中木结构；砖、混凝土结构（二线 16.0mm²）			(205.64m)
	瓷夹板配线中木结构；砖、混凝土结构；砖、混凝土结构粘接（三线 2.5mm²）			(325.76m)
	瓷夹板配线中木结构；砖、混凝土结构；砖、混凝土结构粘接（三线 4mm²、6.0mm²）			(309.47m)
	瓷夹板配线中木结构；砖、混凝土结构（三线 16.0mm²）			(308.45m)

续表

工程名称	分项名称	主材名称	单位	定额消耗量
配管、配线	线槽配线（2.5～240mm²）	绝缘导线	100m 单线	（102.0m）
	钢索架设	钢索	100m	（105.0m）
	动力线路（铜芯）（0.2～240mm²）；补偿导线	铜芯绝缘导线	100m 单线	（105.0m）
	多芯软导线	铜芯多股绝缘导线		（108.0m）
	车间带形母线（铝母线 250～1200mm²）	母线	100m	（101.3m）
	车间带形母线（钢母线 100～500mm²）			（104.0m）
	接线箱安装	接线箱	10 个	（10.0 个）
	接线盒安装	接线盒	10 个	（10.2 个）
照明器具	普通灯具、几何形状组合艺术灯具	成套灯具	10 套	（10.1 套）
	荧光艺术装饰灯		10m	（8.08 套）
	发光棚、立体广告箱、荧光灯光沿		10m²	
	开关	开关	10 套	（10.2 套）
	按钮	按钮		
	插座	插座		
	安全变压器	干式安全变压器	台	（1.0 台）
	电铃	电铃	套	（1.0 个）
		电铃号牌箱		
		电铃变压器		（1.0 台）
	门铃	门铃	10 个	（10.0 个）
	风扇	风扇	台	（1.0 台）
		轴流排风扇		
	盘管风机开关	风机三速开关	10 套	（10.2 个）
	请勿打扰灯	请勿打扰灯		
	须刨插座	须刨插座		
	钥匙取电器	钥匙取电器		（10.2 套）
	红外线浴霸	红外线浴霸	套	（1.01 套）
连接设备导线预留长度（每一根线）	各种开关箱、柜、板	绝缘导线	m	高＋宽
	单独安装（无箱、盘）的铁壳开关、闸刀开关、起动器、母线槽进出线盒等			（0.3m）
	由地平管子出口引至动力接线箱			（1m）
	电源与管内导线连接（管内穿线与软、硬母线接头）			（1.5m）
	出户线			
硬母线配置安装预留长度	带型、槽型母线终端（从最后一个支持点算起）	母线	m/根	0.3
	带型、槽型母线与分支线连接（分支线预留）			0.5
	带型母线与设备连接（从设备端子接口算起）			0.5
	多片重型母线与设备连接（从设备端子接口算起）			1
	槽型母线与设备连接（从设备端子接口算起）			0.5

续表

工程名称	分项名称	主材名称	单位	定额消耗量
盘、箱、柜的外部进出线预留长度	各种箱、柜、盘、板、盒（盘面尺寸）	预留线	m/根	高+宽
	单独安装的铁壳开关、自动开关、刀开关、启动器、箱式电阻器、变阻器（从安装对象中心算起）			0.5
	继电器、控制开关、信号灯、按钮、熔断器等小电器（从安装对象中心算起）			0.3
	分支接头（分支线预留）			0.2
滑触线安装附加和预留长度	圆钢、铜母线与设备连接（从设备接线端子接口起算）	滑触线		0.2
	圆钢、铜滑触线终端（从最后一个固定点起算）			0.5
	角钢滑触线终端（从最后一个支持点起算）			1.0
	扁钢滑触线终端（从最后一个支持点起算）			1.3
	扁钢母线分支（分支线预留）			0.5
	扁钢母线与设备连接（从设备接线端子接口起算）			0.5
	轻轨滑触线终端（从最后一个支持点起算）			0.8
	安全节能及其他滑触线终端（从最后一个固定点起算）			0.5
直埋电缆的挖、填土（石）方量	每米沟长挖方量（1～2根）（每增一根增加0.153m³）	土方量	m³	0.45
电缆敷设的附加长度	电缆敷设长度、波形弯度、交叉（按电缆全长计算）	电缆	m	2.5%
	电缆进入建筑物（规范规定最小值）			(2.0m)
	电缆进入沟内或吊架时引上（下）预留（规范规定最小值）			(1.5m)
	变电所进线、出线（规范规定最小值）			(1.5m)
	电力电缆终端头（检修余量最小值）			(1.5m)
	电缆中间接头盒（检修余量最小值）			两端各留 2.0m
	电缆进控制、保护屏及模拟盘等（按盘面尺寸）			高+宽
	高压开关柜及低压配电盘、箱（盘下进出线）			(2.0m)
	电缆至电动机（从电机接线盒起算）			(0.5m)
	厂用变压器（从地坪起算）			(3.0m)
	电缆绕过梁柱等增加长度（按绕物的断面情况计算增加长度）			按实计算
	电梯电缆与电缆架固定点（规范最小值）			每处0.5m
导线预留长度	高压（转角）	绝缘导线	m/根	2.5
	高压（分支、终端）			2.0
	与设备连接			0.5
	低压（分支、终端）			0.5
	低压（交叉跳线转角）			1.5
	进户线			2.5

续表

工程名称	分项名称	主材名称	单位	定额消耗量
配线进入箱、柜、板的预留线（每一根线）	各种开关、柜、板（盘面尺寸）	绝缘导线	m	高＋宽
	单独安装（无箱、盘）的铁壳开关、闸刀开关、启动器、线槽进出线盒等（从安装对象中心起算）			0.3m
	由地面管子出口引至动力接线箱（从管口计算）			1.0m
	电源与管内导线连接（管内穿线与软、硬母线接点）（从管口计算）			1.5m
	出户线（从管口计算）			1.5m

注：1. 设备安装中不含设备价格，设备消耗量为1.0台。

3.1.3 通风工程

消耗量分析表（通风工程）见表3-3。

表 3-3

工程名称	分项名称	主材名称	单位	定额消耗量
薄钢板通风管道	镀锌钢板风管	镀锌钢板（δ=0.5；0.75；1；1.2）	$10m^2$	($11.38m^2$)
	普通钢板风管	普通钢板（δ=2；3）		($10.80m^2$)
	吊托支架：镀锌薄钢板圆形风管（δ=1.2mm以内咬口）；薄钢板圆形风管（δ=2mm以内焊接）直径（mm）200以下	角钢L60		(0.89kg)
	吊托支架：镀锌薄钢板圆形风管（δ=1.2mm以内咬口）；薄钢板圆形风管（δ=2mm以内焊接）直径（mm）500以下；薄钢板圆形风管（δ=3mm以内焊接）直径（mm）200以下			(31.60kg)
	吊托支架：镀锌薄钢板圆形风管（δ=1.2mm以内咬口）；薄钢板圆形风管（δ=2mm以内焊接）直径（mm）1120以下			(32.71kg)
	吊托支架：镀锌薄钢板圆形风管（δ=1.2mm以内咬口）；薄钢板圆形风管（δ=2mm以内焊接）直径（mm）1120以上			(33.93kg)
	吊托支架：薄钢板圆形风管（δ=3mm以内焊接）直径（mm）500以下			(33.88kg)
	吊托支架：薄钢板圆形风管（δ=3mm以内焊接）直径（mm）1120以下			(37.27kg)
	吊托支架：薄钢板圆形风管（δ=3mm以内焊接）直径（mm）1120以上			(42.66kg)
	吊托支架：薄钢板圆形风管（δ=3mm以内焊接）直径（mm）800以下			(42.86kg)
	吊托支架：薄钢板圆形风管（δ=3mm以内焊接）直径（mm）2000以下			(39.35kg)

续表

工程名称	分 项 名 称	主材名称	单位	定额消耗量
薄钢板通风管道	吊托支架：薄钢板圆形风管（δ=3mm 以内焊接）直径（mm）4000 以下	角钢 L60	10m²	(34.56kg)
	吊托支架：薄钢板圆形风管（δ=3mm 以内焊接）直径（mm）4000 以上			(49.03kg)
	吊托支架：镀锌薄钢板矩形风管（δ=1.2mm 以内咬口）；薄钢板圆形风管（δ=2mm 以内焊接）周长（mm）800 以下			(40.42kg)
	吊托支架：镀锌薄钢板矩形风管（δ=1.2mm 以内咬口）；薄钢板圆形风管（δ=2mm 以内焊接）周长（mm）2000 以下			(35.66kg)
	吊托支架：镀锌薄钢板矩形风管（δ=1.2mm 以内咬口）周长（mm）4000 以下			(35.04kg)
	吊托支架：镀锌薄钢板矩形风管（δ=1.2mm 以内咬口）周长（mm）4000 以上			(45.14kg)
	吊托支架：薄钢板矩形风管（δ=2mm 以内焊接）周长（mm）4000 以下			(29.22kg)
	吊托支架：薄钢板矩形风管（δ=2mm 以内焊接）周长（mm）4000 以上			(34.86kg)
	吊托支架：镀锌薄钢板圆形风管（δ=1.2mm 以内咬口）；薄钢板圆形风管（δ=2mm 以内焊接；3mm 以内焊接）直径（mm）1120 以下	角钢 L63		(2.33kg)
	吊托支架：镀锌薄钢板圆形风管（δ=1.2mm 以内咬口）；薄钢板圆形风管（δ=2mm 以内焊接；3mm 以内焊接）直径（mm）1120 以上			(3.19kg)
	吊托支架：镀锌薄钢板矩形风管（δ=1.2mm 以内咬口）；薄钢板圆形风管（δ=2mm 以内焊接；3mm 以内焊接）周长（mm）4000 以下			(0.16kg)
	吊托支架：镀锌薄钢板矩形风管（δ=1.2mm 以内咬口）；薄钢板圆形风管（δ=2mm 以内焊接；3mm 以内焊接）周长（mm）4000 以上			(0.26kg)
	吊托支架：镀锌薄钢板圆形风管（δ=1.2mm 以内咬口）；薄钢板圆形风管（δ=2mm 以内焊接）直径（mm）200 以下	扁钢<−59		(20.64kg)
	吊托支架：镀锌薄钢板圆形风管（δ=1.2mm 以内咬口）；薄钢板圆形风管（δ=3mm 以内焊接）直径（mm）500 以下			(3.56kg)
	吊托支架：镀锌薄钢板圆形风管（δ=1.2mm 以内咬口）；直径（mm）1120 以下			(2.15kg)

续表

工程名称	分项名称	主材名称	单位	额定消耗量
薄钢板通风管道	吊托支架：镀锌薄钢板圆形风管（δ=1.2mm以内咬口）；薄钢板圆形风管（δ=2mm以内焊接；3mm以内焊接）直径（mm）1120以上	扁钢<−59	10m²	(9.27kg)
	吊托支架：薄钢板圆形风管（δ=2mm以内焊接）直径（mm）500以下			(3.75kg)
	吊托支架：薄钢板圆形风管（δ=2mm以内焊接；3mm以内焊接）直径（mm）1120以下			(2.58kg)
	吊托支架：镀锌薄钢板矩形风管（δ=1.2mm以内咬口）；薄钢板圆形风管（δ=2mm以内焊接；3mm以内焊接）周长（mm）800以下			(2.15kg)
	吊托支架：镀锌薄钢板矩形风管（δ=1.2mm以内咬口）；薄钢板圆形风管（δ=2mm以内焊接；3mm以内焊接）周长（mm）2000以下			(1.33kg)
	吊托支架：镀锌薄钢板矩形风管（δ=1.2mm以内咬口）；薄钢板圆形风管（δ=2mm以内焊接；3mm以内焊接）周长（mm）4000以下			(1.12kg)
	吊托支架：镀锌薄钢板矩形风管（δ=1.2mm以内咬口）；薄钢板圆形风管（δ=2mm以内焊接；3mm以内焊接）直径（mm）4000以上			(1.02kg)
	吊托支架：薄钢板圆形风管（δ=3mm以内焊接）周长（mm）200以下			(4.05kg)
	吊托支架：镀锌薄钢板圆形风管（δ=1.2mm以内咬口）；薄钢板圆形风管（δ=2mm以内焊接；3mm以内焊接）直径（mm）200以下	圆钢Φ5.5～9		(2.93kg)
	吊托支架：镀锌薄钢板圆形风管（δ=1.2mm以内咬口）；薄钢板圆形风管（δ=2mm以内焊接；3mm以内焊接）直径（mm）500以下			(1.90kg)
	吊托支架：镀锌薄钢板圆形风管（δ=1.2mm以内咬口）；薄钢板圆形风管（δ=2mm以内焊接；3mm以内焊接）直径（mm）1120以下			(0.75kg)
	吊托支架：镀锌薄钢板圆形风管（δ=1.2mm以内咬口）；薄钢板圆形风管（δ=2mm以内焊接；3mm以内焊接）直径（mm）1120以上			(0.12kg)
	吊托支架：镀锌薄钢板矩形风管（δ=1.2mm以内咬口）；薄钢板圆形风管（δ=2mm以内焊接；3mm以内焊接）周长（mm）800以下			(1.35kg)
	吊托支架：镀锌薄钢板矩形风管（δ=1.2mm以内咬口）；薄钢板圆形风管（δ=2mm以内焊接；3mm以内焊接）周长（mm）2000以下			(1.93kg)

续表

<table>
<tr><th>工程名称</th><th>分 项 名 称</th><th>主材名称</th><th>单位</th><th>定额消耗量</th></tr>
<tr><td rowspan="8">薄钢板通风管道</td><td>吊托支架：镀锌薄钢板矩形风管（δ=1.2mm 以内咬口）；薄钢板圆形风管（δ=2mm 以内焊接；3mm 以内焊接）周长（mm）4000 以下</td><td rowspan="5">圆钢 Φ5.5～9</td><td rowspan="8">10m²</td><td>（1.49kg）</td></tr>
<tr><td>吊托支架：镀锌薄钢板矩形风管（δ=1.2mm 以内咬口；3mm 以内焊接）周长（mm）4000 以上</td><td>（0.08kg）</td></tr>
<tr><td>吊托支架：薄钢板矩形风管（δ=2mm 以内焊接）周长（mm）4000 以上</td><td>（0.80kg）</td></tr>
<tr><td>吊托支架：镀锌薄钢板圆形风管（δ=1.2mm 以内咬口）；薄钢板圆形风管（δ=2mm 以内焊接）直径（mm）1120 以下</td><td>（1.21kg）</td></tr>
<tr><td>吊托支架：镀锌薄钢板圆形风管（δ=1.2mm 以内咬口；薄钢板圆形风管（δ=2mm 以内焊接）直径（mm）1120 以上</td><td>（4.90kg）</td></tr>
<tr><td>吊托支架：镀锌薄钢板矩形风管（δ=1.2mm 以内咬口）；薄钢板圆形风管（δ=2mm 以内焊接；3mm 以内焊接）周长（mm）4000 以上</td><td rowspan="3">圆钢 Φ10～14</td><td>（1.85kg）</td></tr>
<tr><td>吊托支架：薄钢板圆形风管（δ=2mm 以内焊接；3mm 以内焊接）；直径（mm）1120 以下</td><td>（0.96kg）</td></tr>
<tr><td>吊托支架：薄钢板圆形风管（δ=2mm 以内焊接；3mm 以内焊接）直径（mm）1120 以上</td><td>（4.90kg）</td></tr>
<tr><td></td><td>柔性软风管</td><td>柔性软风管</td><td>m</td><td>（1.0m）</td></tr>
<tr><td></td><td>柔性软风管阀门</td><td>柔性软风管阀门</td><td>个</td><td>（1.0 个）</td></tr>
<tr><td rowspan="8">通风空调设备</td><td>空气加热器（冷却器）</td><td>空气加热器（冷却器）</td><td rowspan="8">台</td><td rowspan="8">（1.0 台）</td></tr>
<tr><td>离心式通风机</td><td>离心式通风机</td></tr>
<tr><td>轴流式通风机</td><td>轴流式通风机</td></tr>
<tr><td>屋顶式通风机</td><td>屋顶式通风机</td></tr>
<tr><td>卫生间通风器</td><td>卫生间通风器</td></tr>
<tr><td>除尘设备</td><td>除尘设备</td></tr>
<tr><td>空调器</td><td>空调器</td></tr>
<tr><td>风机盘管</td><td>风机盘管</td></tr>
<tr><td rowspan="6">净化通风管道及部件制作</td><td>净化风管</td><td rowspan="2">优质镀锌钢板（δ=0.5；0.75；1；1.2）</td><td rowspan="2">10m²</td><td rowspan="2">（11.49m²）</td></tr>
<tr><td>静压箱</td></tr>
<tr><td>高效过滤器</td><td>高效过滤器</td><td rowspan="4">台</td><td rowspan="4">（1.0 台）</td></tr>
<tr><td>中、低效过滤器</td><td>中、低效过滤器</td></tr>
<tr><td>净化工作台</td><td>净化工作台</td></tr>
<tr><td>风淋室</td><td>风淋室</td></tr>
</table>

续表

工程名称	分项名称	主材名称	单位	定额消耗量
不锈钢板通风管及部件制作	不锈钢板圆形风管（电焊）	不锈钢板	$10m^2$	$(10.80m^2)$
	风口	不锈钢丝网 $\Phi1\times10\times10$	100kg	$(22.20m^2)$
铝板通风管及部件制作	铝板圆形风管	铝板（δ=2；3）	$10m^2$	$(10.80m^2)$
	铝板圆形风管			(10.80kg)
塑料通风管及部件制作	塑料圆形（矩形）风管	硬聚氯乙烯 δ3～8		$(11.60m^2)$
玻璃钢风管及部件制作	玻璃钢圆形（矩形）风管	玻璃钢风管 1.5～4mm		$(10.32m^2)$
		玻璃钢风管 4mm以上		
	风帽（圆伞形、锥形、筒形）	玻璃钢管道部件	个	(100.00kg)
复合型风管	复合型圆形（矩形）风管	复合型板材	$10m^2$	$(11.60m^2)$
	复合型矩形风管　周长（mm）1300以下	热敏铝箔胶带 64mm		(22.29m)
	复合型矩形风管　周长（mm）2000以下			(21.23m)
	复合型矩形风管　周长（mm）3200以下			(18.04m)
	复合型矩形风管　周长（mm）4500以下			(18.52m)
	复合型矩形风管　周长（mm）6500以下			(10.27m)
	复合型圆形风管　周长（mm）300以下			(35.12m)
	复合型圆形风管　周长（mm）630以下			(20.36m)
	复合型圆形风管　周长（mm）1000以下			(13.53m)
	复合型圆形风管　周长（mm）2000以下			(8.49m)

注：薄钢板通风管制作安装时已含埋设调托支架。

3.1.4 刷漆、保温工程

消耗量分析表（刷漆、保温工程）见表3-4。

表 3-4

工程名称	分项名称	主材名称	单位	定额消耗量
管道；设备与矩形管道；铸铁管、暖气片；灰面刷油；玻璃布、白布面刷油；麻布面、石棉布面刷油	红丹防锈漆第一遍（管道）	醇酸防锈漆 G53-1	$10m^2$	(1.47kg)
	红丹防锈漆第一遍（设备）			(1.46kg)
	红丹防锈漆第二遍（管道）			(1.30kg)
	红丹防锈漆第二遍（设备）			(1.28kg)
	防锈漆第一遍（管道）	酚醛防锈漆各色		(1.31kg)
	防锈漆第一遍（设备）			(1.30kg)
	防锈漆一遍（铸铁管、暖气片）			(1.05kg)
	防锈漆第二遍（管道）			(1.12kg)
	防锈漆第二遍（设备）			(1.11kg)
	带锈底漆（管道）	带锈底漆		(0.74kg)
	带锈底漆（设备）			(0.73kg)
	带锈底漆（铸铁管、暖气片）			(0.92kg)

续表

工程名称	分项名称	主材名称	单位	定额消耗量
管道；设备与矩形管道；铸铁管、暖气片；灰面刷油；玻璃布、白布面刷油；麻布面、石棉布面刷油	银粉漆第一遍（管道）	酚醛清漆各色	10m²	(0.36kg)
	银粉漆第一遍（设备）			(0.33kg)
	银粉漆第一遍（铸铁管、暖气片）			(0.45kg)
	银粉漆第一遍（设备：灰面刷漆）；银粉漆第二遍（管道：灰面刷漆）			(0.43kg)
	银粉漆第一遍（管道：灰面刷漆）			(0.47kg)
	银粉漆第一遍（设备：玻璃布、白布面刷油）			(0.60kg)
	银粉漆第一遍（管道：玻璃布、白布面刷油）			(0.65kg)
	银粉漆第一遍（设备：麻布面、石棉布面刷油）			(0.55kg)
	银粉漆第一遍（管道：麻布面、石棉布面刷油）			(0.60kg)
	银粉漆第二遍（管道）			(0.33kg)
	银粉漆第二遍（设备）			(0.30kg)
	银粉漆第二遍（铸铁管、暖气片）			(0.41kg)
	银粉漆第二遍（设备：灰面刷漆）			(0.39kg)
	银粉漆第二遍（设备：玻璃布、白布面刷油）			(0.54kg)
	银粉漆第二遍（管道：玻璃布、白布面刷油）			(0.59kg)
	银粉漆第二遍（设备：麻布面、石棉布面刷油）			(0.50kg)
	银粉漆第二遍（管道：麻布面、石棉布面刷油）			(0.55kg)
	厚漆第一遍（管道）	厚漆		(0.82kg)
	厚漆第一遍（设备）			(0.78kg)
	厚漆第一遍（设备：灰面刷漆）			(1.01kg)
	厚漆第一遍（管道：灰面刷漆）			(1.07kg)
	厚漆第一遍（设备：玻璃布、白布面刷油）			(1.39kg)
	厚漆第一遍（管道：玻璃布、白布面刷油）			(0.78kg)
	厚漆第一遍（设备：麻布面、石棉布面刷油）			(1.30kg)
	厚漆第一遍（管道：麻布面、石棉布面刷油）			(1.39kg)
	厚漆第二遍（管道）			(0.75kg)
	厚漆第二遍（设备；设备：灰面刷漆）			(0.78kg)
	厚漆第二遍（管道：灰面刷漆）			(0.82kg)
	厚漆第二遍（设备：玻璃布、白布面刷油）			(1.10kg)
	厚漆第二遍（管道：玻璃布、白布面刷油）			(1.18kg)
	厚漆第二遍（设备：麻布面、石棉布面刷油）			(1.03kg)
	厚漆第二遍（管道：麻布面、石棉布面刷油）			(1.10kg)
	调和漆第一遍（管道）	酚醛调和漆各色		(1.05kg)
	调和漆第一遍（设备）			(1.04kg)
	调和漆第一遍（设备：灰面刷漆）			(1.36kg)
	调和漆第一遍（管道：灰面刷漆）			(1.37kg)
	调和漆第一遍（设备：玻璃布、白布面刷油）			(1.87kg)
	调和漆第一遍（管道：玻璃布、白布面刷油）			(1.90kg)
	调和漆第一遍（设备：麻布面、石棉布面刷油）			(1.75kg)
	调和漆第一遍（管道：麻布面、石棉布面刷油）			(1.77kg)
	调和漆第二遍（管道）			(0.93kg)

续表

工程名称	分 项 名 称	主材名称	单位	定额消耗量
管道；设备与矩形管道；铸铁管、暖气片；灰面刷油；玻璃布、白布面刷油；麻布面、石棉布面刷油	调和漆第二遍（设备）	酚醛调和漆各色	10m²	(0.92kg)
	调和漆第二遍（设备：灰面刷漆）			(1.01kg)
	调和漆第二遍（管道：灰面刷漆）			(1.02kg)
	调和漆第二遍（设备：玻璃布、白布面刷油）			(1.43kg)
	调和漆第二遍（管道：玻璃布、白布面刷油）			(1.45kg)
	调和漆第二遍（设备：麻布面、石棉布面刷油）			(1.33kg)
	调和漆第二遍（管道：麻布面、石棉布面刷油）			(1.36kg)
	磁漆第一遍（管道）	酚醛磁漆各色		(0.98kg)
	磁漆第一遍（设备）			(0.92kg)
	磁漆第二遍（管道）			(0.93kg)
	磁漆第二遍（设备）			(0.87kg)
	耐酸漆第一遍（管道）	酚醛耐酸漆		(0.73kg)
	耐酸漆第一遍（设备）			(0.72kg)
	耐酸漆第二遍（管道）			(0.65kg)
	耐酸漆第二遍（设备）			(0.64kg)
	沥青漆第一遍（管道；铸铁管、暖气片）	煤焦油沥青漆 L01-17		(2.88kg)
	沥青漆第一遍（设备）			(2.70kg)
	沥青漆第一遍（设备：灰面刷漆）			(3.52kg)
	沥青漆第一遍（管道：灰面刷漆）			(3.75kg)
	沥青漆第一遍（设备：玻璃布、白布面刷油）			(4.87kg)
	沥青漆第一遍（管道：玻璃布、白布面刷油）			(5.20kg)
	沥青漆第一遍（设备：麻布面、石棉布面刷油）			(4.55kg)
	沥青漆第一遍（管道：麻布面、石棉布面刷油）			(4.85kg)
	沥青漆第二遍（管道）			(2.47kg)
	沥青漆第二遍（设备）			(2.26kg)
	沥青漆第二遍（铸铁管、暖气片）			(2.74kg)
	沥青漆第二遍（设备：灰面刷漆）			(2.49kg)
	沥青漆第二遍（管道：灰面刷漆）			(2.72kg)
	沥青漆第二遍（设备：玻璃布、白布面刷油）			(3.54kg)
	沥青漆第二遍（管道：玻璃布、白布面刷油）			(3.85kg)
	沥青漆第二遍（设备：麻布面、石棉布面刷油）			(3.30kg)
	沥青漆第二遍（管道：麻布面、石棉布面刷油）			(3.60kg)
	沥青船底漆第一遍（管道）	沥青船底漆铝粉		(1.43kg)
	沥青船底漆第一遍（设备）			(1.30kg)
	沥青船底漆第二遍（管道）			(1.38kg)
	沥青船底漆第二遍（设备）			(1.25kg)

续表

工程名称	分项名称	主材名称	单位	定额消耗量
管道；设备与矩形管道；铸铁管、暖气片；灰面刷油；玻璃布、白布面刷油；麻布面、石棉布面刷油	环氧富锌漆第一遍（管道）	环氧富锌漆	10m^2	(2.76kg)
	环氧富锌漆第一遍（设备）			(2.50kg)
	环氧富锌漆第一遍（铸铁管、暖气片）			(3.00kg)
	环氧富锌漆第二遍（管道）			(2.59kg)
	环氧富锌漆第二遍（设备）			(2.35kg)
	环氧富锌漆第二遍（铸铁管、暖气片）			(2.82kg)
	醇酸磁漆第一遍（管道）	醇酸磁漆各色		(1.20kg)
	醇酸磁漆第一遍（设备）			(1.21kg)
	醇酸磁漆第二遍（管道）			(1.12kg)
	醇酸磁漆第二遍（设备）			(1.09kg)
	醇酸清漆第一遍（管道）	醇酸清漆 F01-1		(1.05kg)
	醇酸清漆第一遍（设备）			(1.04kg)
	醇酸清漆第二遍（管道）			(0.93kg)
	醇酸清漆第二遍（设备）			(0.92kg)
	有机硅耐热漆第一遍（管道；设备）	有机硅耐热漆 W61-25		(0.89kg)
	有机硅耐热漆第二遍（管道；设备）			(0.85kg)
	银粉漆第一遍（管道）	银粉漆		(0.67kg)
	银粉漆第一遍（设备）			(0.64kg)
	银粉漆第二遍（管道）			(0.63kg)
	银粉漆第二遍（设备）			(0.61kg)
	烟囱漆第一遍（设备）	酚醛烟囱漆		(0.72kg)
	烟囱漆第二遍（设备）			(0.64kg)
	煤焦油第一遍（设备：灰面刷漆）	煤焦油		(3.30kg)
	煤焦油第一遍（管道：灰面刷漆）			(4.90kg)
	煤焦油第一遍（设备：玻璃布、白布面刷油）			(3.34kg)
	煤焦油第一遍（管道：玻璃布、白布面刷油）			(5.00kg)
	煤焦油第一遍（设备：麻布面、石棉布面刷油）			(4.63kg)
	煤焦油第一遍（管道：麻布面、石棉布面刷油）			(4.85kg)
	煤焦油第二遍（设备：灰面刷漆）			(2.57kg)
	煤焦油第二遍（管道：灰面刷漆）			(2.60kg)
	煤焦油第二遍（设备：玻璃布、白布面刷油）			(3.85kg)
	煤焦油第二遍（管道：玻璃布、白布面刷油）			(3.89kg)
	煤焦油第二遍（设备：麻布面、石棉布面刷油）			(3.60kg)
	煤焦油第二遍（管道：麻布面、石棉布面刷油）			(3.63kg)
设备、管道防腐	漆酚树脂漆（设备：底漆两遍）	漆酚树脂漆		(2.24kg)
	漆酚树脂漆（设备：底漆每增一遍）			(1.10kg)

续表

工程名称	分　项　名　称	主材名称	单位	定额消耗量
设备、管道防腐	漆酚树脂漆（管道：底漆两遍）	漆酚树脂漆	10m²	(2.93kg)
	漆酚树脂漆（管道：底漆每增一遍）			(1.44kg)
	漆酚树脂漆（设备：中间漆两遍）			(1.95kg)
	漆酚树脂漆（设备：中间漆每增一遍）			(0.94kg)
	漆酚树脂漆（管道：中间漆两遍）			(2.73kg)
	漆酚树脂漆（管道：中间漆每增一遍）			(1.31kg)
	漆酚树脂漆（设备：面漆两遍）			(1.83kg)
	漆酚树脂漆（设备：面漆每增一遍）			(0.89kg)
	漆酚树脂漆（管道：面漆两遍）			(2.61kg)
	漆酚树脂漆（管道：面漆每增一遍）			(1.27kg)
	聚氨酯漆（设备：底漆两遍）	聚氨酯底漆		(2.00kg)
	聚氨酯漆（设备：底漆增一遍）			(1.00kg)
	聚氨酯漆（管道：底漆两遍）			(2.55kg)
	聚氨酯漆（管道设备：底漆增一遍）			(1.28kg)
	聚氨酯漆（设备：中间漆一遍）	聚氨酯磁漆		(0.87kg)
	聚氨酯漆（设备：中间漆增一遍）			(0.84kg)
	聚氨酯漆（管道：中间漆一遍）			(0.97kg)
	聚氨酯漆（管道：中间漆增一遍）			(0.75kg)
	聚氨酯漆（设备：面漆每一遍）			(1.18kg)
	聚氨酯漆（管道：面漆每一遍）			(1.53kg)
	酚醛树脂漆（设备：底漆两层）	酚醛树脂 2130		(2.36kg)
	酚醛树脂漆（设备：底漆增一层）			(1.10kg)
	酚醛树脂漆（管道：底漆两层）			(3.01kg)
	酚醛树脂漆（管道：底漆增一层）			(1.40kg)
	酚醛树脂漆（设备：中间漆两层）			(2.18kg)
	酚醛树脂漆（设备：中间漆增一层）			(1.00kg)
	酚醛树脂漆（管道：中间漆两层）			(2.64kg)
	酚醛树脂漆（管道：中间漆增一层）			(1.22kg)
	酚醛树脂漆（设备：面漆两层）			(2.54kg)
	酚醛树脂漆（设备：面漆增一层）			(1.21kg)
	酚醛树脂漆（管道：面漆两层）			(3.29kg)
	酚醛树脂漆（管道：面漆增一层）			(1.57kg)
	无机富锌漆（设备：底漆）	锌粉		(5.20kg)
	无机富锌漆（管道：底漆）			(6.63kg)
	无机富锌漆（设备：环氧银粉面漆）	环氧树脂（各种规格）		(2.00kg)
	无机富锌漆（管道：环氧银粉面漆）			(2.59kg)

续表

工程名称	分 项 名 称	主材名称	单位	定额消耗量
设备、管道防腐	环氧银粉漆（设备：两遍）	环氧树脂（各种规格）	10m²	(2.67kg)
	环氧银粉漆（设备：增一遍）			(1.27kg)
	环氧银粉漆（管道：两遍）			(3.46kg)
	环氧银粉漆（管道：增一遍）			(1.65kg)
	弹性聚氨酯漆（设备：底漆两遍）	弹性聚氨酯底漆		(2.73kg)
	弹性聚氨酯漆（设备：底漆增一遍）			(1.37kg)
	弹性聚氨酯漆（管道：底漆两遍）			(3.49kg)
	弹性聚氨酯漆（管道：底漆增一遍）			(1.75kg)
	弹性聚氨酯漆（设备：中间漆漆每一遍）	弹性聚氨酯磁漆（甲组）		(1.28kg)
	弹性聚氨酯漆（管道：中间漆漆每一遍）			(1.63kg)
	弹性聚氨酯漆（设备：面漆每一遍）			(11.26kg)
	弹性聚氨酯漆（管道：面漆每一遍）			(1.75kg)
	弹性聚氨酯漆（设备：中间漆漆每一遍）	弹性聚氨酯磁漆（乙组）		(0.13kg)
	弹性聚氨酯漆（管道：中间漆漆每一遍）			(0.17kg)
	弹性聚氨酯漆（设备：面漆每一遍）			(0.13kg)
	弹性聚氨酯漆（管道：面漆每一遍）			(0.17kg)
保温	硬质瓦块：管道 ϕ57mm 以下（厚度 mm）30～50	硬质瓦块	m³	(1.12m³)
	硬质瓦块：管道 ϕ57mm 以下（厚度 mm）60～100			(1.11m³)
	硬质瓦块：管道 ϕ133mm 以下（厚度 mm）30～50			(1.09m³)
	硬质瓦块：管道 ϕ57mm 以下（厚度 mm）60～100；管道 ϕ325mm 以下；管道 ϕ529mm 以下（厚度 mm）30～50			(1.08m³)
	硬质瓦块：管道 ϕ529mm 以下（厚度 mm）60～100；管道 ϕ720mm 以下（厚度 mm）30～100；立式设备（厚度 mm）60～100；卧式设备（厚度 mm）30～100			(1.05m³)
	硬质瓦块：立式设备（厚度 mm）30～50			(1.06m³)
	硬质瓦块：球形设备（厚度 mm）30～100			(1.25mm)
	泡沫玻璃瓦块：管道 ϕ57mm 以下（厚度 mm）30～50	泡沫玻璃瓦块		(1.15m³)
	泡沫玻璃瓦块：管道 ϕ57mm 以下（厚度 mm）60～100；管道 ϕ133mm 以下；管道 ϕ325mm 以下；管道 ϕ529mm 以下（厚度 mm）30～100			(1.10m³)
	泡沫玻璃瓦块：管道 ϕ720mm 以下（厚度 mm）30～100			(1.08m³)
	泡沫玻璃瓦块：立式设备：卧式设备（厚度 mm）40～100			
	泡沫玻璃板（设备）	泡沫玻璃板		(1.20m³)
	纤维类制品（管壳）：管道	岩棉管壳		(1.03m³)
	纤维类制品（板）：立式、卧式设备	岩棉板		
	纤维类制品（板）：球形设备			(1.05m³)

续表

工程名称	分 项 名 称	主材名称	单位	定额消耗量
设备、管道、阀门保温	泡沫塑料瓦块：管道、设备	泡沫塑料瓦块	10m²	(1.03m³)
	泡沫塑料板：立式、卧式设备	泡沫塑料板		(1.2m³)
	泡沫塑料板：球形设备			(1.25m³)
	毡类制品：管道；设备	毡类制品		(1.03m³)
	棉席（被）类制品：设备	棉席被类制品		(1.02m³)
	棉席（被）类制品：阀门；法兰 ϕ325 以下；法兰 ϕ529 以下			(1.05m³)
	棉席（被）类制品：法兰 ϕ720 以下；法兰 ϕ1020 以下			(1.03m³)
	纤维类散状材料：管道；阀门；法兰	纤维类散状材料		(1.03m³)
	聚氨酯泡沫喷涂发泡：设备	可发性聚氨酯泡沫塑料		(62.5m³)
	硅酸盐类涂抹材料厚度 20mm：管道；设备；阀门；法兰	硅酸盐涂抹料		(0.203m³)
	硅酸盐类涂抹材料厚度 30mm：管道；设备；阀门；法兰			(0.305m³)
	硅酸盐类涂抹材料厚度 40mm：管道；设备；阀门；法兰			(0.406m³)
	硅酸盐类涂抹材料厚度 50mm：管道；设备；阀门；法兰			(0.508m³)
	硅酸盐类涂抹材料厚度 60mm：管道；设备；阀门；法兰			(0.609m³)
	硅酸盐类涂抹材料厚度 70mm：管道；设备；阀门；法兰			(0.711m³)
	硅酸盐类涂抹材料厚度 80mm：管道；设备；阀门；法兰			(0.81m³)
	复合硅酸铝绳	复合硅酸铝绳		(1.06m³)
	防潮层、保护层：管道；设备	玻璃丝布 0.5		(14.00m²)
		麻袋布		
		塑料布		
	防潮层、保护层：设备	油毡纸 350g		(13.5m²)
	防潮层、保护层：管道；设备	铝箔:复合玻璃钢		(12.00m²)
	防潮层、保护层（抹面保护层）厚度 10mm：管道；设备	抹面材料		(0.11m²)
	防潮层、保护层（抹面保护层）厚度 15mm：管道；设备			(0.16m²)
	防潮层、保护层（抹面保护层）厚度 20mm：管道；设备			(0.22m²)
	防潮层、保护层（抹面保护层）厚度 25mm：管道；设备			(0.27m²)
	防潮层、保护层（抹面保护层）厚度 30mm：管道；设备			(0.32m²)
	防潮层、保护层（抹面保护层）厚度 35mm：管道；设备			(0.36m²)

续表

工程名称	分项名称	主材名称	单位	定额消耗量
设备、管道、阀门保温	防潮层、保护层（抹面保护层）厚度 40mm：管道；设备	抹面材料	10m²	(0.43m²)
	防潮层、保护层（抹面保护层）厚度 50mm：管道；设备			(0.54m²)
	金属薄板钉口：管道；一般设备	镀锌钢板 δ0.5		(12.00m²)
	金属薄板挂口：一般设备			(12.50m²)
	金属薄板钉口；挂口：球形设备			(13.50m²)
	托盘制作安装	普通钢板 0#—3# δ1.0～1.5		(115.0kg)
	普通钢板盒制作安装（阀门）			(94.20kg)
	普通钢板盒制作安装（人孔）			(90.13kg)
	钩钉制作安装	普通钢板 0#—3# δ2.0～2.5		(105kg)
	普通钢板盒制作安装（阀门；人孔）			(2.5kg)
	镀锌铁皮盒制作安装：阀门	镀锌铁皮 δ0.5		[13.6(10m²)]
	镀锌铁皮盒制作安装：人孔；法兰			[13.5(10m²)]
	压制金属铁皮瓦楞板			[0.96(10m²)]
管道补口补伤	管外径 108mm：煤沥青普通防腐、环氧煤沥青加强防腐、环氧煤沥青特加强防腐	环氧煤沥青底漆		(0.11kg)
	管外径 133mm：煤沥青普通防腐、环氧煤沥青加强防腐、环氧煤沥青特加强防腐			(0.13kg)
	管外径 159mm：煤沥青普通防腐、环氧煤沥青加强防腐、环氧煤沥青特加强防腐			(0.16kg)
	管外径 219mm：煤沥青普通防腐、环氧煤沥青加强防腐、环氧煤沥青特加强防腐			(0.22kg)
	管外径 273mm：煤沥青普通防腐、环氧煤沥青加强防腐、环氧煤沥青特加强防腐			(0.27kg)
	管外径 325mm：煤沥青普通防腐、环氧煤沥青加强防腐、环氧煤沥青特加强防腐			(0.33kg)
	管外径 377mm：煤沥青普通防腐、环氧煤沥青加强防腐、环氧煤沥青特加强防腐			(0.38kg)
	管外径 426mm：煤沥青普通防腐、环氧煤沥青加强防腐、环氧煤沥青特加强防腐			(0.43kg)
	管外径 529mm：煤沥青普通防腐、环氧煤沥青加强防腐、环氧煤沥青特加强防腐			(0.80kg)
	管外径 630mm：煤沥青普通防腐、环氧煤沥青加强防腐、环氧煤沥青特加强防腐			(0.95kg)
	管外径 720mm：煤沥青普通防腐、环氧煤沥青加强防腐、环氧煤沥青特加强防腐			(1.09kg)
	管外径 820mm：煤沥青普通防腐、环氧煤沥青加强防腐、环氧煤沥青特加强防腐			(1.24kg)
	管外径 920mm：煤沥青普通防腐、环氧煤沥青加强防腐、环氧煤沥青特加强防腐			(1.39kg)
	管外径 108mm：煤沥青普通防腐、环氧煤沥青加强防腐、环氧煤沥青特加强防腐	环氧煤沥青面漆		(0.73kg)
	管外径 133mm：煤沥青普通防腐、环氧煤沥青加强防腐、环氧煤沥青特加强防腐			(0.89kg)

续表

工程名称	分 项 名 称	主材名称	单位	定额消耗量
管道补口补伤	管外径159mm：煤沥青普通防腐、环氧煤沥青加强防腐、环氧煤沥青特加强防腐	环氧煤沥青面漆	10m²	(1.07kg)
	管外径219mm：煤沥青普通防腐、环氧煤沥青加强防腐、环氧煤沥青特加强防腐			(1.47kg)
	管外径273mm：煤沥青普通防腐、环氧煤沥青加强防腐、环氧煤沥青特加强防腐			(1.83kg)
	管外径325mm：煤沥青普通防腐、环氧煤沥青加强防腐、环氧煤沥青特加强防腐			(2.18kg)
	管外径377mm：煤沥青普通防腐、环氧煤沥青加强防腐、环氧煤沥青特加强防腐			(2.53kg)
	管外径426mm：煤沥青普通防腐、环氧煤沥青加强防腐、环氧煤沥青特加强防腐			(2.85kg)
	管外径529mm：煤沥青普通防腐、环氧煤沥青加强防腐、环氧煤沥青特加强防腐			(5.32kg)
	管外径630mm：煤沥青普通防腐、环氧煤沥青加强防腐、环氧煤沥青特加强防腐			(6.33kg)
	管外径720mm：煤沥青普通防腐、环氧煤沥青加强防腐、环氧煤沥青特加强防腐			(7.24kg)
	管外径820mm：煤沥青普通防腐、环氧煤沥青加强防腐、环氧煤沥青特加强防腐			(8.24kg)
	管外径920mm：煤沥青普通防腐、环氧煤沥青加强防腐、环氧煤沥青特加强防腐			(9.25kg)
	管外径108mm：煤沥青普通防腐、环氧煤沥青加强防腐、环氧煤沥青特加强防腐	固化剂		(0.07kg)
	管外径133mm：煤沥青普通防腐、环氧煤沥青加强防腐、环氧煤沥青特加强防腐			(0.09kg)
	管外径159mm：煤沥青普通防腐、环氧煤沥青加强防腐、环氧煤沥青特加强防腐			(0.11kg)
	管外径219mm：煤沥青普通防腐、环氧煤沥青加强防腐、环氧煤沥青特加强防腐			(0.15kg)
	管外径273mm：煤沥青普通防腐、环氧煤沥青加强防腐、环氧煤沥青特加强防腐			(0.18kg)
	管外径325mm：煤沥青普通防腐、环氧煤沥青加强防腐、环氧煤沥青特加强防腐			(0.22kg)
	管外径377mm：煤沥青普通防腐、环氧煤沥青加强防腐、环氧煤沥青特加强防腐			(0.25kg)
	管外径426mm：煤沥青普通防腐、环氧煤沥青加强防腐、环氧煤沥青特加强防腐			(0.29kg)
	管外径529mm：煤沥青普通防腐、环氧煤沥青加强防腐、环氧煤沥青特加强防腐			(0.53kg)
	管外径630mm：煤沥青普通防腐、环氧煤沥青加强防腐、环氧煤沥青特加强防腐			(0.63kg)

续表

工程名称	分项名称	主材名称	单位	定额消耗量
管道补口补伤	管外径 720mm：煤沥青普通防腐、环氧煤沥青加强防腐、环氧煤沥青特加强防腐	固化剂	10m^2	(0.72kg)
	管外径 820mm：煤沥青普通防腐、环氧煤沥青加强防腐、环氧煤沥青特加强防腐			(0.82kg)
	管外径 920mm：煤沥青普通防腐、环氧煤沥青加强防腐、环氧煤沥青特加强防腐			(0.92kg)
	管外径 108mm：煤沥青普通防腐、环氧煤沥青加强防腐、环氧煤沥青特加强防腐	稀释剂		(0.09kg)
	管外径 133mm：煤沥青普通防腐、环氧煤沥青加强防腐、环氧煤沥青特加强防腐			(0.11kg)
	管外径 159mm：煤沥青普通防腐、环氧煤沥青加强防腐、环氧煤沥青特加强防腐			(0.13kg)
	管外径 219mm：煤沥青普通防腐、环氧煤沥青加强防腐、环氧煤沥青特加强防腐			(0.18kg)
	管外径 273mm：煤沥青普通防腐、环氧煤沥青加强防腐、环氧煤沥青特加强防腐			(0.23kg)
	管外径 325mm：煤沥青普通防腐、环氧煤沥青加强防腐、环氧煤沥青特加强防腐			(0.27kg)
	管外径 377mm：煤沥青普通防腐、环氧煤沥青加强防腐、环氧煤沥青特加强防腐			(0.32kg)
	管外径 426mm：煤沥青普通防腐、环氧煤沥青加强防腐、环氧煤沥青特加强防腐			(0.36kg)
	管外径 529mm：煤沥青普通防腐、环氧煤沥青加强防腐、环氧煤沥青特加强防腐			(0.66kg)
	管外径 630mm：煤沥青普通防腐、环氧煤沥青加强防腐、环氧煤沥青特加强防腐			(0.79kg)
	管外径 720mm：煤沥青普通防腐、环氧煤沥青加强防腐、环氧煤沥青特加强防腐			(0.91kg)
	管外径 820mm：煤沥青普通防腐、环氧煤沥青加强防腐、环氧煤沥青特加强防腐			(1.03kg)
	管外径 920mm：煤沥青普通防腐、环氧煤沥青加强防腐、环氧煤沥青特加强防腐			(1.16kg)
	管外径 108mm：氯磺化聚乙烯漆（底漆一遍）	氯磺化聚乙烯底漆		(0.33kg)
	管外径 133mm：氯磺化聚乙烯漆（底漆一遍）			(0.40kg)
	管外径 159mm：氯磺化聚乙烯漆（底漆一遍）			(0.48kg)
	管外径 219mm：氯磺化聚乙烯漆（底漆一遍）			(0.66kg)
	管外径 273mm：氯磺化聚乙烯漆（底漆一遍）			(0.83kg)
	管外径 325mm：氯磺化聚乙烯漆（底漆一遍）			(0.98kg)
	管外径 377mm：氯磺化聚乙烯漆（底漆一遍）			(1.14kg)
	管外径 426mm：氯磺化聚乙烯漆（底漆一遍）			(1.29kg)
	管外径 529mm：氯磺化聚乙烯漆（底漆一遍）			(2.41kg)
	管外径 630mm：氯磺化聚乙烯漆（底漆一遍）			(2.87kg)
	管外径 720mm：氯磺化聚乙烯漆（底漆一遍）			(3.28kg)
	管外径 820mm：氯磺化聚乙烯漆（底漆一遍）			(3.73kg)
	管外径 920mm：氯磺化聚乙烯漆（底漆一遍）			(4.19kg)

续表

工程名称	分项名称	主材名称	单位	定额消耗量
管道补口补伤	管外径 108mm：氯磺化聚乙烯漆（中间漆一遍）	氯磺化聚乙烯中间漆	10m²	(0.29kg)
	管外径 133mm：氯磺化聚乙烯漆（中间漆一遍）			(0.35kg)
	管外径 159mm：氯磺化聚乙烯漆（中间漆一遍）			(0.42kg)
	管外径 219mm：氯磺化聚乙烯漆（中间漆一遍）			(0.58kg)
	管外径 273mm：氯磺化聚乙烯漆（中间漆一遍）			(0.72kg)
	管外径 325mm：氯磺化聚乙烯漆（中间漆一遍）			(0.86kg)
	管外径 377mm：氯磺化聚乙烯漆（中间漆一遍）			(1.00kg)
	管外径 426mm：氯磺化聚乙烯漆（中间漆一遍）			(1.12kg)
	管外径 529mm：氯磺化聚乙烯漆（中间漆一遍）			(2.09kg)
	管外径 630mm：氯磺化聚乙烯漆（中间漆一遍）			(2.49kg)
	管外径 720mm：氯磺化聚乙烯漆（中间漆一遍）			(2.85kg)
	管外径 820mm：氯磺化聚乙烯漆（中间漆一遍）			(3.25kg)
	管外径 920mm：氯磺化聚乙烯漆（中间漆一遍）			(3.64kg)
	管外径 108mm：氯磺化聚乙烯漆（中间漆增一遍）			(0.24kg)
	管外径 133mm：氯磺化聚乙烯漆（中间漆增一遍）			(0.30kg)
	管外径 159mm：氯磺化聚乙烯漆（中间漆增一遍）			(0.36kg)
	管外径 219mm：氯磺化聚乙烯漆（中间漆增一遍）			(0.49kg)
	管外径 273mm：氯磺化聚乙烯漆（中间漆增一遍）			(0.61kg)
	管外径 325mm：氯磺化聚乙烯漆（中间漆增一遍）			(0.73kg)
	管外径 377mm：氯磺化聚乙烯漆（中间漆增一遍）			(0.85kg)
	管外径 426mm：氯磺化聚乙烯漆（中间漆增一遍）			(0.96kg)
	管外径 529mm：氯磺化聚乙烯漆（中间漆增一遍）			(1.78kg)
	管外径 630mm：氯磺化聚乙烯漆（中间漆增一遍）			(2.12kg)
	管外径 720mm：氯磺化聚乙烯漆（中间漆增一遍）			(2.42kg)
	管外径 820mm：氯磺化聚乙烯漆（中间漆增一遍）			(2.76kg)
	管外径 920mm：氯磺化聚乙烯漆（中间漆增一遍）			(3.10kg)
	管外径 108mm：氯磺化聚乙烯漆（底漆一遍）	氯磺化聚乙烯面漆		(0.24kg)
	管外径 133mm：氯磺化聚乙烯漆（底漆一遍）			(0.30kg)
	管外径 159mm：氯磺化聚乙烯漆（底漆一遍）			(0.36kg)
	管外径 219mm：氯磺化聚乙烯漆（底漆一遍）			(0.49kg)
	管外径 273mm：氯磺化聚乙烯漆（底漆一遍）			(0.61kg)
	管外径 325mm：氯磺化聚乙烯漆（底漆一遍）			(0.73kg)
	管外径 377mm：氯磺化聚乙烯漆（底漆一遍）			(0.85kg)
	管外径 426mm：氯磺化聚乙烯漆（底漆一遍）			(0.96kg)
	管外径 529mm：氯磺化聚乙烯漆（底漆一遍）			(1.78kg)
	管外径 630mm：氯磺化聚乙烯漆（底漆一遍）			(2.12kg)

续表

工程名称	分 项 名 称	主材名称	单位	定额消耗量
管道补口补伤	管外径 720mm：氯磺化聚乙烯漆（底漆一遍）	氯磺化聚乙烯面漆	10m^2	(2.42kg)
	管外径 820mm：氯磺化聚乙烯漆（底漆一遍）			(2.76kg)
	管外径 920mm：氯磺化聚乙烯漆（底漆一遍）			(3.10kg)
	管外径 108mm：聚氨酯漆（底漆两遍）	聚氨酯底漆		(0.36kg)
	管外径 133mm：聚氨酯漆（底漆两遍）			(0.45kg)
	管外径 159mm：聚氨酯漆（底漆两遍）			(0.54kg)
	管外径 219mm：聚氨酯漆（底漆两遍）			(0.74kg)
	管外径 273mm：聚氨酯漆（底漆两遍）			(0.92kg)
	管外径 325mm：聚氨酯漆（底漆两遍）			(1.09kg)
	管外径 377mm：聚氨酯漆（底漆两遍）			(1.27kg)
	管外径 426mm：聚氨酯漆（底漆两遍）			(1.43kg)
	管外径 529mm：聚氨酯漆（底漆两遍）			(2.67kg)
	管外径 630mm：聚氨酯漆（底漆两遍）			(3.18kg)
	管外径 720mm：聚氨酯漆（底漆两遍）			(3.63kg)
	管外径 820mm：聚氨酯漆（底漆两遍）			(4.14kg)
	管外径 920mm：聚氨酯漆（底漆两遍）			(4.64kg)
	管外径 108mm：聚氨酯漆（底漆增一遍）			(0.18kg)
	管外径 133mm：聚氨酯漆（底漆增一遍）			(0.22kg)
	管外径 159mm：聚氨酯漆（底漆增一遍）			(0.27kg)
	管外径 219mm：聚氨酯漆（底漆增一遍）			(0.37kg)
	管外径 273mm：聚氨酯漆（底漆增一遍）			(0.46kg)
	管外径 325mm：聚氨酯漆（底漆增一遍）			(0.55kg)
	管外径 377mm：聚氨酯漆（底漆增一遍）			(0.64kg)
	管外径 426mm：聚氨酯漆（底漆增一遍）			(0.72kg)
	管外径 529mm：聚氨酯漆（底漆增一遍）			(1.34kg)
	管外径 630mm：聚氨酯漆（底漆增一遍）			(1.60kg)
	管外径 720mm：聚氨酯漆（底漆增一遍）			(1.82kg)
	管外径 820mm：聚氨酯漆（底漆增一遍）			(2.08kg)
	管外径 920mm：聚氨酯漆（底漆增一遍）			(2.33kg)
	管外径 108mm：聚氨酯漆（中间漆一遍）	聚氨酯磁漆		(0.14kg)
	管外径 133mm：聚氨酯漆（中间漆一遍）			(0.17kg)
	管外径 159mm：聚氨酯漆（中间漆一遍）			(0.20kg)
	管外径 219mm：聚氨酯漆（中间漆一遍）			(0.28kg)
	管外径 273mm：聚氨酯漆（中间漆一遍）			(0.35kg)
	管外径 325mm：聚氨酯漆（中间漆一遍）			(0.42kg)
	管外径 377mm：聚氨酯漆（中间漆一遍）			(0.48kg)

续表

工程名称	分 项 名 称	主材名称	单位	定额消耗量
管道补口补伤	管外径 426mm：聚氨酯漆（中间漆一遍）	聚氨酯磁漆	10m²	(0.54kg)
	管外径 529mm：聚氨酯漆（中间漆一遍）			(1.02kg)
	管外径 630mm：聚氨酯漆（中间漆一遍）			(1.21kg)
	管外径 720mm：聚氨酯漆（中间漆一遍）			(1.38kg)
	管外径 820mm：聚氨酯漆（中间漆一遍）			(1.57kg)
	管外径 920mm：聚氨酯漆（中间漆一遍）			(1.77kg)
	管外径 108mm：聚氨酯漆（中间漆增一遍）			(0.11kg)
	管外径 133mm：聚氨酯漆（中间漆增一遍）			(0.13kg)
	管外径 159mm：聚氨酯漆（中间漆增一遍）			(0.16kg)
	管外径 219mm：聚氨酯漆（中间漆增一遍）			(0.22kg)
	管外径 273mm：聚氨酯漆（中间漆增一遍）			(0.27kg)
	管外径 325mm：聚氨酯漆（中间漆增一遍）			(0.32kg)
	管外径 377mm：聚氨酯漆（中间漆增一遍）			(0.37kg)
	管外径 426mm：聚氨酯漆（中间漆增一遍）			(0.42kg)
	管外径 529mm：聚氨酯漆（中间漆增一遍）			(0.79kg)
	管外径 630mm：聚氨酯漆（中间漆增一遍）			(0.94kg)
	管外径 720mm：聚氨酯漆（中间漆增一遍）			(1.07kg)
	管外径 820mm：聚氨酯漆（中间漆增一遍）			(1.22kg)
	管外径 920mm：聚氨酯漆（中间漆增一遍）			(1.37kg)
	管外径 108mm：聚氨酯漆（面漆每一遍）			(0.22kg)
	管外径 133mm：聚氨酯漆（面漆每一遍）			(0.27kg)
	管外径 159mm：聚氨酯漆（面漆每一遍）			(0.32kg)
	管外径 219mm：聚氨酯漆（面漆每一遍）			(0.44kg)
	管外径 273mm：聚氨酯漆（面漆每一遍）			(0.55kg)
	管外径 325mm：聚氨酯漆（面漆每一遍）			(0.66kg)
	管外径 377mm：聚氨酯漆（面漆每一遍）			(0.76kg)
	管外径 426mm：聚氨酯漆（面漆每一遍）			(0.86kg)
	管外径 529mm：聚氨酯漆（面漆每一遍）			(1.60kg)
	管外径 630mm：聚氨酯漆（面漆每一遍）			(1.91kg)
	管外径 720mm：聚氨酯漆（面漆每一遍）			(2.18kg)
	管外径 820mm：聚氨酯漆（面漆每一遍）			(2.48kg)
	管外径 920mm：聚氨酯漆（面漆每一遍）			(2.79kg)
	管外径 108mm：无机富锌漆（底漆两遍）	锌粉		(0.88kg)
	管外径 133mm：无机富锌漆（底漆两遍）			(1.09kg)
	管外径 159mm：无机富锌漆（底漆两遍）			(1.30kg)
	管外径 219mm：无机富锌漆（底漆两遍）			(1.80kg)

续表

工程名称	分项名称	主材名称	单位	定额消耗量
管道补口补伤	管外径 273mm：无机富锌漆（底漆两遍）	锌粉	10m^2	(2.23kg)
	管外径 325mm：无机富锌漆（底漆两遍）			(2.65kg)
	管外径 377mm：无机富锌漆（底漆两遍）			(3.08kg)
	管外径 426mm：无机富锌漆（底漆两遍）			(3.48kg)
	管外径 529mm：无机富锌漆（底漆两遍）			(6.48kg)
	管外径 620mm：无机富锌漆（底漆两遍）			(7.72kg)
	管外径 720mm：无机富锌漆（底漆两遍）			(8.82kg)
	管外径 820mm：无机富锌漆（底漆两遍）			(10.05kg)
	管外径 920mm：无机富锌漆（底漆两遍）			(11.27kg)
	管外径 108mm：无机富锌漆（环氧银粉面漆两遍）	环氧树脂（各种规格）		(0.35kg)
	管外径 133mm：无机富锌漆（环氧银粉面漆两遍）			(0.42kg)
	管外径 159mm：无机富锌漆（环氧银粉面漆两遍）			(0.51kg)
	管外径 219mm：无机富锌漆（环氧银粉面漆两遍）			(0.70kg)
	管外径 273mm：无机富锌漆（环氧银粉面漆两遍）			(0.87kg)
	管外径 325mm：无机富锌漆（环氧银粉面漆两遍）			(1.04kg)
	管外径 377mm：无机富锌漆（环氧银粉面漆两遍）			(1.20kg)
	管外径 426mm：无机富锌漆（环氧银粉面漆两遍）			(1.36kg)
	管外径 529mm：无机富锌漆（环氧银粉面漆两遍）			(2.53kg)
	管外径 620mm：无机富锌漆（环氧银粉面漆两遍）			(3.02kg)
	管外径 720mm：无机富锌漆（环氧银粉面漆两遍）			(3.45kg)
	管外径 820mm：无机富锌漆（环氧银粉面漆两遍）			(3.93kg)
	管外径 920mm：无机富锌漆（环氧银粉面漆两遍）			(4.41kg)

3.1.5 消防及安全防范设备安装工程

消耗量分析表（消防及安全防范设备安装工程）见表 3-5。

表 3-5

工程名称	分项名称	主材名称	单位	定额消耗量
火灾自动报警系统	探测器：线型探测器	线型探测器	10m	(13.20m)
水灭火系统	管道：镀锌钢管（螺纹连接）DN25	镀锌钢管接头零件		(7.23 个)
	管道：镀锌钢管（螺纹连接）DN32			(8.07 个)
	管道：镀锌钢管（螺纹连接）DN40			(12.23 个)
	管道：镀锌钢管（螺纹连接）DN50			(9.33 个)
	管道：镀锌钢管（螺纹连接）DN70			(8.91 个)
	管道：镀锌钢管（螺纹连接）DN80			(8.26 个)
	管道：镀锌钢管（螺纹连接）DN100			(5.19 个)

续表

工程名称	分 项 名 称	主材名称	单位	定额消耗量
水灭火系统	管道：镀锌钢管（螺纹连接）	镀锌钢管	10m	(10.20m)
	管道：镀锌钢管（法兰连接）			(9.18m)
	系统组件：喷头	喷头	10个	(10.10个)
	系统组件：湿式报警装置	湿式报警装置	组	(1.00套)
		平焊法兰		(2.20片)
	系统组件：温感式水幕装置	ZSPD型输出控制器		(1.00个)
	系统组件：温感式水幕装置（公称直径为32mm含）	温感雨淋阀ZSFW-32A		
	系统组件：温感式水幕装置	球阀（带铅封）		(1.01个)
	水流指示器：螺纹连接	水流指示器	个	(1.00个)
	水流指示器：法兰连接	平焊法兰		(2.20片) (2.00片)
	其他组件：减压孔板	减压孔板		(1.00个)
	其他组件：末端试水装置	阀门	组	(2.02个)
	消火栓：室内消火栓	室内消火栓	套	(1.00套)
	消火栓：室外地下消火栓	地下式消火栓		
	消火栓：室外地上消火栓	地上式消火栓		
	消火栓：消防水泵接合器	消防水泵接合器		
	气压罐	隔膜式气压水罐	台	(1.00台)
		平焊法兰		(1.00片)
	管道支吊架制作安装	型钢	100kg	(106.00kg)
气体灭火系统	管道：无缝钢管（螺纹连接）	无缝钢管	10m	(10.20m)
	管道：无缝钢管（法兰连接）DN100			(9.92m)
	管道：无缝钢管（法兰连接）DN150			(9.81m)
	管道：驱动装置（管外径10mm）	紫铜管		(10.30m)
	管道：驱动装置（管外径14mm）			(0.05m)
	管道：钢制管件（螺纹连接）	钢制管件	10件	(10.10个)
	系统组件：喷头	喷头	10个	(10.10个)
		钢制丝堵		(1.00个)
		镀锌钢管管件		(10.10个)
	系统组件：选择阀（螺纹连接）	钢制活接头	个	(1.01个)
		选择阀		(1.00个)
	系统组件：选择阀（法兰连接）	中压法兰		(1.00个)
泡沫灭火系统	泡沫发生器	泡沫发生器	台	(1.00台)
		平焊法兰		(1.00片) (2.00片)
	泡沫比例混合器-压力储罐式比例混合器	压力储罐式泡沫比例混合器		(1.00台)

续表

工程名称	分 项 名 称	主材名称	单位	定额消耗量
泡沫灭火系统	泡沫比例混合器：平衡压力式比例混合器	平衡压力式泡沫比例混合器	台	(1.00 台)
		平焊法兰		(3.00 片)
	泡沫比例混合器：环泵式负压比例混合器	环泵式负压比例混合器		(1.00 台)
	泡沫比例混合器：管线式负压比例混合器	管线式负压比例混合器		
消防系统	气体灭火系统装置调试（电磁铁只有试验容器规格为4L）	大膜片	个	(1.00 台)
		小膜片		(1.00 片)
		锥形堵块		(1.00 只)
		电磁铁		(1.00 块)
		金属密封垫		(1.00 个)
		聚四氟乙烯垫		(1.00 个)

3.1.6 工业管道工程

消耗量分析表（工业管道工程）见表 3-6。

表 3-6

工程名称	分 项 名 称	主材名称	单位	定额消耗量
低压管道	有缝钢管（螺纹连接）	低压碳钢管	10m	(10.00m)
	用于装置内管道：碳钢伴热管(氧乙炔焊)：不锈钢板热管(电弧焊)			(10.20m)
	用于外管廊管道：碳钢伴热管(氧乙炔焊)：不锈钢板热管(电弧焊)			(10.15m)
	DN15～DN40：碳钢管(氧乙炔焊)；(电弧焊)；(氩电联焊)			(9.72m)
	DN50：碳钢管(氧乙炔焊)：DN50～DN100：碳钢管(电弧焊)；(氩电联焊)			(9.57m)
	DN125～DN200：碳钢管(电弧焊)；(氩电联焊)			(9.41m)
	DN250～DN400：碳钢管(电弧焊)；(氩电联焊)			(9.36m)
	DN450：DN500：碳钢管(电弧焊)；(氩电联焊)			(9.25m)
	DN32～DN100：衬里钢管(电弧焊)			(9.92m)
	DN125～DN500：衬里钢管(电弧焊)			(9.81m)
	DN200～DN400：碳钢板卷管(电弧焊)	碳钢板卷管		(9.88m)
	DN450～DN600：碳钢板卷管(电弧焊)：DN600：(埋弧自动焊)			(9.78m)

续表

工程名称	分项名称	主材名称	单位	定额消耗量
低压管道	DN700～DN900:碳钢板卷管(电弧焊);(埋弧自动焊)	碳钢板卷管	10m	(9.67m)
	DN1000～DN1400:碳钢板卷管(电弧焊);(埋弧自动焊)			(9.57m)
	DN1600～DN3000:碳钢板卷管(电弧焊);(埋弧自动焊)			(9.36m)
	DN32～DN50：衬里钢管(电弧焊)	低压碳钢对焊管件		(3.93 个)
	DN65；DN80：衬里钢管(电弧焊)			(3.04 个)
	DN100；DN125：衬里钢管(电弧焊)			(2.84 个)
	DN150：衬里钢管(电弧焊)			(3.55 个)
	DN200：衬里钢管(电弧焊)			(3.34 个)
	DN250；DN300：衬里钢管(电弧焊)			(3.19 个)
	DN350～DN500：衬里钢管(电弧焊)			(2.27 个)
	DN32～DN50：衬里钢管(电弧焊)	低中压碳钢平焊法兰		(36.85 片)
	DN65～DN100：衬里钢管(电弧焊)			(32.98 片)
	DN125：衬里钢管(电弧焊)			(32.96 片)
	DN150：衬里钢管(电弧焊)			(28.78 片)
	DN200：衬里钢管(电弧焊)			(24.48 片)
	DN250；DN300：衬里钢管(电弧焊)			(20.88 片)
	DN350；DN500：衬里钢管(电弧焊)			(16.99 片)
	DN15～DN32：不锈钢管(电弧焊)；(氩弧焊)	低压不锈钢管		(9.84m)
	DN40～DN65：不锈钢管(电弧焊)；(氩弧焊)；(氩电联焊(不含 DN40))			(9.74m)
	DN80～DN125：不锈钢管(电弧焊)；(氩弧焊)；(氩电联焊)			(9.53m)
	DN150～DN400：不锈钢管(电弧焊)；(氩电联焊)；DN150；DN200：(氩弧焊)			(9.38m)
	DN200～DN300：不锈钢板卷管(电弧焊)；(氩电联焊)	不锈钢板卷管		(9.98m)
	DN350～DN450：不锈钢板卷管(电弧焊)；(氩电联焊)			(9.88m)
	DN500～DN1400：不锈钢板卷管(电弧焊)；(氩电联焊)			(9.78m)
	DN15～DN65：合金钢管(电弧焊)；(氩弧焊)；(氩电联焊(不含 DN15～DN40))	低压合金钢管		(9.84m)
	DN80～DN125:合金钢管(电弧焊);(氩弧焊);(氩电联焊)			(9.53m)
	DN150～DN500:合金钢管(电弧焊);(氩弧焊);(氩电联焊)			(9.38m)
	DN18～DN40：铝管(氩弧焊)	铝管		(10.00m)
	DN50～DN410：铝管(氩弧焊)			(9.88m)
	DN159～DN478：铝板卷管(氩弧焊)	铝板卷管		(9.98m)
	DN529～DN1020：铝板卷管(氩弧焊)			(9.78m)
	DN20～DN65：铜管(氧乙炔焊)	低压铜管		(10.00m)
	DN75～DN300：铜管(氧乙炔焊)			(9.88m)

续表

工程名称	分 项 名 称	主材名称	单位	定额消耗量
低压管道	DN155～DN255：铜板卷管(氧乙炔焊)	铜板卷管	10m	(9.98m)
	DN305；DN355：铜板卷管(氧乙炔焊)			(9.88m)
	DN405；DN505：铜板卷管(氧乙炔焊)			(9.78m)
	塑料管(热风焊)	塑料管		(10.00m)
	塑料管(承插粘接)	承插塑料管		
	玻璃钢管(胶泥)	玻璃钢管		
	玻璃管(法兰连接)	玻璃管		
		法兰(各种材质带螺栓		(12.00 套)
		橡胶圈		(48.00 个)
		T 型胶垫		(12.00 个)
	承插铸铁管(石棉水泥接口)；(青铅接口)；(膨胀水泥接口)	铸铁管		(10.00mm)
	法兰铸铁管(法兰连接)	法兰铸铁管		
	预应力(自应力)混凝土管(胶圈接口)	预应力混凝土管		
中压管道	DN15～DN40：碳钢管(电弧焊)；(氩电联焊)	中压碳钢管	10m	(9.72m)
	DN50～DN100：碳钢管(电弧焊)；(氩电联焊)			(9.57m)
	DN125～DN200：碳钢管(电弧焊)；(氩电联焊)			(9.41m)
	DN250～DN400：碳钢管(电弧焊)；(氩电联焊)			(9.36m)
	DN450；DN500：碳钢管(电弧焊)；(氩电联焊)			(9.25m)
	DN15～DN32：不锈钢管(电弧焊)；(氩弧焊)	中压不锈钢管		(9.84m)
	DN40～DN65：不锈钢管(电弧焊)；(氩板焊)；(氩电联焊(不含 DN40))			(9.74m)
	DN80～DN125：不锈钢管(电弧焊)；(氩板焊)；(氩电联焊)			(9.53m)
	DN150～DN400：不锈钢管(电弧焊)；(氩电联焊)；DN150；DN200：(氩弧焊)			(9.38m)
	DN15～DN65：合金钢管(电弧焊)；(氩弧焊)；(氩电联焊(不含 DN15～DN40))	中压合金钢管		(9.84m)
	DN80～DN150：合金钢管(电弧焊)；(氩弧焊)；(氩电联焊)			(9.53m)
	DN200～DN500：合金钢管(电弧焊)；(氩弧焊)；			(9.38m)
	DN20～DN65：铜管(氧乙炔焊)	中压铜管		(10.00m)
	DN75～DN300：铜管(氧乙炔焊)			(9.88m)
	DN200～DN400：螺旋卷管(电弧焊)	螺旋卷管		
	DN450～DN600：螺旋卷管(电弧焊)			(9.78m)
	DN700～DN900：螺旋卷管(电弧焊)			(9.67m)
	DN1000：螺旋卷管(电弧焊)			(9.57m)

续表

工程名称	分项名称	主材名称	单位	定额消耗量
高压管道	DN15～DN40：碳钢管(电弧焊)；(氩电联焊)	高压碳钢管	10m	(9.69m)
	DN50～DN100：碳钢管(电弧焊)；(氩电联焊)			(9.53m)
	DN125～DN200：碳钢管(电弧焊)；(氩电联焊)			(9.38m)
	DN250～DN400：碳钢管(电弧焊)；(氩电联焊)			(9.32m)
	DN450～DN500：碳钢管(电弧焊)；(氩电联焊)			(9.22m)
	DN15～DN32：不锈钢管(电弧焊)；(氩电联焊)	高压不锈钢管		(9.84m)
	DN40～DN65：不锈钢管(电弧焊)；(氩电联焊)			(9.74m)
	DN80～DN125：不锈钢管(电弧焊)；(氩电联焊)			(9.53m)
	DN150～DN400：不锈钢管(电弧焊)；(氩电联焊)			(9.38m)
	DN15～DN65：合金钢管(电弧焊)；(氩电联焊(不含DN15～DN40))	高压合金钢管		(9.84m)
	DN80～DN150：合金钢管(电弧焊)；(氩电联焊)			(9.53m)
	DN200～DN500：合金钢管(电弧焊)；(氩电联焊)			(9.38m)
低压管件	碳钢管件(螺纹连接)	低压碳钢螺纹连接管件	10个	(10.10个)
	碳钢管件(氧乙炔焊)；(电弧焊)；(氩电联焊)	低压碳钢对焊管件		
	碳钢板卷管件(电弧焊)；(埋弧自动焊)	碳钢板管件		
	加热外套碳钢管件(两半)(电弧焊)	碳钢两半管件		(20.00片)
	不锈钢管件(电弧焊)；(氩弧焊)；(氩电联焊)	低压不锈钢对焊管件		(10.00个)
	不锈钢板卷管件(电弧焊)；(氩电联焊)	不锈钢板卷管件		
	加热外套不锈钢管件(两半)(电弧焊)	不锈钢两半管件		(20.00片)
	合金钢管件(电弧焊)；(氩弧焊)；(氩电联焊)	低压合金钢对焊管件		(10.00个)
	铝管件(氩弧焊)	铝管件		
	铝板卷管件(氩弧焊)	铝板卷管件		
	铜管件(氧乙炔焊)	低压铜管件		
	铜板卷管件(氧乙炔焊)	铜板卷管件		
	塑料管件(热风焊)	塑料管件		
	塑料管件(承插粘接)	承插塑料管件		
	玻璃钢管件(胶泥)	玻璃钢管件		
	玻璃管件(法兰连接)	玻璃管件		
	承插铸铁管件(石棉水泥接口)；(青铅接口)；(膨胀水泥接口)	铸铁管件		
	法兰铸铁管件(法兰连接)	法兰铸铁管件		
	承插式预应力混凝土转换件(石棉水泥接口)	混凝土转换件		

续表

工程名称	分项名称	主材名称	单位	定额消耗量
中压管件	碳钢管件(电弧焊)；(氩电联焊)	中压碳钢对焊管件	10个	(10.00个)
	不锈钢管件(电弧焊)；(氩电联焊)；(氩弧焊)	中压不锈钢对焊管件		
	合金钢管件(电弧焊)；(氩电联焊)；(氩弧焊)	中压合金钢对焊管件		
	铜管件(氧乙炔焊)	中压铜管件		
	螺旋卷管件(电弧焊)	螺旋卷管件		
高压管件	碳钢管件(电弧焊)；(氩电联焊)	高压碳钢对焊管件		
	不锈钢管件(电弧焊)；(氩电联焊)	高压不锈钢对焊管件		
	合金钢管件(电弧焊)；(氩电联焊)	高压合金钢对焊管件		
低压阀门	螺纹阀门：DN15，DN20	低压螺纹阀门	个	(1.02个)
	螺纹阀门：DN25～DN50			(1.01个)
	焊接阀门	低压焊接阀门		(1.00个)
	法兰阀门	低压法兰阀门		
	齿轮、液压、电动法兰阀门	齿轮、液压、电动法兰阀门		
	调节阀门	低压调节阀门		
	安全阀门	低压安全阀门		
	塑料阀门	塑料阀门		
		塑料法兰(带螺栓)		(2.00片)
	玻璃阀门	玻璃阀门		(1.00个)
中压阀门	螺纹阀门：DN15，DN20	中压螺纹阀门		(1.02个)
	螺纹阀门：DN25～DN50			(1.01个)
	焊接阀门	中压焊接阀门		(1.00个)
	法兰阀门	中压法兰阀门		
	齿轮、液压、电动法兰阀门	中压齿轮、液压、电动法兰阀门		
	调节阀门	中压调节阀门		
	安全阀门	中压安全阀门		
高压阀门	螺纹阀门	高压螺纹阀门		
	焊接阀门(承插焊)；焊接阀门(对焊)：(电弧焊)(氩电联焊)	高压碳钢焊接阀门		
	法兰阀门	高压法兰阀门		
	法兰阀门；碳钢法兰(螺纹连接)；碳钢对焊法兰(电弧焊)；(氩电联焊)	碳钢透镜垫		

续表

工程名称	分项名称	主材名称	单位	定额消耗量
低压法兰	碳钢法兰(螺纹连接)	低压碳钢螺纹法兰	副	(2.00片)
	碳钢平焊法兰(电弧焊)	低中压碳钢平焊法兰		
	不锈钢平焊法兰(电弧焊)	低中压不锈钢平焊法兰		(2.00片)
	不锈钢翻边活动法兰(电弧焊);(氩弧焊)	低压不锈钢管翻边短管		(2.00个)
	不锈钢翻边活动法兰:(电弧焊)(氩弧焊);铝管翻边活动法兰:(氩弧焊);铜管翻边活动法兰:(氧乙炔焊)	低压碳钢活动法兰		(2.00片)
	铝管翻边活动法兰(氩弧焊)	低压铝翻边短管		(2.00个)
	铜管翻边活动法兰(氧乙炔焊)	低压铜翻边短管		
	合金钢平焊法兰(电弧焊)	低中压合金钢平焊法兰		(2.00片)
	铜法兰(氧乙炔焊)	低压铜法兰		
	铝、铝合金法兰(氩弧焊)	低压铝法兰		
	碳钢对焊法兰(电弧焊);(氩电联焊)	低压碳钢对焊法兰		
	不锈钢对焊法兰(电弧焊)	低压不锈钢对焊法兰		
中压法兰	碳钢对焊法兰(电弧焊);(氩电联焊)	中压碳钢对焊法兰		
	不锈钢对焊法兰(电弧焊);(氩电联焊);(氩弧焊)	中压不锈钢对焊法兰		
	合金钢对焊法兰(电弧焊);(氩电联焊);(氩弧焊)	中压合金钢对焊法兰		
	铜管对焊法兰(氧乙炔焊)	中压铜对焊法兰		
高压法兰	碳钢法兰(螺纹连接)	高压碳钢螺纹法兰		(2.00片)
	碳钢对焊法兰(电弧焊);(氩电联焊)	高压碳钢对焊法兰		
	不锈钢对焊法兰(电弧焊)(氩电联焊)	不锈钢透视垫		(1.00个)
		高压不锈钢对焊法兰		(2.00片)
	合金钢对焊法兰(电弧焊);(氩电联焊)	合金钢透视垫		(1.00个)
		高压合金钢对焊法兰		(2.00片)

续表

工程名称	分项名称	主材名称	单位	定额消耗量
钢板卷管制作	碳钢板直管制作(电弧焊)；(埋弧自动焊)	钢板	t	(1.05t)
	不锈钢板直管制作(电弧焊)；(氩电联焊)	不锈钢板		
	铝板直管制作(氩弧焊)	铝板		
弯头制作	碳钢板弯头制作(电弧焊)	钢板		(1.06t)
	不锈钢板弯头制作(电弧焊)；(氩电联焊)	不锈钢板		(1.07t)
	铝板弯头制作(氩弧焊)	铝板		
	DN200：碳钢管虾体弯制作(电弧焊)	碳钢管	10个	(4.86m)
	DN250：碳钢管虾体弯制作(电弧焊)			(5.86m)
	DN300：碳钢管虾体弯制作(电弧焊)			(6.67m)
	DN350：碳钢管虾体弯制作(电弧焊)			(7.42m)
	DN400：碳钢管虾体弯制作(电弧焊)			(8.23m)
	DN450：碳钢管虾体弯制作(电弧焊)			(9.07m)
	DN500：碳钢管虾体弯制作(电弧焊)			(9.12m)
	DN200：不锈钢管虾体弯制作(电弧焊)；(氩电联焊)	不锈钢管		(4.86m)
	DN250：不锈钢管虾体弯制作(电弧焊)；(氩电联焊)			(5.76m)
	DN300：不锈钢管虾体弯制作(电弧焊)；(氩电联焊)			(6.75m)
	DN350：不锈钢管虾体弯制作(电弧焊)；(氩电联焊)			(7.43m)
	DN400：不锈钢管虾体弯制作(电弧焊)；(氩电联焊)			(8.23m)
	DN150：铝管虾体弯制作(氩弧焊)	铝管		(4.08m)
	DN180：铝管虾体弯制作(氩弧焊)			(4.55m)
	DN200：铝管虾体弯制作(氩弧焊)			(4.88m)
	DN250：铝管虾体弯制作(氩弧焊)			(5.86m)
	DN300：铝管虾体弯制作(氩弧焊)			(6.67m)
	DN350：铝管虾体弯制作(氩弧焊)			(7.43m)
	DN410：铝管虾体弯制作(氩弧焊)			(8.66m)
	DN150：铜管虾体弯制作(氧乙炔焊)	铜管		(4.20m)
	DN185：铜管虾体弯制作(氧乙炔焊)			(4.67m)
	DN200：铜管虾体弯制作(氧乙炔焊)			(5.05m)
	DN250：铜管虾体弯制作(氧乙炔焊)			(6.05m)
	DN300：铜管虾体弯制作(氧乙炔焊)			(8.33m)
	DN200：中压螺旋卷虾体弯制作(电弧焊)	螺旋卷管		(4.89m)
	DN250：中压螺旋卷虾体弯制作(电弧焊)			(5.86m)
	DN300：中压螺旋卷虾体弯制作(电弧焊)			(6.67m)
	DN350：中压螺旋卷虾体弯制作(电弧焊)			(6.78m)
	DN400：中压螺旋卷虾体弯制作(电弧焊)			(9.05m)
	DN450：中压螺旋卷虾体弯制作(电弧焊)			(9.81m)

续表

工程名称	分项名称	主材名称	单位	定额消耗量
弯头制作	DN500：中压螺旋卷虾体弯制作(电弧焊)	螺旋卷管	10个	(9.88m)
	DN600：中压螺旋卷虾体弯制作(电弧焊)			(10.43m)
	DN700：中压螺旋卷虾体弯制作(电弧焊)			(11.61m)
	DN500：中压螺旋卷虾体弯制作(电弧焊)			(13.94m)
	DN600：中压螺旋卷虾体弯制作(电弧焊)			(16.51m)
	DN700：中压螺旋卷虾体弯制作(电弧焊)			(17.93m)
	DN20：低中压碳钢、合金钢管机械揻弯	碳钢管(合金钢管)		(1.89m)
	DN32：低中压碳钢、合金钢管机械揻弯			(2.66m)
	DN50：低中压碳钢、合金钢管机械揻弯			(3.82m)
	DN65：低中压碳钢、合金钢管机械揻弯			(4.78m)
	DN80：低中压碳钢、合金钢管机械揻弯			(5.75m)
	DN100：低中压碳钢、合金钢管机械揻弯			(7.03m)
	DN20：低中压不锈钢管机械揻弯	不锈钢管		(1.89m)
	DN32：低中压不锈钢管机械揻弯			(2.66m)
	DN50：低中压不锈钢管机械揻弯			(3.82m)
	DN65：低中压不锈钢管机械揻弯			(4.78m)
	DN80：低中压不锈钢管机械揻弯			(5.75m)
	DN100：低中压不锈钢管机械揻弯			(7.03m)
	DN20：铝管机械揻弯	铝管		(1.73m)
	DN32：铝管机械揻弯			(2.40m)
	DN50：铝管机械揻弯			(3.41m)
	DN70：铝管机械揻弯			(4.26m)
	DN80：铝管机械揻弯			(5.10m)
	DN100：铝管机械揻弯			(6.23m)
	DN20：铜管机械揻弯	铜管		(1.73m)
	DN32：铜管机械揻弯			(2.40m)
	DN50：铜管机械揻弯			(3.41m)
	DN70：铜管机械揻弯			(4.26m)
	DN80：铜管机械揻弯			(5.10m)
	DN100：铜管机械揻弯			(6.23m)
	DN20：塑料管揻弯	塑料管		(1.73m)
	DN25：塑料管揻弯			(2.01m)
	DN32：塑料管揻弯			(2.40m)
	DN40：塑料管揻弯			(2.85m)
	DN51：塑料管揻弯			(3.41m)
	DN65：塑料管揻弯			(4.26m)

续表

工程名称	分 项 名 称	主材名称	单位	定额消耗量
弯头制作	DN76：塑料管揻弯	塑料管	10个	(4.88m)
	DN90：塑料管揻弯			(5.66m)
	DN114：塑料管揻弯			(7.01m)
	DN100：低中压碳钢管中频揻弯；高压碳钢管中频揻弯	碳钢管		(3.01m)
	DN150：低中压碳钢管中频揻弯；高压碳钢管中频揻弯			(4.22m)
	DN200：低中压碳钢管中频揻弯；高压碳钢管中频揻弯			(5.42m)
	DN250：低中压碳钢管中频揻弯；高压碳钢管中频揻弯			(6.63m)
	DN300：低中压碳钢管中频揻弯；高压碳钢管中频揻弯			(7.83m)
	DN350：低中压碳钢管中频揻弯；高压碳钢管中频揻弯			(9.04m)
	DN400：低中压碳钢管中频揻弯；高压碳钢管中频揻弯			(10.25m)
	DN450：低中压碳钢管中频揻弯；高压碳钢管中频揻弯			(11.45m)
	DN500：低中压碳钢管中频揻弯；高压碳钢管中频揻弯			(12.66m)
	DN100:低中压不锈钢管中频揻弯;高压不锈钢管中频揻弯	不锈钢管		(3.01m)
	DN150:低中压不锈钢管中频揻弯;高压不锈钢管中频揻弯			(4.22m)
	DN200:低中压不锈钢管中频揻弯;高压不锈钢管中频揻弯			(5.42m)
	DN250:低中压不锈钢管中频揻弯;高压不锈钢管中频揻弯			(6.63m)
	DN300:低中压不锈钢管中频揻弯;高压不锈钢管中频揻弯			(7.83m)
	DN350:低中压不锈钢管中频揻弯;高压不锈钢管中频揻弯			(9.04m)
	DN400:低中压不锈钢管中频揻弯;高压不锈钢管中频揻弯			(10.25m)
	DN450：高压不锈钢管中频揻弯			(11.45m)
	DN500：高压不锈钢管中频揻弯			(12.66m)
	DN100：低中压合金钢管中频揻弯；高压合金钢管中频揻弯	合金钢管		(3.01m)
	DN150：低中压合金钢管中频揻弯；高压合金钢管中频揻弯			(4.22m)
	DN200：低中压合金钢管中频揻弯；高压合金钢管中频揻弯			(5.42m)
	DN250：低中压合金钢管中频揻弯；高压合金钢管中频揻弯			(6.63m)
	DN300：低中压合金钢管中频揻弯；高压合金钢管中频揻弯			(7.83m)
	DN350：低中压合金钢管中频揻弯；高压合金钢管中频揻弯			(9.04m)
	DN400：低中压合金钢管中频揻弯；高压合金钢管中频揻弯			(10.25m)
	DN450：低中压合金钢管中频揻弯；高压合金钢管中频揻弯			(11.45m)
	DN500：低中压合金钢管中频揻弯；高压合金钢管中频揻弯			(12.66m)

续表

工程名称	分项名称	主材名称	单位	定额消耗量
三通制作	碳钢管三通制作(电弧焊)	钢板	t	(1.07t)
	DN200～DN300：不锈钢板三通制作(电弧焊)；(氩电联焊)	不锈钢板		(1.08t)
	DN350～DN1400：不锈钢板三通制作(电弧焊)；(氩电联焊)			(1.09t)
	铝板三通制作(氩弧焊)	铝板		(1.08t)
异径管制作	DN200～DN600：碳钢板异径管制作(电弧焊)	钢板		(1.12t)
	DN700～DN3000：碳钢板异径管制作(电弧焊)			(1.10t)
	DN200～DN300：不锈钢板异径管制作(电弧焊)；(氩电联焊)	不锈钢板		(1.13t)
	DN350～DN1400：不锈钢板异径管制作(电弧焊)；(氩电联焊)			(1.14t)
	铝板异径管制作(氩弧焊)	铝板		(1.13t)
三通补强圈制作安装	DN100：低压碳钢管挖眼三通补强圈制作安装(电弧焊)	钢板	10个	(13.36kg)
	DN125：低压碳钢管挖眼三通补强圈制作安装(电弧焊)			(23.43kg)
	DN150：低压碳钢管挖眼三通补强圈制作安装(电弧焊)			(33.71kg)
	DN200：低压碳钢管挖眼三通补强圈制作安装(电弧焊)；碳钢板卷管挖眼三通补强圈制作安装(电弧焊)			(79.92kg)
	DN250：低压碳钢管挖眼三通补强圈制作安装(电弧焊)			(153.38kg)
	DN300：低压碳钢管挖眼三通补强圈制作安装(电弧焊)			(23.43kg)
	DN350：低压碳钢管挖眼三通补强圈制作安装(电弧焊)			(201.40kg)
	DN400：低压碳钢管挖眼三通补强圈制作安装(电弧焊)			(319.91kg)
	DN450：低压碳钢管挖眼三通补强圈制作安装(电弧焊)			(528.73kg)
	DN500：低压碳钢管挖眼三通补强圈制作安装(电弧焊)			(704.58kg)
	DN100：中压碳钢管挖眼三通补强圈制作安装(电弧焊)			(19.93kg)
	DN125：中压碳钢管挖眼三通补强圈制作安装(电弧焊)			(36.36kg)
	DN150：中压碳钢管挖眼三通补强圈制作安装(电弧焊)			(52.47kg)
	DN200：中压碳钢管挖眼三通补强圈制作安装(电弧焊)			(133.15kg)
	DN250：中压碳钢管挖眼三通补强圈制作安装(电弧焊)			(230.02kg)
	DN300：中压碳钢管挖眼三通补强圈制作安装(电弧焊)			(352.34kg)
	DN350：中压碳钢管挖眼三通补强圈制作安装(电弧焊)			(511.77kg)
	DN400：中压碳钢管挖眼三通补强圈制作安装(电弧焊)			(692.60kg)
	DN450：中压碳钢管挖眼三通补强圈制作安装(电弧焊)			(913.19kg)
	DN500：中压碳钢管挖眼三通补强圈制作安装(电弧焊)			(1232.99kg)
	DN250：碳钢板卷管挖眼三通补强圈制作安装(电弧焊)			(115.01kg)
	DN300：碳钢板卷管挖眼三通补强圈制作安装(电弧焊)			(151.05kg)

续表

工程名称	分 项 名 称	主材名称	单位	定额消耗量
三通补强圈制作安装	DN350：碳钢板卷管挖眼三通补强圈制作安装(电弧焊)	钢板	10个	(255.88kg)
	DN400：碳钢板卷管挖眼三通补强圈制作安装(电弧焊)			(307.82kg)
	DN450：碳钢板卷管挖眼三通补强圈制作安装(电弧焊)			(384.46kg)
	DN500：碳钢板卷管挖眼三通补强圈制作安装(电弧焊)			(469.69kg)
	DN600：碳钢板卷管挖眼三通补强圈制作安装(电弧焊)			(719.21kg)
	DN700：碳钢板卷管挖眼三通补强圈制作安装(电弧焊)			(973.29kg)
	DN800：碳钢板卷管挖眼三通补强圈制作安装(电弧焊)			(1246.24kg)
	DN900：碳钢板卷管挖眼三通补强圈制作安装(电弧焊)			(1574.52kg)
	DN1000：碳钢板卷管挖眼三通补强圈制作安装(电弧焊)			(2156.89kg)
	DN200：不锈钢板卷管挖眼三通补强圈制作安装(电弧焊)	不锈钢板		(52.58kg)
	DN250：不锈钢板卷管挖眼三通补强圈制作安装(电弧焊)			(75.68kg)
	DN300：不锈钢板卷管挖眼三通补强圈制作安装(电弧焊)			(99.43kg)
	DN350：不锈钢板卷管挖眼三通补强圈制作安装(电弧焊)			(126.35kg)
	DN400：不锈钢板卷管挖眼三通补强圈制作安装(电弧焊)			(151.90kg)
	DN450：不锈钢板卷管挖眼三通补强圈制作安装(电弧焊)			(237.23kg)
	DN500：不锈钢板卷管挖眼三通补强圈制作安装(电弧焊)			(289.80kg)
	DN600：不锈钢板卷管挖眼三通补强圈制作安装(电弧焊)			(394.53kg)
	DN700：不锈钢板卷管挖眼三通补强圈制作安装(电弧焊)			(640.56kg)
	DN800：不锈钢板卷管挖眼三通补强圈制作安装(电弧焊)			(956.97kg)
	DN900：不锈钢板卷管挖眼三通补强圈制作安装(电弧焊)			(1381.82kg)
	DN1000：不锈钢板卷管挖眼三通补强圈制作安装(电弧焊)			(1703.53kg)
	DN100：低压合金钢管挖眼三通补强圈制作安装(电弧焊)	合金钢板		(13.36kg)
	DN125：低压合金钢管挖眼三通补强圈制作安装(电弧焊)			(29.95kg)
	DN150：低压合金钢管挖眼三通补强圈制作安装(电弧焊)			(41.49kg)
	DN200：低压合金钢管挖眼三通补强圈制作安装(电弧焊)			(79.92kg)
	DN250：低压合金钢管挖眼三通补强圈制作安装(电弧焊)			(153.38kg)
	DN300：低压合金钢管挖眼三通补强圈制作安装(电弧焊)			(201.40kg)
	DN350：低压合金钢管挖眼三通补强圈制作安装(电弧焊)			(319.91kg)
	DN400：低压合金钢管挖眼三通补强圈制作安装(电弧焊)			(384.78kg)
	DN450：低压合金钢管挖眼三通补强圈制作安装(电弧焊)			(528.73kg)
	DN500：低压合金钢管挖眼三通补强圈制作安装(电弧焊)			(704.58kg)
	DN100：中压合金钢管挖眼三通补强圈制作安装(电弧焊)			(19.93kg)
	DN125：中压合金钢管挖眼三通补强圈制作安装(电弧焊)			(36.36kg)
	DN150：中压合金钢管挖眼三通补强圈制作安装(电弧焊)			(52.47kg)
	DN200：中压合金钢管挖眼三通补强圈制作安装(电弧焊)			(133.14kg)
	DN250：中压合金钢管挖眼三通补强圈制作安装(电弧焊)			(230.02kg)

续表

工程名称	分项名称	主材名称	单位	定额消耗量
三通补强圈制作安装	DN300：中压合金钢管挖眼三通补强圈制作安装(电弧焊)	合金钢板	10个	(352.34kg)
	DN350：中压合金钢管挖眼三通补强圈制作安装(电弧焊)			(511.77kg)
	DN400：中压合金钢管挖眼三通补强圈制作安装(电弧焊)			(692.60kg)
	DN450：中压合金钢管挖眼三通补强圈制作安装(电弧焊)			(913.19kg)
	DN500：中压合金钢管挖眼三通补强圈制作安装(电弧焊)			(1232.99kg)
	DN600：铝板卷管挖眼三通补强圈制作安装(氩弧焊)	铝板		(165.57kg)
	DN700：铝板卷管挖眼三通补强圈制作安装(氩弧焊)			(223.98kg)
	DN800：铝板卷管挖眼三通补强圈制作安装(氩弧焊)			(382.45kg)
	DN900：铝板卷管挖眼三通补强圈制作安装(氩弧焊)			(483.15kg)
	DN1000：铝板卷管挖眼三通补强圈制作安装(氩弧焊)			(595.72kg)
	DN20：塑料法兰制作安装(热风焊)	塑料板	副	($0.02m^2$)
	DN25：塑料法兰制作安装(热风焊)			($0.03m^2$)
	DN32；DN40：塑料法兰制作安装(热风焊)			($0.04m^2$)
	DN51；DN65：塑料法兰制作安装(热风焊)			($0.05m^2$)
	DN76：塑料法兰制作安装(热风焊)			($0.06m^2$)
	DN90；DN114：塑料法兰制作安装(热风焊)			($0.08m^2$)
	DN140：塑料法兰制作安装(热风焊)			($0.15m^2$)
	DN166：塑料法兰制作安装(热风焊)			($0.18m^2$)
	DN218：塑料法兰制作安装(热风焊)			($0.21m^2$)
管道系统吹扫	DN50：水冲洗	水	100mm	(2.16t)
	DN100：水冲洗			(11.07t)
	DN200：水冲洗			(43.74t)
	DN300：水冲洗			(98.69t)
	DN400：水冲洗			(167.94t)
	DN500：水冲洗			(267.17t)
	DN600：水冲洗			(394.47t)
	DN50：蒸汽吹扫	蒸汽		(2.72t)
	DN100：蒸汽吹扫			(10.85t)
	DN200：蒸汽吹扫			(42.30t)
	DN300：蒸汽吹扫			(96.27t)
	DN400：蒸汽吹扫			(170.85t)
	DN500：蒸汽吹扫			(265.77t)
	DN600：蒸汽吹扫			(382.73t)
管道系统清洗	DN25：碱洗	烧碱		(10.00kg)
	DN50：碱洗			(19.67kg)
	DN100：碱洗			(39.33kg)

续表

工程名称	分项名称	主材名称	单位	定额消耗量
管道系统清洗	DN200：碱洗	烧碱	100m	(65.04kg)
	DN300：碱洗			(97.09kg)
	DN400：碱洗			(127.57kg)
	DN500：碱洗			(157.60kg)
	DN25：碱洗	水		(0.21t)
	DN50：碱洗			(0.48t)
	DN100：碱洗			(2.46t)
	DN200：碱洗			(9.72t)
	DN300：碱洗			(21.93t)
	DN400：碱洗			(37.32t)
	DN500：碱洗			(59.37t)
	DN25：酸洗	酸洗液		(12.00kg)
	DN50：酸洗			(23.40kg)
	DN100：酸洗			(47.10kg)
	DN200：酸洗			(58.78kg)
	DN300：酸洗			(72.82kg)
	DN400：酸洗			(95.68kg)
	DN500：酸洗			(118.00kg)
	DN25：酸洗	烧碱		(2.04kg)
	DN50：酸洗			(3.93kg)
	DN100：酸洗			(7.85kg)
	DN200：酸洗			(15.75kg)
	DN300：酸洗			(23.50kg)
	DN400：酸洗			(31.40kg)
	DN500：酸洗			(39.40kg)
	DN25：酸洗	水		(0.28t)
	DN50：酸洗			(0.64t)
	DN100：酸洗			(3.28t)
	DN200：酸洗			(12.96t)
	DN300：酸洗			(29.24t)
	DN400：酸洗			(49.76t)
	DN500：酸洗			(79.16t)
管道脱脂	DN25：管道脱脂	脱脂介质		(9.80kg)
	DN50：管道脱脂			(18.84kg)
	DN100：管道脱脂			(37.70kg)
	DN200：管道脱脂			(78.05kg)

续表

工程名称	分项名称	主材名称	单位	定额消耗量
管道脱脂	DN300：管道脱脂	脱脂介质	100m	(116.51kg)
	DN400：管道脱脂			(153.08kg)
	DN500：管道脱脂			(188.52kg)
管道油清洗	DN15：管道油清洗	油		(27.00kg)
	DN20：管道油清洗			(54.00kg)
	DN25：管道油清洗			(94.50kg)
	DN32：管道油清洗			(135.00kg)
	DN40：管道油清洗			(189.00kg)
	DN50：管道油清洗			(216.00kg)
	DN65：管道油清洗			(486.00kg)
	DN80：管道油清洗			(702.00kg)
	DN100：管道油清洗			(1107.00kg)
	DN125：管道油清洗			(1634.00kg)
	DN150：管道油清洗			(2295.00kg)
	DN200：管道油清洗			(4374.00kg)
管道支架制作安装	一般管架	型钢	100kg	(106.00kg)
	木垫式管架；弹簧式管架			(102.00kg)
冷排管制作安装	翅片墙排管(12 根以内)；翅片顶排管(12 根以内)	钢带	100m	(414.00kg)
	7m：翅片墙排管(12 根以内)	无缝钢管		(103.05m)
	10m：翅片墙排管(12 根以内)			(102.73m)
	16m：翅片墙排管(12 根以内)			(102.46m)
	22m：翅片墙排管(12 根以内)			(102.34m)
	7m：翅片顶排管(12 根以内)			(105.25m)
	10m：翅片顶排管(12 根以内)			(104.29m)
	16m：翅片顶排管(12 根以内)			(103.44m)
	22m：翅片顶排管(12 根以内)			(103.03m)
	7m：光滑顶排管(60 根以内)			(103.84m)
	10m：光滑顶排管(60 根以内)			(103.28m)
	16m：光滑顶排管(60 根以内)			(102.80m)

续表

工程名称	分项名称	主材名称	单位	定额消耗量
冷排管制作安装	22m：光滑顶排管(60根以内)	无缝钢管	100m	(102.58m)
	28m：光滑顶排管(60根以内)			(102.51m)
	24m：光滑顶排管(60根以内)			(102.42m)
	37m：光滑顶排管(60根以内)			(102.39m)
	7m：光滑蛇形墙排管(20根以内)			(103.05m)
	10m：光滑蛇形墙排管(20根以内)			(102.74m)
	16m：光滑蛇形墙排管(20根以内)			(102.46m)
	22m：光滑蛇形墙排管(20根以内)			(102.34m)
	2.5m：立式墙排管(40根以内)			(111.18m)
	3m：立式墙排管(40根以内)			(109.40m)
	3.5m：立式墙排管(40根以内)			(108.56m)
	4.5m：搁架式排管(10排以内)			(102.60m)
	8m：搁架式排管(10排以内)			(102.35m)
	10m：搁架式排管(10排以内)			(102.28m)
蒸汽分汽缸制作	钢管制：50kg以内		100kg	(93.18kg)
	钢管制：50kg以内			(93.86kg)
	钢板制			(6.27kg)
蒸汽分汽缸安装	蒸汽分汽缸安装	分汽缸	个	(1.00个)
集气罐制作	DN150：集气罐制作	无缝钢管		(0.30m)
	DN200：集气罐制作			(0.32m)
	DN250；DN300：集气罐制作			(0.43m)
	DN400：集气罐制作			(0.45m)
	集气罐制作	熟铁管箍		(2.00个)
	集气罐安装	集气罐		(1.00个)
空气分气筒制作安装	空气分气筒制作安装	无缝钢管		(0.40m)

续表

工程名称	分项名称	主材名称	单位	定额消耗量
空气调节器喷雾管制作安装	Ⅰ：空气调节器喷雾管制作安装	喷嘴	组	(42.00个)
	Ⅱ：空气调节器喷雾管制作安装			(56.00个)
	Ⅲ：空气调节器喷雾管制作安装			(70.00个)
	Ⅳ：空气调节器喷雾管制作安装			(90.00个)
	Ⅴ：空气调节器喷雾管制作安装			(108.00个)
	Ⅵ：空气调节器喷雾管制作安装			(132.00个)
	Ⅰ：空气调节器喷雾管制作安装	焊接钢管		(11.41m)
	Ⅱ：空气调节器喷雾管制作安装			(15.27m)
	Ⅲ：空气调节器喷雾管制作安装			(19.11m)
	Ⅳ：空气调节器喷雾管制作安装			(23.06m)
	Ⅴ：空气调节器喷雾管制作安装			(27.80m)
	Ⅵ：空气调节器喷雾管制作安装			(32.65m)
	空气调节器喷雾管制作安装	熟铁管箍		(1.00个)
	Ⅰ：空气调节器喷雾管制作安装			(6.00个)
	Ⅱ：空气调节器喷雾管制作安装			(8.00个)
	Ⅲ；Ⅳ：空气调节器喷雾管制作安装			(10.00个)
	Ⅴ；Ⅵ：空气调节器喷雾管制作安装			(12.00个)
	空气调节器喷雾管制作安装	黑玛钢丝堵(堵头)		(1.00个)
	Ⅰ：空气调节器喷雾管制作安装	黑玛钢活接头		(3.00个)
	Ⅱ：空气调节器喷雾管制作安装			(4.00个)
	Ⅲ；Ⅳ：空气调节器喷雾管制作安装			(5.00个)
	Ⅴ；Ⅵ：空气调节器喷雾管制作安装			(6.00个)
钢制排水漏斗制作安装	DN50：钢制排水漏斗制作安装	无缝钢管	个	(0.10m)
	DN100：钢制排水漏斗制作安装			(0.15m)
	DN150：钢制排水漏斗制作安装			(0.20m)
	DN200：钢制排水漏斗制作安装			(0.25m)
套管制作与安装	DN50：柔性防水套管制作	焊接钢管		(4.40kg)
	DN80：柔性防水套管制作			(6.54kg)
	DN100：柔性防水套管制作			(7.52kg)
	DN125：柔性防水套管制作			(9.72kg)
	DN150：柔性防水套管制作			(11.80kg)
	DN200：柔性防水套管制作			(18.19kg)
	DN250：柔性防水套管制作			(24.26kg)
	DN300：柔性防水套管制作			(31.12kg)
	DN350：柔性防水套管制作			(36.54kg)
	DN400：柔性防水套管制作			(40.33kg)
	DN450：柔性防水套管制作			(44.68kg)
	DN500：柔性防水套管制作			(51.13kg)

续表

工程名称	分 项 名 称	主材名称	单位	定额消耗量
套管制作与安装	DN600：柔性防水套管制作	焊接钢管	个	(60.35kg)
	DN700：柔性防水套管制作			(69.67kg)
	DN800：柔性防水套管制作			(78.80kg)
	DN900：柔性防水套管制作			(88.36kg)
	DN1000：柔性防水套管制作			(97.54kg)
	DN50：刚性防水套管制作			(3.26 个)
	DN80：刚性防水套管制作			(4.02 个)
	DN100：刚性防水套管制作			(5.14 个)
	DN125：刚性防水套管制作			(8.35 个)
	DN150：刚性防水套管制作			(9.46 个)
	DN200：刚性防水套管制作			(13.78 个)
	DN250：刚性防水套管制作			(18.76 个)
	DN300：刚性防水套管制作			(21.84 个)
	DN350：刚性防水套管制作			(27.77 个)
	DN400：刚性防水套管制作			(31.36 个)
	DN450：刚性防水套管制作			(34.69 个)
	DN500：刚性防水套管制作			(37.95 个)
	DN600：刚性防水套管制作			(44.75 个)
	DN700：刚性防水套管制作			(50.67 个)
	DN800：刚性防水套管制作			(57.33 个)
	DN900：刚性防水套管制作			(63.99 个)
	DN1000：刚性防水套管制作			(70.78 个)
	一般穿墙套管制作安装	碳钢管		(0.30m)
手摇泵安装	手摇泵安装	手摇泵		(1.00 个)
阀门操纵装置安装	阀门操纵装置	阀门操纵装置	100kg	(100kg)

3.2 主要材料损耗率表

3.2.1 给排水、采暖、燃气工程

主要材料损耗率表（给排水、采暖、燃气工程）见表 3-7。

表 3-7

序号	材 料 名 称	损耗率(%)	序号	材 料 名 称	损耗率(%)
1	室外钢管(丝接、焊接)	1.5	6	室内排水铸铁管	7.0
2	室内钢管(丝接)	2.0	7	室内塑料管	2.0
3	室内钢管(焊接)	2.0	8	铸铁散热器	1.0
4	室内煤气用钢管(丝接)	2.0	9	光排管散热器制作用钢管	3.0
5	室外排水铸铁管	3.0	10	散热器对丝及托钩	5.0

续表

序号	材料名称	损耗率(%)	序号	材料名称	损耗率(%)
11	散热器补芯	4.0	39	带帽螺栓	3.0
12	散热器丝堵	4.0	40	木螺钉	4.0
13	散热器胶垫	10.0	41	锯条	5.0
14	净身盆	1.0	42	氧气	17.0
15	洗脸盆	1.0	43	乙炔气	17.0
16	洗手盆	1.0	44	铅油	2.5
17	洗涤盆	1.0	45	清油	2.0
18	立式洗脸盆铜活	1.0	46	机油	3.0
19	理发用洗脸盆铜活	1.0	47	沥青油	2.0
20	脸盆架	1.0	48	橡胶石棉板	15.0
21	浴盆排水配件	1.0	49	橡胶板	15.0
22	浴盆水嘴	1.0	50	石棉绳	4.0
23	普通水嘴	1.0	51	石棉	10.0
24	丝扣阀门	1.0	52	青铅	8.0
25	化验盆	1.0	53	铜丝	1.0
26	大便器	1.0	54	锁紧螺母	6.0
27	瓷高低水箱	1.0	55	压盖	6.0
28	存水弯	0.5	56	焦炭	5.0
29	小便器	1.0	57	木柴	5.0
30	小便槽冲洗管	2.0	58	红砖	4.0
31	喷水鸭嘴	1.0	59	水泥	10.0
32	立式小便器配件	1.0	60	胶皮碗	10.0
33	水箱进水嘴	1.0	61	油麻	10.0
34	高低水箱配件	1.0	62	丝麻	5.0
35	冲洗管配件	1.0	63	线麻	5.0
36	钢管接头零件	1.0	64	漂白粉	5.0
37	型钢	5.0	65	油灰	4.0
38	单管卡子	5.0			

3.2.2　电气工程

主要材料损耗率表（电气工程）见表3-8。

表3-8

序号	材料名称	损耗率(%)	序号	材料名称	损耗率(%)
1	裸软导线(包括铜、铝、钢线、钢芯铝线)	1.3	2	绝缘导线(包括橡皮铜、塑料铅皮、软花)	1.8

续表

序号	材料名称	损耗率(%)	序号	材料名称	损耗率(%)
3	电力电缆	1.0	19	胶木开关、灯头、插销等	3.0
4	控制电缆	1.5	20	低压电瓷制品(包括鼓绝缘子、瓷夹板、瓷管)	3.0
5	硬母线(包括钢、铝、铜、带型、管型、帮型、槽型)	2.3	21	低压保险器、瓷闸盒、胶盖闸	1.0
6	拉线材料(包括钢绞线、镀锌铁线)	1.5	22	塑料制品(包括塑料槽板、塑料板、塑料管)	5.0
7	管材、管件(包括无缝、焊接钢管及电线管)	3.0	23	木槽板、木护圈、方圆木台	5.0
8	板材(包括钢板、镀锌薄钢板)	5.0	24	木杆材料(包括木杆、横担、横木、桩木等)	1.0
9	型钢	5.0	25	混凝土制品(包括电杆、底盘、卡盘等)	0.5
10	管体(包括管箍、护口、锁紧螺母、管卡子等)	3.0	26	石棉水泥板及制品	8.0
11	金具(包括耐张、悬垂、并沟、吊接等线夹及连板)	1.0	27	油类	1.8
			28	砖	4.0
12	紧固件(包括螺栓、螺母、垫圈、弹簧垫圈)	2.0	29	砂	8.0
			30	石	8.0
13	木螺栓、圆钉	4.0	31	水泥	4.0
14	绝缘子类	2.0	32	铁壳开关	1.0
15	照明灯具及辅助器具(成套灯具、镇流器、电容器)	1.0	33	砂浆	3.0
			34	木材	5.0
16	荧光灯、高压水银、氙气灯	1.5	35	橡皮垫	3.0
17	白炽灯泡	3.0	36	硫酸	4.0
18	玻璃灯罩	5.0	37	蒸馏水	10.0

注：1. 绝缘导线、电缆、硬母线和用于母线的裸软导线，其损耗率中不包括为连接电气设备、器具而预留的长度，也不包括因各种弯曲(包括弧度)而增加的长度、这些长度均应计算在工程量的基础长度中。

2. 用于10kV以下架空线路中的裸软导线的损耗率中已包括因弧垂及因杆位高低差而增加的长度。

3. 拉线用的镀锌铁线损耗率中不包括为制作上、中、下把所需的预留长度。计算用线量的基本长度的，应以全根拉线的展开长度为准。

3.2.3 通风空调工程

主要材料损耗率表（通风空调工程）见表3-9。

表3-9

序号	材料名称	损耗率(%)	备注	序号	材料名称	损耗率(%)	备注
	风管、部件板材			5	风管插板式风口	13.00	综合厚板
	钢板部分			6	网式风口	13.00	综合厚板
1	咬口通风管道	13.80	综合厚板	7	单、双、三层百叶风口	13.00	综合厚板
2	焊接通风管道	8.00	综合厚板	8	连动百叶风口	13.00	综合厚板
3	圆形阀门	14.00	综合厚板	9	钢百叶窗	13.00	综合厚板
4	方、矩形阀门	8.00	综合厚板	10	活动箅板式风口	13.00	综合厚板

续表

序号	材料名称	损耗率（%）	备注	序号	材料名称	损耗率（%）	备注
11	矩形风口	13.00	综合厚板	41	泥心烘炉排气罩	12.50	综合厚板
12	单面送吸风口	20.00	δ=0.7～0.9	42	各式消声器	13.00	综合厚板
13	双面送吸风口	16.00	δ=0.7～0.9	43	空调设备	13.00	δ=1.0以下
14	单双面送吸风口	8.00	δ=1.0～1.5	44	空调设备	8.00	δ=1.5～3.0
15	带调节板活动百叶送风口	13.00	综合厚板	45	设备支架	4.00	综合厚板
					塑料部分		
16	矩形空气分布器	14.00	综合厚板	46	塑料圆形风管	16.00	综合厚板
17	旋转吹风口	12.00	综合厚板	47	塑料矩形风管	16.00	综合厚板
18	圆形、方形直片散流器	45.00	综合厚板	48	圆形蝶阀(外框短管)	16.00	综合厚板
				49	圆形蝶阀(阀板)	31.00	综合厚板
19	流线型散流器	45.00	综合厚板	50	矩形蝶阀	16.00	综合厚板
20	135型单层双层百叶风口	13.00	综合厚板	51	插板阀	16.00	综合厚板
21	135型带导流片百叶风口	13.00	综合厚板	52	槽边侧吸罩、风罩调节阀	22.00	综合厚板
22	圆伞形风帽	28.00	综合厚板	53	整体槽边侧吸罩	22.00	综合厚板
23	锥形风帽	26.00	综合厚板	54	条缝槽边抽风罩(各型)	22.00	综合厚板
24	筒形风帽	14.00	综合厚板				
25	筒形风帽滴水盘	35.00	综合厚板	55	塑料风帽(各种类型)	22.00	综合厚板
26	风帽泛水	42.00	综合厚板	56	插板式侧面风口	16.00	综合厚板
27	风帽筝绳	4.00	综合厚板	57	空气分布器类	22.00	综合厚板
28	升降式排气罩	18.00	综合厚板	58	直片式散流器	22.00	综合厚板
29	上吸式侧吸罩	21.00	综合厚板	59	柔性接口及伸缩节	16.00	综合厚板
30	下吸式侧吸罩	22.00	综合厚板		净化部分		
31	上、下吸式圆形回转罩	22.00	综合厚板	60	净化风管	14.90	综合厚板
				61	净化铝板风口类	38.00	综合厚板
32	手锻炉排气罩	10.00	综合厚板		不锈钢板部分		
33	升降式回转排气罩	18.00	综合厚板	62	不锈钢板通风管道	8.00	
34	整体、分组、吹吸侧边侧吸罩	10.15	综合厚板	63	不锈钢板圆形法兰	150.00	δ=4.0～10.0
				64	不锈钢板风口类	8.00	δ=1.0～3.0
35	各型风罩调节阀	10.15	综合厚板		铝板部分		
36	皮带防护罩	18.00	δ=1.5	65	铝板通风管道	8.00	
37	皮带防护罩	9.35	δ=4.0	66	铝板圆形法兰	150.00	δ=4.0～12.0
38	电动机防雨罩	33.00	δ=1.0～1.5	67	铝板风帽	14.00	δ=3.0～6.0
39	电动机防雨罩	10.60	δ=4.0以上		型钢及其他材料		
40	中、小型零件焊接工作台排气罩	21.00	综合厚板	1	型钢	4.0	
				2	安装用螺栓(M12以下)	4.0	

续表

序号	材料名称	损耗率(%)	备注	序号	材料名称	损耗率(%)	备注
3	安装用螺栓(M12以上)	2.0		22	方木	5.0	
				23	玻璃丝布	15.0	
4	螺母	6.0		24	矿面、卡普隆纤维	5.0	
5	垫圈(Φ12以下)	6.0		25	泡钉、鞋钉、圆钉	10.0	
6	自攻螺钉、木螺钉	4.0		26	胶液	5.0	
7	铆钉	10.0		27	油毡	10.0	
8	开口销	6.0		28	铁丝	1.0	
9	橡胶板	15.0		29	混凝土	5.0	
10	石棉橡胶板	15.0		30	塑料焊条	6.0	
11	石棉板	15.0		31	塑料焊条(编网格用)	25.0	
12	电焊条	5.0		32	不锈钢型材	4.0	
13	气焊条	2.5		33	不锈钢带母螺栓	4.0	
14	氧气	18.0		34	不锈钢铆钉	10.0	
15	乙炔气	18.0		35	不锈钢电焊条、焊丝	5.0	
16	管材	4.0		36	铝焊粉	20.0	
17	镀锌铁丝网	20.0		37	铝型材	4.0	
18	帆布	15.0		38	铝带母螺栓	4.0	
19	玻璃板	20.0		39	铝铆钉	10.0	
20	玻璃棉、毛毡	5.0		40	铝焊条、焊丝	3.0	
21	泡沫塑料	5.0					

3.2.4 保温、防腐工程

主要材料损耗率表（保温、防腐工程）见表3-10。

表 3-10

序号	材料名称	损耗率(%)	序号	材料名称	损耗率(%)
1	保温瓦块(管道)	8.0	11	聚氨酯泡沫(设备)	3瓦块/20板
2	保温瓦块(设备)	5.0	12	软木瓦(管道)	3.0
3	微孔硅酸钙(管道)	5.0	13	软木瓦(设备)	12.0
4	微孔硅酸钙(设备)	5.0	14	软木瓦(风道)	6.0
5	聚苯乙烯泡沫塑料瓦(管道)	2.0	15	岩板瓦块(管道)	3.0
6	聚苯乙烯泡沫塑料瓦(设备)	20.0	16	岩板(设备)	3.0
7	聚苯乙烯泡沫塑料瓦(风道)	6.0	17	矿棉瓦块(管道)	3.0
8	泡沫玻璃(管道)	8～15瓦块/20板	18	矿棉席(设备)	2.0
9	泡沫玻璃(设备)	8瓦块/20板	19	玻璃棉毡(管道)	5.0
10	聚氨酯泡沫(管道)	3瓦块/20板	20	玻璃棉毡(设备)	3.0

续表

序号	材料名称	损耗率(%)	序号	材料名称	损耗率(%)
21	超细玻璃棉毡(管道)	4.5	28	石棉灰、麻刀、水泥(设备)	3.0
22	超细玻璃棉毡(设备)	4.5	29	玻璃布	6.42
23	牛毛毡(管道)	4.0	30	塑料布	6.42
24	牛毛毡(设备)	3.0	31	油毡纸	7.65
25	麻刀、白灰(管道)	6.0	32	铁皮	5.32
26	麻刀、白灰(设备)	3.0	33	铁丝网	5.0
27	石棉灰、麻刀、水泥(管道)	6.0			

3.2.5 工业管道工程

主要材料损耗率表（工业管道工程）见表3-11。

表 3-11

序号	材料名称	损耗率(%)	序号	材料名称	损耗率(%)
1	低、中压碳钢管	4.0	13	承插铸铁管	2.0
2	高压碳钢管	3.6	14	法兰铸铁管	1.0
3	碳钢板卷管	4.0	15	塑料管	3.0
4	低、中压不锈钢管	3.6	16	玻璃管	4.0
5	高压不锈钢管	3.6	17	玻璃钢管	2.0
6	不锈钢板卷管	4.0	18	冷冻排管	2.0
7	高、中、低压合金钢管	3.6	19	预应力混凝土管	1.0
8	无缝铝管	4.0	20	螺纹管件	1
9	铝板卷管	4.0	21	螺纹阀门 DN20 以下	1.0
10	无缝铜管	4.0	22	螺纹阀门 DN20 以上	1.0
11	铜板卷管	4.0	23	螺栓	3.0
12	衬里钢管	4.0			

4 附 录

4.1 常用体积面积计算公式

4.1.1 平面图形计算公式

平面图形计算公式表见表 4-1。

表 4-1

图形		尺寸符号	面积(F) 表面积(S)	重心(G)
正方形	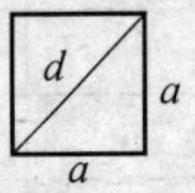	a—边长 b—对角线	$F=a^2$ $a=\sqrt{F}=0.77d$ $d=1.414a=1.414\sqrt{F}$	在对角线交点上
长方形	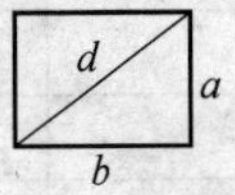	a—短边 b—长边 d—对角线	$F=a\cdot b$ $d=\sqrt{a^2+b^2}$	在对角线交点上
三角形	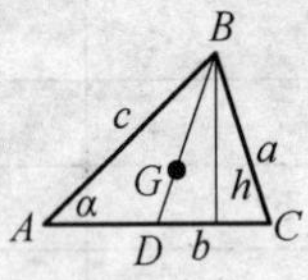	h—高 l—$\frac{1}{2}$周长 a，b，c—对应角 A，B，C 的边长	$F=\frac{bh}{2}=\frac{1}{2}ab\sin C$ $l=\frac{a+b+c}{2}$	$GD=\frac{1}{3}BD$ $CD=DA$
平行四边形	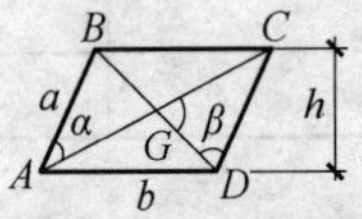	a，b—邻边 h—对边间的距离	$F=b\cdot h=a\cdot b\sin\alpha$ $=\frac{AC\cdot BD}{2}\sin\beta$	对角线交点上
任意四边形	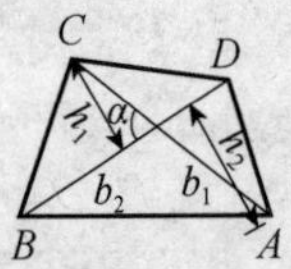	d_1，d_2—对角线 α—对角线夹角	$F=\frac{d_2}{2}(h_1+h_2)$ $=\frac{d_1d_2}{2}\sin\alpha$	
正多边形	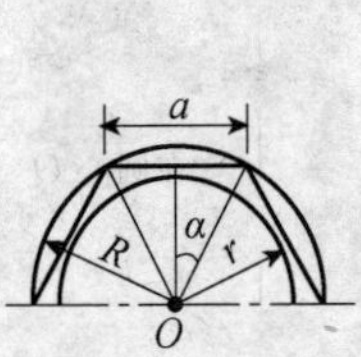	r— 内切圆半径 R— 外接圆半径 a— 边， $a=2\sqrt{R^2-r^2}$ α— 180°:n(n—边数) p— 周长，$p=an$	$F=\frac{n}{2}R^2\sin 2\alpha$ $=\frac{pr}{2}$	在 O 点上

续表

图形	尺寸符号	面积(F) 表面积(S)	重心(G)
菱形	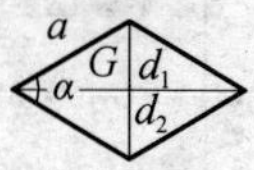 d_1, d_2— 对角线 a— 边；α— 角	$F = a^2 \sin\alpha = \frac{d_1 d_2}{2}$	在对角线交点上
梯形	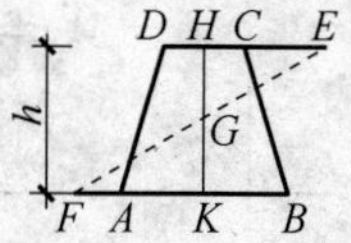 $a = CD$（上底边） $b = AB$（下底边） h— 高	$F = \frac{a+b}{2}h$	$HG = \frac{h}{3} \cdot \frac{a+2b}{a+b}$ $KG = \frac{h}{3} \cdot \frac{2a+b}{a+b}$
圆形	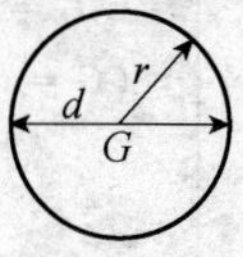 r— 半径 d— 直径 p— 圆周长	$F = \pi r^2 = \frac{1}{4}\pi d^2$ $= 0.785d^2$ $= 0.07958p^2$ $p = \pi d$	在圆心上
椭圆形	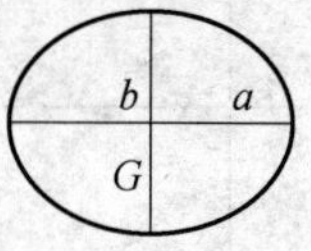 $a \cdot b$— 主轴	$F = \left(\frac{\pi}{4}\right) a \cdot b$	在主轴交点 G 上
扇形	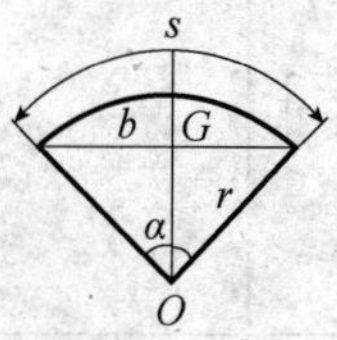 r— 半径 s— 弧长 α— 弧 s 的对应中心角	$F = \frac{1}{2}rs = \frac{\alpha}{360}\pi r^2$ $S = \frac{\alpha\pi}{180}r$	$G_O = \frac{2}{3} \cdot \frac{rb}{s}$ 当 $\alpha = 90°$ 时 $G_O = \frac{4}{3} \cdot \frac{\sqrt{2}}{\pi} r$ $\approx 0.6r$
弓形	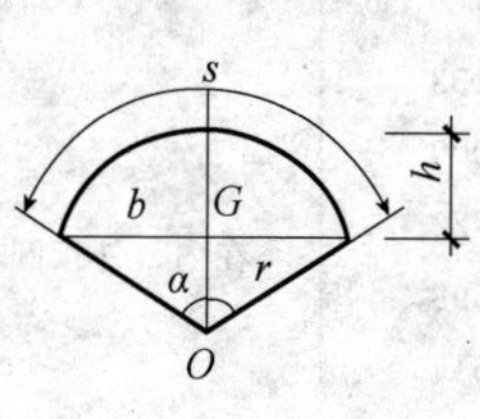 r— 半径 s— 弧长 α— 中心角 b— 弦长 h— 高	$F = \frac{1}{2}r^2\left(\frac{\alpha\pi}{180} - \sin\alpha\right)$ $= \frac{1}{2}[r(s-b) + bh]$ $s = r \cdot \alpha \cdot \frac{\pi}{180}$ $= 0.0175r \cdot \alpha$ $h = r - \sqrt{r^2 - \frac{1}{4}a^2}$	$G_O = \frac{1}{12} \cdot \frac{b^2}{\alpha}$ 当 $\alpha = 180°$ 时 $G_O = \frac{4r}{3\pi} = 0.4244r$
圆环	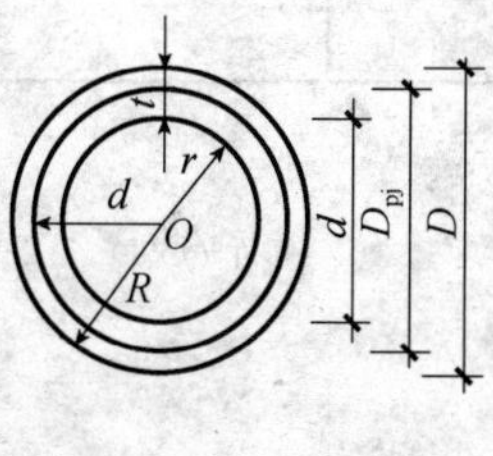 R— 外半径 r— 内半径 D— 外直径 d— 内直径 t— 环宽 D_{pj}— 平均直径	$F = \pi(R^2 - r^2)$ $= \frac{\pi}{4}(D^2 - d^2)$ $= \pi \cdot D_{pj \cdot t}$	在圆心 O

续表

图形		尺寸符号	面积(F) 表面积(S)	重心(G)
部分圆环		R— 外半径 r— 内半径 D— 外直径 d— 内直径 t— 环宽 R_{pj}— 圆环平均直径	$F=\frac{\alpha\pi}{360}(R^2-r^2)$ $=\frac{\alpha\pi}{180}R_{pj}\cdot t$	$G_O=38.2\frac{R^3-r^3}{R^2-r^2}\cdot\frac{\sin\frac{\alpha}{2}}{\frac{\alpha}{2}}$
新月形		L— 两个圆心间的距离 d— 直径	$F=r^2\left(\pi-\frac{\pi}{180}\alpha+\sin\alpha\right)$ $=r^2\cdot P$ $P=\pi-\frac{\pi}{180}\alpha+\sin\alpha$ P 值见下	$O_1G=(\pi-P)L/2P$ $OG=(\pi-3P)L/2P$
	L　d/10 P　0.40	2d/10 3d/10 4d/10 0.79　1.18　1.56	5d/10 6d/10 7d/10 1.91　2.25　2.55	8d/10　9d/10 2.81　3.02
抛物线形		b— 底边 h— 高 l— 曲线长 S—△ABC 的面积	$F=\frac{2}{3}bh=\frac{4}{3}S$ $l=b\left[1+0.16458\left(\frac{4h}{b}\right)^2-0.01693\times\left(\frac{4h}{b}\right)^2\right]$ $=\sqrt{b^2+1.3333h^2}$	
等多边形		a— 边长 K_i— 系数 i 指多边形的边数	$l=\sqrt{b^2+1.3333h^2}$ $F=K_i\cdot a^2$ 三边形 $K_3=0.433$ 四边形 $K_4=1.000$ 五边形 $K_5=1.720$ 六边形 $K_6=2.598$ 七边形 $K_7=3.614$ 八边形 $K_8=4.828$ 九边形 $K_9=6.182$ 十边形 $K_{10}=7.694$	在内、外接圆心处

4.1.2 立体图形计算公式

立体图形计算公式表见表 4-2。

表 4-2

图形		尺寸符号	体积(V) 底面积(F)	重心(G)
立方体	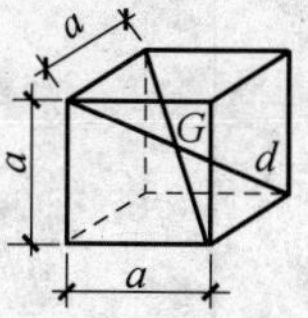	a— 棱 d— 对角线 S— 表面积 S_1— 侧表面积	表面积(S) 侧表面积(S_1) $V = a^3$ $S = 6a^2$ $S_1 = 4a^2$	在对角线交点上
长方体(棱柱)	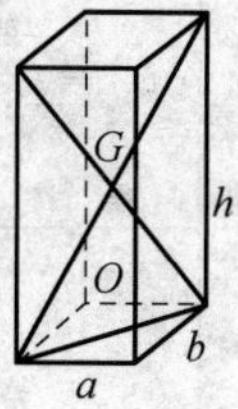	a、b、h— 边长 O— 底面对角线交点 d— 对角线	$V = a \cdot b \cdot h$ $S = 2(a \cdot b + a \cdot h + b \cdot h)$ $S_1 = 2h(a+b)$ $d = \sqrt{a^2+b^2+h^2}$	$G_O = \frac{h}{2}$
三棱柱	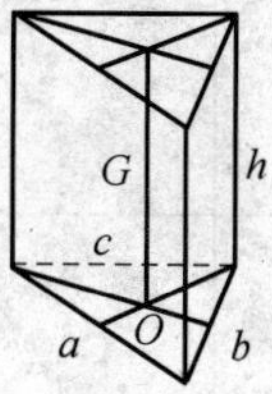	a,b,c— 边长 O— 底面对角线的交点 h— 高	$V = F \cdot h$ $S = (a+b+c) \cdot h + 2F$ $S_1 = (a+b+c) \cdot h$	$G_O = \frac{h}{2}$
棱锥	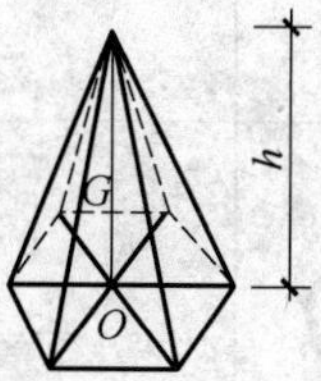	f— 一个组合三角形的面积 n— 组合三角形的个数 O— 锥底各对角线交点	$V = \frac{1}{3}F \cdot h$ $S = n \cdot f + F$ $S_1 = n \cdot f$	$G_O = \frac{h}{4}$
棱台	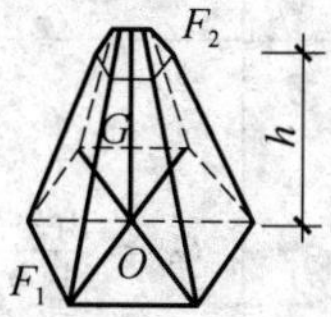	F_1, F_2— 两平行底面的面积 h— 底面间距离 a— 一个组合梯形的面积 n— 组合梯形数	$V = \frac{h}{3}(F_1 + F_2 + \sqrt{F_1 \cdot F_2})$ $S = an + F_1 + F_2$ $S_1 = an$	$G_O = \frac{h}{4} \cdot \frac{F_1 + 2\sqrt{F_1F_2} + 3F_2}{F_1 + \sqrt{F_1F_2} + F_2}$
圆柱和空心圆柱(管)	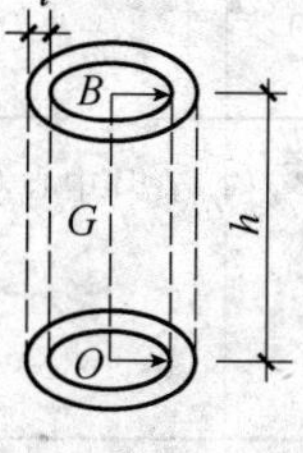	R— 外半径 r— 内半径 t— 柱壁厚度 p— 平均半径 S_1— 内外侧面积	圆柱: $V = \pi R^2 \cdot h$ $S = 2\pi R \cdot h + 2\pi R^2$ $S_1 = 2\pi R \cdot h$ 空心直圆柱: $V = \pi h(R^2 - r^2)$ $= 2\pi Rpth$ $S = 2\pi(R+r)h + 2\pi(R^2 - r^2)$ $S_1 = 2\pi h(R+r)$	$G_O = \frac{h}{2}$

续表

图　形		尺寸符号	体积(V)　表面积(S)	重心(G)
直圆锥		r— 底面半径 h— 高 l— 母线长	$V=\pi r^2\cdot\frac{h_1+h_2}{2}$ $S=\pi r(h_1+h_2)+\pi r^2\cdot\left(1+\frac{1}{\cos\alpha}\right)$ $S_1=\pi r(h_1+h_2)$ $V=\frac{1}{3}\pi r^2 h$ $S_1=\pi r\sqrt{r^2+h^2}=\pi rl$ $l=\sqrt{r^2+h^2}$ $S=S_1+\pi r^2$	$G_O=\frac{h_1+h_2}{4}+\frac{r^2\tan^2\alpha}{4(h_1+h_2)}$ $GK=\frac{1}{2}\cdot\frac{r^2}{h_1+h_2}\cdot\tan\alpha$ $G_O=h/4$
圆台		h— 高 l— 母线长 r,R— 上下底面半径	$V=\frac{\pi h}{3}\cdot(R^2+r^2+Rr)$ $S_1=\pi l(R+r)$ $l=\sqrt{(R-r)^2+h^2}$ $S=S_1+\pi(R^2+r^2)$	$G_O=\frac{h}{4}\cdot\frac{R^2+2Rr+3r^2}{R^2+Rr+r^2}$
球		r— 半径 d— 直径	$V=\frac{4}{3}\pi r^3=\frac{\pi d^3}{6}$ $=0.5236d^3$ $S=4\pi r^2=\pi d^2$	在球心上
球扇形 (球楔)		r— 球半径 d— 弓形底圆直径 h— 弓形高	$V=\frac{2}{3}\pi r^2 h$ $=2.0944r^2 h$ $S=\frac{\pi r}{2}(4h+d)$ $=1.57r(4h+d)$	$G_O=\frac{3}{8}(2r-h)$
球缺		h— 球缺的高 r— 球缺半径 d— 平切圆直径 $S_{曲}$— 曲面面积 S— 球缺表面积	$V=\pi h^2\left(r-\frac{h}{3}\right)$ $S_{曲}=2\pi rh$ $=\pi\left(\frac{d^2}{4}+h^2\right)(h+d)$ $S=\pi h(4r-h)$ $d^2=4h(2r-h)$	$G_O=\frac{3(2r-h)^2}{4(3r-h)}$
圆环体(胎)		R— 圆球体平均半径 D— 圆环体平均半径 d— 圆环体截面直径 r— 圆环体截面半径	$V=2\pi^2 R\cdot r^2$ $=\frac{1}{4}\pi^2 Dd^2$ $S=4\pi r^2 Rr=\pi^2 Dd$ $=39.478Rr$	在环中心上

续表

图形		尺寸符号	体积(V) 表面积(S)	重心(G)
球带体	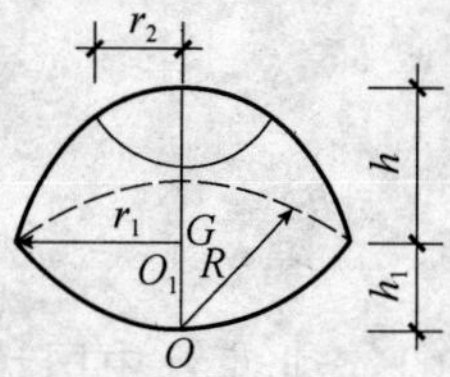	R— 球半径 r_1,r_2— 底面半径 h— 腰高 h_1— 球心 O 至带底圆心 O_1 的距离	$V=\frac{\pi h}{6}(3r_1^2+3r_2^2+h^2)$ $S_1=2\pi Rh$ $S=2\pi Rh+\pi(r_1^2+r_2^2)$	$G_O=\frac{3}{2h}\cdot\frac{r_1^4-r_2^4}{3r_1^2+3r_2^2+h^2}$
桶形	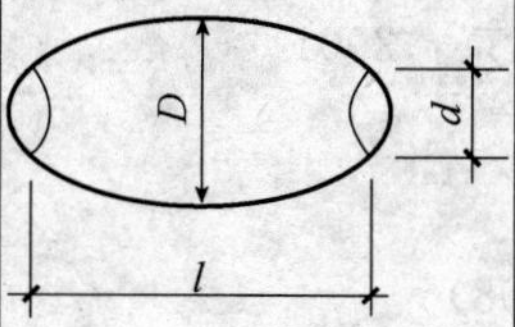	D— 中间断面直径 d— 底直径 l— 桶高	对于抛物线形桶体 $V=\frac{\pi l}{15}\left(2D^2+Dd+\frac{3}{4}d^2\right)$ 对于圆形桶体 $V=\frac{\pi l}{12}(2D^2+d^2)$	在轴交点上
椭球体	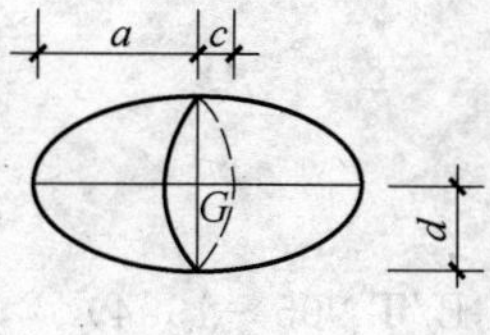	a,b,c— 半轴	$V=\frac{4}{3}abc\pi$ $S=2\sqrt{2}\cdot b\cdot\sqrt{a^2+b^2}$	在轴交点上
交叉圆柱体	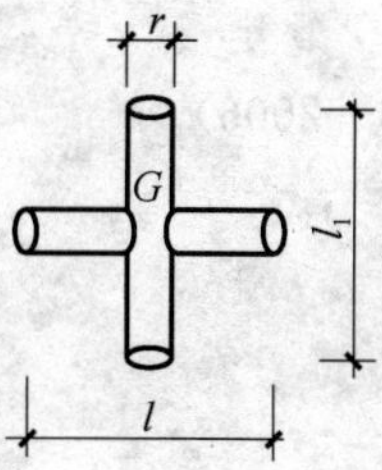	r— 圆柱半径 l_1,l— 圆柱长	$V=\pi r^2\left(l+l_1-\frac{2r}{3}\right)$	在二轴交点上
梯形体	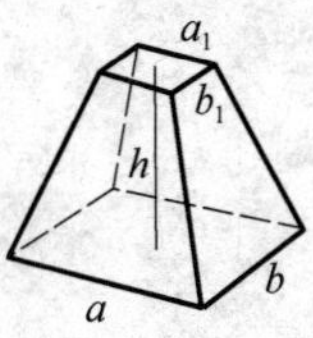	a,b— 下底边长 a_1,b_1— 上底边长 h— 上、下底边距离(高)	$V=\frac{h}{6}[(2a+a_1)b+(2a_1+a)b_1]$ $=\frac{h}{6}[ab+(a+a_1)(b+b_1)+a_1b_1]$	

参 考 文 献

[1] 中华人民共和国建设部．全国统一安装工程预算定额（2000）．北京：中国计划出版社，2000

[2] 北京市建设委员会．北京市建设工程预算定额（2001）．北京：2001
91SB系列图集

[3] 建筑安装分项工程施工工艺规程（DBJ/T 01－26－2003）

[4] 无缝钢管尺寸、外形、重量及允许偏差（GB/T 17395—2008）

[5] 焊接钢管尺寸及单位长度重量（GB/T 21835—2008）

[6] 直缝电焊钢管（GB/T 13793—2008）

[7] 低压流体输送用焊接钢管（GB/T 3091—2008）

[8] 热轧型钢（GB/T 706—2008）

[9] 热轧钢棒尺寸、外形、重量及允许偏差（GB/T 702—2008）

[10] 冷拉圆钢、方钢、六角钢尺寸、外形、重量及允许偏差（GB/T 905—1994）

[11] 热轧钢板和钢带的尺寸、外形、重量及允许偏差（GB/T 709—2006）

[12] 连续热镀锌钢板及钢带（GB/T 2518—2008）

[13] 冷轧钢板和钢带的尺寸、外形、重量及允许偏差（GB/T 708—2006）